U0145506

EVOLUTION MECHANISM
OF BUSINESS MODEL INNOVATION

商業模式演化論

✳ 歐素華 著 ✳

五南圖書出版公司 印行

———

大人物的進化能力

「大人物」是我近幾年來不斷提醒自己與學生的發展方向，它代表的是大數據、人工智慧與生物科技，這些新興科技所帶來的結構性變革，將對人類社會帶來典範性的移轉。不過，「大人物」的創新應用要如何能創造價值，甚至成為企業或個人的獲利方程式，卻是過去我尚未仔細思索的議題。看完素華的專書後，我有幾點心得分享。

首先，「大人物」的價值創造，必須回應「人本」需求。這本專書特別提到消費者的多元樣貌，有可能是會員、社群、粉絲；有大眾、分眾、小眾的區別；甚至還有跨國文化的差異。這是我們過去較少仔細思索的議題，不同類型的客群經營，將會影響科技的應用與價值創造能力。舉例來說，東吳的在校生原是東吳的會員，享有一定的權利與義務；但東吳的畢業校友不再是當然會員，而必須由社群或粉絲的角度經營。如何善用大數據等最新科技連結畢業校友動向，進而有效經營，以創新價值，將會是一個有趣的思考點。

其次，「大人物」的成長路徑，原有脈絡可循，有彈性變化。這本專書提出單一商模演化、複合商模演化與生態系演化類型，背後是產品、服務與體驗的演化脈絡，是非常有意思的九宮格設計。以前我們聽過商業模式九宮格，但這本書卻提出商模演化的九種可能，橫著看、縱著看，都會有不一樣的啟發。例如全聯公司，在專書中以單一商模的服務演化進行分析；但其實它也正在往複合商模演化邁進。例如近年全聯開設蛋糕店、火鍋快閃店，或是最新的大型賣場，就是複合商模的全新實驗。甚至於，可以想像全聯在拿到電子支付執照後，也會朝所謂場景金融的商業生態系轉型。這九種商模的變化機制，可以作為企業創新第二條或多條成長曲線的策略藍圖。

最終，「大人物」的核心能力，將會有與時俱進的創新轉化。這本專書提出九種商業模式的演化路徑，背後有一個核心思維，就是「演化」，而且不論是產品、服務或體驗的演化，都在回應企業組織原有的資源價值特色，也就是「以新創舊，以舊育新」。

顯然，珍視組織原有的資源價值，是這本專書所要傳達的重要訊息之一。當科技不斷創新時，我們卻不能忘卻原有的資源價值，就像東吳長期以來以文法商為創校基礎的資源稟賦，並不會因科技的進步而被淘汰，而是要透過科技重新加值進化。大人物，不忘本，常務本，才是長久經營之道。

潘維大

現任東吳大學校長

價值進化論：商業模式之演化邏輯

　　這本書是有關商業模式的改變、創新以及演化。企業除了要創新產品與服務之外，更具策略性的就是要設計商業模式。雖然不需要全面打破，但是要思考如何轉型。亨利・切斯布魯是開放創新的泰斗，他提出一個很有趣的看法：一個先進的科技配上一個平庸的商業模式，不如一個高超的商業模式配上一個平庸的科技。他的看法是，科技本身的應用是必須的，但不一定會創造出價值。商業模式是一種思維，會改變我們對於經營事業的看法，切入市場的策略，並且影響我們對於創造價值的思考邏輯。

　　這份作品並不是工具書，而是整合學術與實務的一本教戰手冊。現在坊間已經有太多的工具書，例如像套入九宮格就可以規劃出天衣無縫的商業模式。這不能說是不對，只能說是不夠對。任何的複製與套用所帶來的結果大多都是東施效顰，不但對自己沒有幫助，最後還會讓公司因錯誤定位而造成重大損失。這本書提醒我們，規劃商業模式更重要的是了解演化邏輯。這樣的觀念是新穎的、是抽象的、是不容易掌握的，而作者歐素華老師卻能夠運用大量的案例，讓新穎的觀念顯得容易入手；讓抽象的觀念變得容易操作；讓不容易掌握的理論，可以轉換成有力的行動。

　　這一系列豐富的案例不但代表素華老師近年來的努力成果，更讓我們理解商業模式嶄新的內涵。這本書以實務的案例，加上獨家報導的手法，而不是輕描淡寫的帶過，讓我們了解到當代商業模式設計的問題，同時也能接觸到最新的學理，深化我們對商業模式的理解。我們會發現，商業模式並不是紙上畫畫，牆上掛掛，最後全憑長官的一句話。商業模式的設計必須要涵蓋由單點聚焦到複合雙贏，最後關注到生態共榮，而設計的重點則在於運用各種巧思來創造價值。

這本書有三個特色：跨界的廣度、理論的密度以及觀察的深度。

跨界的廣度：素華老師本身就是一個斜槓的代表，她過去曾經涉獵的領域包括新聞媒體、智財法律、科技管理等，這樣多元的能力也展現在這本書中。這本書裡的案例涵蓋了餐飲、食品、零售、時尚、光電、電子商務、金融科技、電動車等領域，這樣跨界的廣度並不是任何學者可以輕易駕馭的。讀者可以從各種不同的行業去了解商業模式的設計方式，而且都是最新的趨勢，不再是陳年的往事。當企業有這麼多的參考點時，就可以信手拈來，把各種不同巧思融入到商業模式的創新。

理論的密度：最好的理論是源自於實務，而優異的實務也需要精彩理論的引導。能夠把理論講清楚不容易，能夠實踐理論也很不容易，而把兩件事都做好就真的非常不容易。素華老師整合實務與理論所下的功夫是令人折服的。這本書涵蓋的案例包含了七項核心理論，例如路徑依賴（全聯超商）、一元多用（員林仙草）、體驗設計（GQ 與 VOGUE 雜誌）、情境複合（d.light、東森購物、好好投資、湊伙、永豐豐存股）、價值創造（Swapping、FC Co. 日本快充、法國 Serv Co2、朋程科技）、劣勢創新（寧夏夜市）、在地調適（樂天、支付寶、街口）等。讀者不需要花很多功夫，就可以享受素華老師嘔心瀝血所整理出的案例。從這些案例中，我們可以從嶄新的角度去理解實務的問題，同時這些觀念也因為案例中的實務，使得理論變得多采多姿。

觀察的深度：這本書不是操作手冊，而讀者也不應該期待「拿來即用」的簡化操作。任何有價值的知識，都值得我們花時間去理解。商業模式設計並不是套用就可以實踐，背後有許多重要的觀念要釐清，落地才不會走偏。這本書精彩之處是從三個層次逐漸展開來介紹商業模式，並且說明各種不同價值創造的方法。

首先，商業模式要聚焦，先從一個商業模式做好、做精、做深，把所有的資源集中在一個焦點，就可以發揮無比的力量。其次，企業經營變得

更複雜的時候，就必須要整合兩個（以上的）商業模式，這時候就不能夠讓兩者相互獨立、各自為政，而必須要相輔相成，讓資源互補，如此企業才能夠分進合擊、左右開弓。最後，單獨作戰不如打團體戰，才能讓資源做最好的整合。這就必須考量到生態圈的聯盟。商業模式的設計需跨出自己的組織，在價值鏈上找到共同合作的夥伴，除了凸顯個別的價值之外，弱小的組織也可以因為形成「復仇者聯盟」而變強，讓小資源可以變成強大的創新來源。

　　很高興能夠看到這本書的出版，它所象徵的並不是另一本學術專書或者教科書的誕生，而是一位學術明日之星的浮現。素華老師的訓練源自歐洲的「脈絡學派」，在這本書裡面可以看得出她如何透過豐富的案例來診脈、析脈、用脈，終而以脈絡促成精彩的創新。相信這本書也可以為新進學者帶來希望，學術絕對不是只有象牙塔的獨白，也不是只能沉溺於與現實脫節的變數驗證。用案例走出象牙塔，讓實務與學術的結合帶出嶄新的社會實踐，應該是這本書給人的意外收穫。

蕭瑞麟

國立政治大學科技管理與智慧財產研究所教授

————

變易，簡易，不易的商模創新

　　商業模式之創新演化，近年來在商管領域漸成顯學。科技的變革、世代的交替、疫情與環境的衝擊，正在快速改變企業的獲利方程式。過去的創價邏輯，因世代差異而不再靈光；熟悉的傳價機制，因新興多元傳播機制，而變得複雜；至於取價獲利模式，更因數位科技帶來資訊無價革命，而只能另謀出路。2019 年底的 COVID-19 疫情風暴，更讓企業經營雪上加霜。如何創新商業模式？成為當務之急。

從知識經濟、數位經濟，到生態經濟

　　約三年前，現任東吳商學院高階經營碩士在職專班劉宗哲主任（時任商學院副院長）邀請我在大學部開一門「第二專長」的課，希望讓非商管領域學生也能一窺商學堂奧。我們討論後決定開一門「商業模式創新之學理與實務」，正是這本書的起源。

　　為了建立系統論述，我開始整理近年研究與專案，發現有些企業的商模演化可以像變形蟲一般與日俱進，有些卻慢慢發展成複合商業模式，甚至還建立起一個生態體系。這讓我開始思考單一商模演化、複合商模演化、與商業生態系的演化歷程，以及彼此之間的關聯。在接近專書完稿階段，對於這三類商模演化的關係，甚至是產品、服務、體驗的關係，乃至消費者、會員、社群、粉絲的差異，這些基本而重要的議題一直環繞心中。在重新閱讀幾位大師作品後，尤其是 David J. Teece 在 2018 年出版的《商業模式與動態能耐》（*Business Models and Dynamic Capabilities*）與多篇平台經濟論述後，終於有些心得可與讀者分享。

　　首先我們必須理解這些個案的時空背景，正交織在知識經濟、數位經濟與生態經濟的多元場域中。我們一路從知識經濟走來，正處在數位經濟

時代，但卻快速朝生態經濟與永續循環方向邁進。

知識經濟強調以知識與資源為基礎的知識產權價值，因此知識或資源的稀有性、價值性、不可替代性、難以模仿性（VRIN, Valuable, Rare, Imperfectly imitable, Non-substitutable）成為企業創價的基礎，也是競爭優勢來源；至於知識產權的保護與授權，則是價值擷取所在。由此可見，在知識經濟時代，以生產者為中心仍是主要核心思想。專書第一部分的員林仙草、全聯企業、VOGUE 與 GQ，多成長於知識經濟時代，因此仍擁有一定的核心資源特質，而能建構難以模仿的競爭優勢。難能可貴的是，這些企業能跳脫過去以生產者為中心的思維，朝以使用者為中心的創新轉型。員林仙草因有效經營婆媽族、文青族、老小族，甚至比較台灣、馬來西亞、加拿大等華人社群之「分眾」差異，而能有創新多元產品可能。全聯則緊緊跟著使用者需求而行，積極建構依賴路徑，一心一意要建立「會員」忠誠度。至於 VOGUE 與 GQ 則由社群體驗出發，融入大眾、分眾、小眾等不同「社群」，透過角色轉化以建立認同感，進而能共創難以模仿的社群體驗。分眾、會員、社群，乃至粉絲，正是本專書另一個討論重點，將有專文介紹。

數位經濟的最大特色，在賦予使用者更多的角色扮演，使用者能力也在歷經知識經濟時代後，更能透過數位平台而有效發揮。我們正處於所謂第三波數位革命時期（第一波是 1985 ～ 1999 年，以建構網際網路基礎建設為主；第二波 2000 ～ 2015 年，是 APP 與行動科技時代；第三波則是 2016 年之後的全聯網，強調無所不在的連結），在基礎網路建置日趨完備下，使用者間的連結與互動，成為最重要的創價來源。媒體與金融科技是最受數位經濟衝擊者。在本專書中，VOGUE 與 GQ 對不同類型社群的經營，發展出直接互動、三方互動、與多方互動模式；東森購物針對生鮮族、美妝族、保健族，發展出新電商與新媒體的多元複合機制；金融科技業者如湊伙、好好投資發展出基金團購、基金交換的使用者共創機制；樂天集團要將會員轉為粉絲的努力，便因洞察使用者在數位經濟時代下的

角色扮演與可觀能力釋放。賦予並善用使用者在數位經濟時代下的創價能力，正是本專書所要揭示的主旨之一。

　　生態經濟或循環經濟更與人類未來永續生存緊密相關，把企業或個人放在特定生態體系下，將提供我們全然不同的成長視野。專書中的第三部分就嘗試由生態系論述出發，思考不具主導地位的台灣企業，如何融入特定生態系中，而有穩健成長的可能。穩健性、生產力、與多樣性，是觀察一個生態系能否健康永續的指標，企業的角色扮演更因此有所變化，這也引導我們必須重新定義當代企業的經營績效指標。

商模創新的三易思維

　　本專書奠定在上述知識經濟、數位經濟與生態經濟的豐富脈絡下，九個個案背後的商業模式創新各有巧妙。我從《易經》的智慧，提出變易、簡易與不易的系統性思維，提供參考。

　　一是由跨域程度，來理解商模「變易」基礎。單一商業模式演化，奠定在善用核心資源，並依據使用者需求演化而有產品、服務、體驗模式上的創新。這是專務本業而能與時俱進的作法。這樣的演化類型其實是幸運的，代表企業仍擁有一定的資源稟賦，而能持續演化創新。專書中的員林仙草是百年企業，堅持傳統手工製法研製仙草產品，並由過去隱身在知名品牌後，慢慢走向大眾面前。近年快速發展的全聯，原由福利中心起家，慢慢轉型為經濟美學、經濟健美學等，但以「經濟」為出發點的核心價值不變，只是有與時俱進的論述。而百年時尚品牌 VOGUE 與 GQ，未改時尚本色，只是更學會運用虛實體驗，滿足大眾、分眾與小眾市場需求。

　　相較於單一商業模式演化強調以「本業」為核心的經典創新，複合商業模式則是「跨業」突破，著重在兩種商業模式如何產生「一加一大於二」的複合綜效。東吳日文系教授蘇克保曾以「二刀流」來比喻「複合效益」。他說兩個武俠高手比劍，大師兄比小師弟出道早，練得好，劍出同門自然勝出；但如果小師弟另外學了刀法，雖然原來的劍道功力可能降到 80 分，

但刀法卻有 50 分。當兩人再度對戰時，小師弟反而有機會勝出，因為刀劍變化可以改變原來以劍為主的遊戲規則。

這個妙喻雖是用來推廣學校「第二專長」，鼓勵學生投入多元領域學習，但他也點出當前企業經營若要改變原有戰場，就可以試著學習新的創價邏輯，進而有機會改變原有市場的遊戲規則，甚至開拓全新市場。在快速變化的時代，與其坐等新興商業模式破壞原有市場，不如主動出擊跨域實驗新型態商業模式，也許更能幫助企業創造第二條成長曲線。

本專書提出三個複合商業模式類型，正可以回應當前企業所面臨的跨領域創新挑戰。第一類是社會企業，也就是社會公益與營利企業間的複合，d.light 這家新創企業以「Doing well by doing good」理念創造以營利自主的社會企業類型，正在回應當前企業朝 ESG（Environmental, Social, and Corporate Governance；環境、社會和公司治理）發展的新浪潮。當企業做好事，尤其是做對環境與社會好的事，其實就是在做有利的事；只是過去企業強調「股東」獲利（shareholders），現在更強調「利害關係人」獲益（stakeholders）。

第二類是營利事業，有些企業一出生就註定是「複合混血」的，例如專書中的東森購物，它出生於有線電視購物時代，頻道與系統的複合原型，開創電視購物風潮；之後則演化出新電商與新媒體的多元複合類型，並且經營出別具特色的分眾商模。第三類是新創事業，尤其是破壞式創新業者與漸進式創新老店的複合，專書以金融科技新創為例，說明好好投資、湊伙、永豐豐存股等新創如何與遠銀 Bankee、第一金控、永豐金等合作，以開創合則兩利、資源交流之創新商模。

社會與營利的複合、跨產業的複合、破壞與漸進的複合，只是複合商業模式的幾類態樣，未來還會有更多類型的複合發展，等著企業開疆闢土，創新實踐。

至於商業生態系的演化則涉及更複雜多元的跨域類型，當中還有競合

機巧，只是限於篇幅還無法盡述。台灣企業在商模生態系建構上有其特殊性，「小而美」的企業類型，反而常有驚豔之舉。類型一是在全球扮演關鍵基石角色，如朋程科技與雷虎科技就扮演隱形冠軍角色，在全球電動車市場中有特殊的基石策略。類型二是在地方中扮演隱形主導角色，如寧夏夜市經營團隊就巧妙善用時機，取得機構環保資源、金融資源與跨國顧問資源等，建構專屬生態系，並逐漸改變劣勢地位，成爲台灣代表性的觀光品牌之一。類型三是在跨領域的多元場域中扮演最強配角，如台灣街口支付。當然國外金融科技業者如大陸支付寶或日本樂天等，早已從配角一躍而爲創新生態系的主角，也在本書比較個案討論中。

　　單一商模演化、複合商模演化，乃至生態系商模演化，未必有先後關係，但在面對快速變化的市場環境，企業由單一走向複合，或是由複合邁向生態共榮，自有其可預見之脈絡發展。例如全聯公司在 2021 年 6 月取得「電子支付」許可後，在可預見的未來，勢必朝金融服務生態系發展。此外，同樣在電動車，如特斯拉，我們也可以分別由其本身所發展的複合商模與它在生態系中所扮演的角色，分別思考其創價邏輯。很多時候，成長於生態系中的企業本身就富含多元複合的創價機制。

　　二是由機制邏輯，來思考商模「簡易」原理。正所謂「大道至簡」，只是巧妙不同。本專書以九個案例來探討商模演化邏輯，每一個案嘗試提出一個商模演化的原理，幫助讀者理解商模演化邏輯。例如單一商模演化中，員林仙草的「因人而異，一元（源）多用」，說明員林仙草如何依使用者需求而發展出仙草凍、仙草茶、仙草茶葉蛋、仙草凍凍等創新產品；而全聯企業的「因地制宜，路徑依賴」則由使用者需求建構依賴路徑，由到店、串店、到府、到手等；VOGUE 與 GQ 則是「大小有別，社群體驗」，由小眾、分眾、大眾需求，提出社群體驗的雙方互動、三方互動、多方互動之創價與取價機制。每一個原則背後則嘗試以理論構念，說明其可操作之步驟方法。

　　至於複合商模演化中，d.light「公益爲本，盈利爲用」表現在產品設

計理念、使用情境與消費型態的複合；東森購物「左右開攻，分進合擊」，在新電商與新媒體的複合，開創出有特色的規模經濟與範疇經濟；金融科技之「以新創舊，以舊輔新」則在技術、商模與機構創新的複合發展，有其運作機巧。

而商業生態系的簡易邏輯則建議讀者由企業在生態系中所扮演的角色出發。朋程科技與雷虎科技是「隱形冠軍，基石永固」，朋程在過去的汽車產業與漸成主流的電動車產業價值鏈上扮演基石角色；雷虎科技則在無人機市場乃至未來的電動車市場扮演關鍵角色。寧夏夜市在社會網絡中原是弱勢角色，但卻能「以弱連強，化劣爲優」；至於樂天等企業的主導角色，顯有不同，正是「拉幫結派，自成一格」，但也因此在形塑商業生態系的過程中，有了全然不同的建構邏輯。

每一個案背後所體現的「簡易」原理，正在說明商業模式創新演化的核心論述，這也是商業模式必須與其他理論對話的基礎。一元多用、路徑依賴、體驗設計、公私複合、虛實整合、新舊融合，乃至生態系中不同角色扮演，各有深具特色的理論基礎。因此，在探討這些個案時，讀者必須思辨商業模式創新爲何需由特定理論出發？又因此產生哪些有趣的論述。

三是由人本價值，來回應商模「不易」本質。所有商業模式的創新演化，說到底，就是必須回到以人爲本的需求探索。企業必須學會用一隻眼睛看使用者，另一隻眼睛看自己的核心資源與能力內核。使用者可能是會員、社群、粉絲；也可能是小衆、分衆、大衆；還可能是消費者、企業戶、政府機構。唯有看懂核心客群與潛在客群的需求，看見需求演化的痕跡，才能找到創新的路徑，終能洞察核心資源與能力演化的脈絡。

「萬事萬物，其形變易，其道簡易，其規律不易」，這正是《易經》所言變易、簡易與不易之理。商業模式的演化變易不能只見其形；還必須能洞察其演化邏輯，才能化繁爲簡，直指核心；終能洞察變化的規律與不變的原則。

由保守榨取走向開放廣納的演化之路

本專書在寫作過程中，深受幾本大師作品啓發。其中《國家爲什麼會失敗》（*Why Nations Fail*）一書的重要觀點，可作爲專書總結。兩位享譽國際的經濟學家 Daron Acemoglu 與 James A. Robinson 指出，只有廣納式的開放制度（inclusive），才能引導資源朝高生產力的方向投資；而榨取式（extractive）的保守制度終將陷於貧窮。這樣的結論，是兩位經濟學家跨越千年時空，研究貧窮與落後國家之成因。故事很長，但結論很有力。

對於當代企業組織或個人來說，持續演化創新的基礎，正在成爲一個廣納的容器，納入使用者、競爭者、跨領域的創新者等。商業模式的根本，就在價值的創造、傳遞與擷取，而創新價值是一切的基礎。有容乃大，正是企業能否創新價值，可否與時俱進的「進化」根本，這是本書的重要結論。

本專書除由單一商模演化、複合商模演化、與生態系建構商業模式演化論述外，也嘗試由產品、服務、體驗之創新特色，幫助學生與一般大眾理解創新之本質與內涵差異。個案跨足傳統產業、媒體產業、金融產業、新興科技等，這些多元跨域產業研究，正是當前商管領域的現狀。我們已無法只探討單一產業議題，而是要面臨跨產業疆界之多元挑戰，以及由此所衍生之商業模式創新變革。不過未來還是希望有機會針對金融科技或媒體產業提出專論。

本專書出版要特別感謝恩師蕭瑞麟教授過去在複合商業模式的啓蒙，開啓我對商業模式創新研究之興趣。更感謝東吳企管系提供我寬裕的研究環境；潘維大校長、趙維良副校長、賈凱傑主祕鼓勵我擔任東吳大學數位貨幣與金融研究中心執行長，更促成一系列金融個案之創新研究。東吳企管碩士與碩專班的「歐寶班」王謹榆、王鉉博、黃家玲、李宛儒、王姵閔、陳文昕、黃宛琳、邱昱婷、陳薏羽、郭芷君、黃奕霖、楊帆、李怡萱、閻

品君；與大學部「數金中心」的邱子瑄、賴思丞、周芳榆、李劭謙、陳泓銓、劉謙、鄭翔浚，則一路陪伴我收集資料與討論思辨。還有已經畢業的經濟系學生蕭題曦與許家甄，也曾陪我出國調查、在台逛夜市、追無人機。更感謝專書中的個案公司願意接受採訪，多位負責人並親臨教室現場分享案例，讓本專書更能掌握個案脈動，學生則能學習個案診斷。最後感謝歐家兄長姊姊們的長期支持贊助，唐家三位帥哥的體貼鼓勵，成為專書能順利出版的最大動力。更要感謝已在天上的父母，永遠的眷顧與想念，化作字裡行間的無盡感恩。

謹記於 2021 年 7 月

表：商業模式演化總表

脈絡	單一商模演化	複合商模演化	生態系商模演化
產品	**員林仙草：因人而異，一元多用** **分眾**：婆媽、年輕人、文青、老小 **產品（創價）**：仙草凍、仙草茶、仙草茶葉蛋、仙草果凍 **收益（取價）**：大容量批發、禮品套裝、文青市集、健康超市	**d.light 個案：公益為本，盈利為用** **產品（創價）**：設計理念、使用情境、消費型態 **收益（取價）**：從分期付款到應收帳款融資	**電動車：隱形冠軍，基石永固** **價值定位**：以「三電」融入傳統汽車與電動車的研發價值鏈
服務	**全聯：因地制宜，路徑依賴** **關係連結（創價）**：會員、團購、訂戶、帳戶 **場域座標（傳價）**：到店、串店、到府、到手 **時間模組（取價）**：季節、批量、化短為長、化被動為主動	**東森購物：左右開弓，分進合擊** 盈利事業跨域複合，新媒體與新電商 **分眾**：生鮮族、美妝族、保健族 **新電商（創價）**：即時性、週期性、定時性 **新媒體（取價）**：直銷與經銷複合	**寧夏夜市：以弱連強，化弱為優** 弱勢者的優勢連結 **價值定位**：善用機會取得機構環保資源、金融服務資源與外部投資資源
體驗	**GQ&VOGUE：大小有別，社群體驗** **關係類型**：小眾、分眾、大眾 **互動類型（創價）**：直接互動、三方互動、多方互動 **取價類型（取價）**：直接付費、間接付費、免費補貼	**金融科技：以新創舊，以舊輔新。** 破壞式創新與漸進性創新複合 **創價**：技術創新 **取價**：商模創新 **綜效**：機構創新	**樂天、支付寶、街口：拉幫結派，自成一格** **價值定位**：樂天 B2B2C、支付寶 C2C2B、街口支付 B2B2C

目　錄

第一篇

商業模式總論

第一章　商業模式定義

商業模式乃是一系列價值活動的連結，它是特定組織的
認知模式和語言邏輯，更是引導組織航行的概念地圖。

Allan Afuah

————

近 20 年來，商業模式創新已成為管理學界重要議題。學者研究指出，商業模式之所以日漸受到重視，和 2000 年達康時代初始，很多網路新創公司相繼提出創新價值與獲利機制有關；但與此同時，很多數位新創公司也因為找不到商業模式而曇花一現（Afuah & Tucci, 2003）。

在 2003 年到 2015 年間，和商業模式有關的學術論文，已由過去每年不到 200 篇，成長到每年超過 600 篇專論發表；若加上一般雜誌專刊發表，2015 年之後，每年更已超過 1,000 篇專文（Massa, Tucci, & Afuah, 2017）。為何商業模式逐漸成為顯學？它和傳統策略管理或資源基礎論有何差異？本章先說明商業模式主要出現在哪些領域，再論述商業模式與策略管理和資源基礎論之差異，最後說明商業模式的定義與本專書對商模演化的論述觀點。

一、商業模式之研究領域

商業模式創新最常出現在策略與創新領域文獻，近年則逐漸被社會企業、企業社會責任（CSR, Corporate Social Responsibility），以及環境、社會與治理（ESG, Environmental, Social, Governance）等領域所重視。整理當前和商業模式有關的領域論述如下。

領域一，商業模式是競爭策略的一環。商業模式的創價與取價邏輯，本身就具有差異性與特殊性，而可歸納為企業競爭策略的一環。例如 Google 的關鍵字競標模式（Afuah, 2014），就和過去的廣告置入模式極

為不同，將特殊關鍵字以競標方式拍賣，由特定組織或個人取得搜尋排行榜上的優先權，是在網路世界中的全新創價機制。Google 關鍵字競標忠實傳達「流量即變現量」的競爭優勢。

除網路世界的策略定位外，在實體世界中如全錄 914 列印機的「以租代買」模式，也顛覆傳統買賣交易，和客戶關係由「一次性交易關係」轉化為「持續性交易關係」，讓全錄可以持續銷售紙張、墨水匣與維修服務給客戶（Chesbrough, 2003）。在傳統以低成本和差異化為主的策略領域中，Google 關鍵字競標與全錄以租代買的全新商模，可謂全然不同的競爭策略。至於商業模式和策略管理之主要差異，將在下一節說明。

領域二，商業模式是創新維度。過去創新理論主要聚焦產品創新、服務創新、組織創新等，而商業模式創新則拓展了創新領域的全新疆界（Casadesus Masanell & Zhu, 2013）。例如平台商模或生態系商模等，通常並非聚焦在有形產品銷售上，而聚焦在社會關係與關鍵活動的策劃與治理，進而能創生特殊價值（Van Alstyne, Parker, & Choudary, 2016）。

學者進一步提出，相較於取得異質資源或建立進入障礙，商業模式的核心乃是在建立活動連結，而「互賴優勢」（superior interdependencies）的關鍵活動建構成為基礎（Aggarwal, Siggelkow, & Singh, 2011），這包括：活動間的緊密配適、連結更多現有與未來活動、扮演系統中的中心節點、面對變化的彈性、與較強的外部環境配適以迅速回應市場變化。這也能說明，為何即使有些企業想要導入全新商模，卻也難以成功，如何建立「互賴優勢」的活動連結成為關鍵。

領域三，商業模式是全新世代產物。尤其在網路科技與全球化時代，不同領域疆界逐漸模糊，進入障礙逐漸降低，引發更多潛在競爭變革，例如近年金融科技領域就由科技業者領軍進入傳統金融領域，像是肯亞 M-Pesa 的行動支付就是由知名電信商 Vodacom 在非洲的通訊商 Safaricom 於 2007 年所推出的手機匯款、轉帳與支付服務。大陸支付寶起

源於淘寶買賣家對第三方支付的需求，台灣的行動支付也由新創公司街口支付與 Line 等業者發起創新號角，並逐步突破傳統金融服務疆界。這也激發傳統金融業者必須重新思考原有商業模式與活動構型，以達到獲利、成長或發揮社會影響力等組織目標。

領域四，商業模式也適用於非營利事業，如在社會與環境的價值創造。在經濟價值之外，越來越多社會企業也開始導入商業模式創新概念（Dohrmann, Raith, & Siebold, 2015; Michelini & Fiorentino, 2012）。例如獲得諾貝爾經濟學獎的孟加拉經濟學家穆罕默德‧尤努斯（Muhammad Yunus）提出「微型貸款」的互助概念，就跳脫傳統商業銀行的經營模式。2019 年諾貝爾經濟學獎三位得主中的夫妻檔班納吉（Abhijit Banerjee）與杜芙諾（Esther Duflo）撰寫《窮人的經濟學：如何終結貧窮？》（*Poor Economics: A Radical Rethinking of the Way to Fight Global Poverty*），書中就特別到印度鄉村做調研，嘗試提出解決貧窮的方法。當中有幾個小個案具體而微地說明「關鍵活動」，也就是創價活動的重要性。本書略整理摘錄，以為借鏡。

一是施打疫苗。健康因素是造成貧富差距的重要原因之一，兩位學者發現，印度當地並不缺少疫苗，但施打的人不多，尤其偏遠村落要翻山越嶺打疫苗，難度極高。因此他們做了分組實驗。第一組完全沒變，村落中的父母要翻山越嶺才能到市區打疫苗，半年後施打疫苗比例仍只有 6%。第二組則在村落中設置疫苗站，半年後施打比率提高到 17%。第三組不但在村落中設置疫苗站且提供 2 斤豆子獎勵，施打率提高到 38%。

第三組的「關鍵活動」不但在提高村民取得服務的接近性，而且強化行動意願，讓貧困村落開始變得更健康。也許讀者會質疑 2 斤豆子的成本是否過高？不過在印度，豆子就像台灣的白米一般，相對便宜，如果換算成政府一年推動施打疫苗的行銷預算，加上採購的疫苗過期的浪費，其實豆子的成本極低，創價卻高。

　　二是提供教育。這是脫離貧困的另一道難題。多數印度偏遠村落沒有足夠師資，也沒有誘因讓學生願意來學校念書。兩位學者再度進行實驗，由教師員額、營養午餐、除蟲防治（因印度當地小朋友常受蛔蟲與寄生蟲困擾）、與家長教育著手（因多數父母認爲給小朋友上學是浪費時間與資源的事）。結果發現，改變家長對教育的觀念，和提供除蟲防治，是提高小朋友到校的最關鍵活動，也是根本解決教育不足的核心活動。若再加上營養午餐與優質師資，將可進一步落實教育。

　　三是消費習慣改變。學者發現，貧窮村落中的生活習慣，可能才是造成財富上惡性循環的根本原因。首先是缺乏本金，他們必須借貸（而且是高利貸）借用資金才能買到生財工具，但所賺來的錢又只夠還本金利息，因此「窮忙」一生卻毫無所獲。其次是對奢侈品的慾望，例如電視機、手機、或較缺營養的美食。窮人因生活困頓乏味，因此只要有錢就會買電視機或其他奢侈品（或應該買高熱量糧食，但卻把補貼款拿去買較缺營養的精緻美食），結果財富無法累積，窮者更窮。再者是對葬禮的過度重視，很多貧窮村落相信「死者爲大」，因此花了一年所得的四成以上舉辦葬禮，結果對活人造成更大負擔。這也是爲何 2006 年諾貝爾和平獎得主尤努斯（Muhammad Yunus）要創辦給窮人的微型貸款銀行，希望根本解決窮人借貸困境；但光只有第一桶金還不夠，如何改變窮人的「用錢」觀念，則需要透過中長期教育推動，才能逐步見效。

　　這三個小案例不只在呈現貧窮經濟背後的思維難題，**更在提醒個人或社會或國家的創價基礎，乃是在健康、教育、與消費習慣**。完全不同的思維邏輯，影響個人的人生幸福與社會富足程度。

　　總結來說，商業模式創新不論是作爲一種全新的競爭策略，或創新維度，或新興議題，或社會企業論述，它已開始自成一格，並形成重要論述。不過商業模式和傳統策略學派與資源基礎論有何差異？以下說明。

二、與競爭策略的差異

　　建構競爭優勢原是當代企業最重要的議題。傳統上，企業要具備競爭優勢主要有兩大來源，一是占據策略地位，二是擁有策略資源。占據策略地位最常見者乃是建構進入障礙與移動障礙（Porter, 1985），例如取得先行者優勢或提高進入障礙與模仿成本，像是近年來台積電在 3 奈米製程上的大規模投資，就是保持技術領先地位的障礙建構。二是擁有策略資源，也就是資源基礎論者（Barney, 2001; Penrose, 1959）所強調擁有價值性（value）、稀少性（rareness）、不可模仿性（imperfect imitability）、不可替代性（insubstituablity）的異質資源。從傳統策略學派的 SWOT（Strength, Weakness, Opportunity, Treat）分析來看，企業擁有難以模仿取代的異質資源，確實是重要優勢來源（屬 Strength）。

　　不過當企業不具備優勢地位亦未擁有優勢資源時，又該如何創造競爭優勢？舉例來說，Zara 與 H&M 在服裝業都以「快時尚」自居，且在勞工、工廠與 IT 設備取得上也都非屬特殊稀有資源。但 Zara 近年表現為何卻比 H&M 好（指 2010 年以前）？另一個例子是佳能（Canon）在 1960 年代進入小型列印機市場，在當時，列印機的主流設計是全錄（Xerox）。當時其他追隨者除佳能外，還有 IBM、柯達（Kodak）等，但為何卻只有佳能成功？

　　學者認為，**商業模式也許可以解釋上述差異**。Zara 採取完全垂直整合模式，而 H&M 則採取外包第三方的經營模式（Markides, 1997; Zott & Amit, 2010），兩者的創價邏輯極為不同。Zara 的完全垂直整合可有效調度供應鏈上的關鍵活動，即時作出回應，縮短從工廠到市場的時間，契合「快時尚」的組織活動。

　　至於另一個案例，IBM、柯達（Kodak）則模仿全錄的商業模式，主要聚焦大公司客戶，以提供「快速」印刷服務為核心價值；但佳能卻聚焦在中小型企業，以「低成本和高價值」為主，善用原有經銷通路銷售小型列印機（Markides & Singh, 1997; McGahan, Markides, & Geroski, 2005;

Porter, 1985）。顯然，佳能的桌上型列印機較契合新創辦公室的關鍵活動需求：高 CP 值且不占空間。而佳能的桌上型列印機後來也廣受大企業的辦公室歡迎，因為各個部門顯然較偏好有自己的桌上列印機。

商業模式與競爭策略的差異，主要可由以下面向區辨（Massa et al., 2017）。一是對企業與消費者擁有充分資訊的假設。傳統策略學派認為市場資訊公開透明，消費者可自己比較選定商品。但商業模式學派認為，正因為企業與消費者不擁有充分資訊，因此如 Airbnb 的短租系統與評價模式，有效連結供需雙方資訊需求，才能創造經營利基。

二是對認知能力的假設。傳統策略學派假定企業或個人是「理性」的，較少探討「有限理性」議題（bounded rationality）。但商業模式學派認為企業或個人的認知是有局限性的，因此他們無法正確決斷商品在未來價值的折現率。這也是為何全錄推出「以租代買」模式會受到歡迎的原因之一。

三是對外部性的假設。傳統策略學派未特別討論商品或服務外部性價值（雖有品牌外溢性或創新擴散可模仿性之討論），但商業模式學派認為產品或服務具有外部性，尤其在網路世界更具有「網路效應」（network effect，使用者越多，價值越高）進而會對價格敏感者進行差別定價，例如 Google 就以競標模式讓願意為特定關鍵字付高價之廠商競拍得標。

四是對競爭優勢來源的假設。傳統策略學派以生產者為中心，認為企業競爭優勢源自具備異質資源或特殊地位；但商業模式學派認為企業的競爭優勢不僅來自於生產者端，還可能來自於使用者端。例如 Google 的競爭優勢來源之一就是廣大的使用者流量、搜尋網路、廣告主與 APP 開發商等。

很顯然，商業模式並不等同於競爭策略，雖然它經常被視為競爭策略的一環。究竟何謂商業模式？以下說明。

三、商業模式的定義

學者 Massa, Tucci & Afuah（2017）整理過去商業模式的重要研究，並嘗試由以下三個面向來定義何謂商業模式。

首先，商業模式是真實企業特質（attributes of real firms），主要包括兩大面向，一是企業所執行的一系列活動，一是執行活動的成果。前者就是所謂創價活動，後者就是取價（或定價）結果。創價活動包括組織如何動員資源與能力、何時發動系列活動、如何執行、由誰執行等。最有名的例子就是所謂「商業模式九宮格」，對許多傳統企業來說，商業模式九宮格相當容易理解且易於執行，由企業價值主張、關鍵活動、關鍵資源、關鍵合作夥伴、顧客關係、通路、目標客群等創價活動，到成本結構與收益流之取價活動等。

另有學者提出商業模式的六大功能，一是價值定義（value proposition），二是消費者市場區隔（customer market segmentation），三是價值鏈（value chain），四是成本與獲利結構（cost and profit structure），五是企業在價值網絡中的策略定位（the strategic position of the firm in the value network），六是競爭策略的方程式（the formulation of a competitive strategy）（Chesbrough & Rosenbloom, 2002; Osterwalder & Pigneur, 2009）。

「商業模式九宮格」或「商業模式的六大功能」雖有助於企業擘劃自己的商業模式，但卻無法說明企業商業模式如何演化？過去成功的商業模式在未來如何持續創新價值？

學者 Amit & Zott（2001）則由數位化時代之代表性產業電子商務（e-business），嘗試說明所謂商業模式的創價來源，主要有以下四者：效率（efficiency）、互補（complementarities）、新穎（novelty）、鎖定（lock-in）。效率主要反映在買賣雙方的搜尋成本、速度、方便簡單性與規模經濟效益等。互補則有過去資源基礎論探討互補性資產的策略價值，

例如在電子商務中，安全方便的支付系統就是重要互補性資產；另外如線上旅遊平台提供換匯服務、氣候資訊與疫苗接種資訊服務等。新穎性則以首動優勢爲主（first-mover advantage），如 eBay 推出客戶間的電子競拍系統等。而鎖定則有以下幾種作法，一是會員忠誠制度，最常見就是會員點數；二是發展主導設計標準，如 Amazon 推出的購物車專利；三是建構可信任的互動機制，如高等級的資訊安全防護系統以確保交易安全（Amit & Zott, 2001）。

顯然，由創價來源思考商業模式的系列活動價值，較「商業模式九宮格」更能回答「如何」創造價值的問題。

再舉個例子來說，Airbnb 的三位年輕創辦人，設計師切斯基（Brian Chesky）、傑比亞（Joe Gebbia）和工程師布雷卡齊克（Nathan Blecharczyk）在 2008 年創辦時，就嘗試將美國舊金山公寓裡的空房間出租給前來參加設計大會的學生與年輕設計師，他們架設網站提供短租模式的「新穎」模式，有效結合數位攝影、信用卡支付系統等「互補性資產」，提高媒合「效率」，並善用口碑評等系統建立信賴機制，終能建立一個有價值的信任網站，讓使用者產生依賴進而「鎖定」，創造連結短租供需的厚市集（thick marketplace）。

其次，**商業模式乃是一種認知與語言基模**（as a cognitive/ linguistic schema）。簡單來說，商業模式乃是組織的主導邏輯（dominant logic），是組織成員與經理階層所建構的思維模式、信仰與認知基模。主導邏輯會形塑組織成員的活動與互動關係，進而成爲組織獨特的創價體系。最有名的例子之一就是由學者 Tripasa & Gavetti（2000）闡釋爲何知名的化學影像公司 Polaroid 無法回應數位變革（Tripsas & Gavetti, 2000）。因爲他們信仰「刮鬍刀與刀片模式」（blades & shaves），以「便宜的相機和昂貴的軟片」爲核心創價邏輯，而無法回應全新的數位邏輯，亦即「昂貴的相機或手機，且不需軟片」的創價模式。資深專業經理人深植在腦中的創價邏輯確實很難一夕改變，要他們接受傳統賺錢模式以外的

方式，也不容易。

另一個知名案例就是學者 Chesbrough & Rosenbloom（2002）研究全錄帕羅奧多研究中心（PARC, Palo Alto Research Center）在過去 20 年間衍生新創 35 家公司，結果有許多公司最終必須跳脫原來全錄的經營模式，才能創新成長（Chesbrough & Rosenbloom, 2002）（詳見第四章〈商業模式演化類型〉之節次討論）。

企業的認知模式與主導邏輯，乃是組織成員共同的價值體系，對內可以有效溝通提高經營效率，並會因此自我強化，但也容易形成慣性（inertia），不易接受其他創新經營邏輯；對外則會成為企業與外部夥伴和使用者溝通的言說論述（narratives），它會展現為企業的故事行銷與企業識別。例如國內知名連鎖品牌全聯，就以「全聯經濟美學」與「全聯經濟健美學」等一系列品牌行銷，訴說全聯的經濟實惠與對健康生活的幫助。

第三，商業模式乃是正式的概念描述與展現（as formal conceptual representations/ descriptions）。之所以稱為「正式」，乃因相較於認知或語言基模，正式的概念描述是明確而外顯的，會以文字、數字或象徵符號呈現。學者就以「地圖」來說明商業模式對組織的價值。「地圖」是簡化版的特定地理位置描述，所以就有深淺遠近與內容呈現差異，更會有特殊構念、象徵與遊戲規則呈現。例如國內知名小吃鬍鬚張近年在描繪組織創新進程時，就以連鎖化、數位化、外送連結、智慧化等階段商模演化，描述企業在價值創新的重要歷程，並佐以實務作法，例如外送平台 APP 就以「套餐模式、容易點選、承擔運費、備餐快速」的正式說明，描述外送服務的商模特色。

總結來說，相較於資源基礎論強調企業的特色或異質資源價值，策略學派強調組織競爭優勢的定位價值，商業模式不但是一套具體可行的組織活動與功能實務，更是組織的認知語言和概念地圖；具體的活動連結，成

爲我們觀察組織認知基模與探索概念地圖的重要指引。

也因此，本書所討論之個案內容，將特別著重在商業模式的活動特色，尤其是鑲嵌在特定產業領域之創價活動與取價（定價）活動連結機制上。後面章節將會說明商業模式的類型，尤其是商業模式的演化邏輯。

本章參考文獻

Afuah, A. 2014. *Business Model Innovation: Concepts, Analysis, and Cases*: Routledge.

Afuah, A., & Tucci, C. L. 2003. *Internet Business Models and Strategies: Text and Cases*: McGraw-Hill New York.

Aggarwal, V. A., Siggelkow, N., & Singh, H. 2011. Governing collaborative activity: interdependence and the impact of coordination and exploration. *Strategic Management Journal*, 32(7): 705-730.

Amit, R., & Zott, C. 2001. Value creation in e-business. *Strategic Management Journal*, 22: 493-520.

Barney, J. B. 2001. Is the Resource-Based 'View' a Useful Perspective for Strategic Management Research? Yes. *Academy of Management Review*, 26(1): 41-56.

Casadesus Masanell, R., & Zhu, F. 2013. Business model innovation and competitive imitation: The case of sponsor based business models. *Strategic Management Journal*, 34(4): 464-482.

Chesbrough, H., & Rosenbloom, R. 2002. The role of the business model in capturing value from innovation: Evidence from Xerox Corporation's technology spinoff companies. *Industrial and Corporate Change*, 11(3): 529-555.

Chesbrough, H. W. 2003. *Open Innovation: the New Imperative for Creating and Profiting from Technology*. Boston, Mass.: Harvard Business School Press.

Dohrmann, S., Raith, M., & Siebold, N. 2015. Monetizing social value creation–a business model approach. *Entrepreneurship Research Journal*, 5(2): 127-154.

Markides, C. C. 1997. To diversify or not to diversify? *Harvard Business Review*(November-December): 93-99.

Markides, C. C., & Singh, H. 1997. Corporate restructuring: A symptom of poor governance or a solution to past managerial mistakes? *European Management Journal*, 15(3): 213-219.

Massa, L., Tucci, C. L., & Afuah, A. 2017. A critical assessment of business model research. *Academy of Management Annals*, 11(1): 73-104.

McGahan, A. M., Markides, C. C., & Geroski, P. A. 2005. *How Industries Evolve*: Audio-Tech Business Book Summaries, Incorporated.

Michelini, L., & Fiorentino, D. 2012. New business models for creating shared value. *Social Responsibility Journal*.

Osterwalder, A., & Pigneur, Y. (2010). *Business Model Generation: A Handbook for Visionaries, Game Changers, and Challengers* (Vol. 1). John Wiley & Sons.

Penrose, E. T. 1959. *The Theory of the Growth of the Firm*. New York: Wiley.

Porter, M. E. 1985. *Competitive Advantage: Creating and Sustaining Superior Performance*. New York: Free Press.

Tripsas, M., & Gavetti, G. 2000. Capabilities, Cognition, and Inertia: Evidence from Digital Imaging. *Strategic Management Journal*, 21(10/11): 1147-1161.

Van Alstyne, M. W., Parker, G. G., & Choudary, S. P. 2016. Pipelines, platforms, and the new rules of strategy. *Harvard Business Review*, 94(4): 54-62.

Zott, C., & Amit, R. 2010. Business model design: an activity system perspective. *Long Range Planning*, 43(2-3): 216-226.

第二章　從消費者、使用者、會員，到粉絲

> 許多創新發明經常來自於一群非常特殊的使用者，而不
> 是生產者。他們是一群「領先使用者」，位於市場趨勢最前
> 端，比其他人更早察覺市場需求。他們直接參與創新，以獲
> 取最大價值。
>
> Eric von Hippel (1986)

————

美國麻省理工學院教授 Eric von Hippel 在 2005 年提出「創新民主化」
（Democratizing Innovation），揭示使用者才是創新的來源（von Hippel,
2005）。不過拉長時間的軸線，近一世紀以來，「使用者」的樣貌與對創
新的影響正在產生結構性變化。本章釐清使用者的多種定義，幫助讀者思
辨不同使用者身分與類型之價值。

一、消費經濟時代：從生產力到購買力

「消費經濟」概念起源甚早，但影響 20 世紀以來消費概念者，主要
可追溯到美國福特汽車創辦人亨利・福特在 1914 年 1 月 6 日於美國密西
根州高原地所推出的驚人招聘之舉。亨利・福特以 8 個小時的日工時，5
美元的日薪，吸引一萬多人前來排隊應聘。5 美元日薪是當時原本 2.34 美
元日薪的一倍以上。許多人批評亨利・福特：「企業不是慈善家！」但事
實上，亨利・福特的大膽之舉，背後有特殊的「消費經濟」思維。

首先是提高生產效率。事實證明，亨利・福特雖然花費高達 1,000 萬
美元（相當於年度獲利）投入勞工加薪，但當年度，福特汽車營收卻成長
到 3,000 萬美元。生產力的大幅提高，印證薪資報酬對員工生產投入與效
率提升有正面效益。

其次是提高購買能力。亨利・福特大幅提高薪資背後，有相當策略性

的思維，「要讓製造福特汽車的工人，都買得起福特 T 型車。」讓生產勞動者成為具有購買力的消費者，正是亨利・福特的精明之處。（《公司的力量》，第四集）

「購買力」乃是消費經濟的重要內涵，消費者必須有足夠的「有形貨幣」才能購買自己所需要的商品或服務。彼得杜拉克提出，其實在 20 世紀早期，美國另一個主要勞動階層——農夫並沒有什麼購買力，他們沒有能力購買農業機械。當時市場上雖然已有許多收割機器，但不論農夫多麼想擁有自己的收割機，卻沒有錢購買。後來，收割機的發明者之一，邁考密克（Cyrus McCormick）發明了分期付款制度，這種方式使得農夫能夠以未來的收入來購買收割機，不必靠過去的儲蓄。於是，突然之間，農夫就有了購買農業機械的「購買力」了。（彼得杜拉克，2009）

從這個角度來看，「購買力」可以是累積過去努力賺來的財富，也可以是實現未來即將得到的報酬；前者是亨利・福特努力提高工人所得以購買 T 型車的突破作法，後者是邁考密克的金融創新，兩者皆大幅提高一般勞動階層的購買力。

不過進入 21 世紀，「購買力」更具體展現在其他「無形貨幣」上。除了一般勞動階級外，所謂知識工作者（1980 年代）、Z 世代（1995 年以後世代）、網路原住民（2000 年出生）、二次元世代（ACG, Animation, Comics, Gaming），他們對有形貨幣的交換價值僅是一部分考量，更重要的購買行為表現在各種無形獲益的交換價值上，例如社群認同、會員專屬、粉絲經濟等，也是本章節所要討論的幾個重要概念。所謂消費經濟，背後乃是「消費者」的購買力，在當代社會中，影響消費者購買能力的有哪些特殊樣貌？而「消費者」又有哪些角色扮演？將是本章節所要釐清的重點。

二、會員經濟：真實身分

將消費者轉為「會員」是當前主流消費實務之一。會員經濟有以下

特色。第一，「會員」是有名有姓的個體，更是能讓企業生產者有效追蹤消費行為的主體。例如銀行業的「帳戶」資料，可以有效掌握客戶的「支付」行為；百貨公司的「會員」制，則是可以有效管理會員的購買行為；網飛（Netflix）更只提供會員專屬的線上影集服務；大學的「學生證」則可以有效掌握學生的學業成績表現。對會員的基本資料與消費習性掌握越充分，就越有機會提出滿足會員需求的創新服務。這也是當前大數據（Big Data）各種創新應用的起點。

第二是會員分類的特殊性。過去銀行業依據存款戶的資產與收入，發行無限卡、白金卡、金卡等分類，並根據客群需求提供差異性服務，就是經營會員的特殊利基。例如無限卡客戶因經常出國洽商，因此刷卡行提供一年六次免費機場接送服務；但是對於享受「一個人旅行」的小資族，只能辦張金卡，卻需要各種高倍數國外消費紅利積點、生日禮、高鐵優惠等，就有全然不同的客層經營邏輯。

會員優先活動，還進一步展現在當代各種專屬折扣優惠上，例如流行服飾業提供一般會員九折或八折優惠服務，若是月消費金額在 2 萬元的客戶則有一年六張六折優惠券，不過當然有限時消費期限；行動支付業者如街口支付則曾經推出「每日一優惠」活動，以藉此鼓勵會員使用行動支付，目的則在強化會員黏著度。

而由國內八家公股行庫（台銀、土銀、合庫、第一、華南、彰化、兆豐、台企）所組成的「台灣 Pay」則在 2021 年開始建立點數經濟圈，連結 16 萬多家合作店家，提供用戶紅利積點優惠，每月前 5,000 元日常生活消費，可享 2% 等值紅利點數回饋，每 10 點可兌換新台幣 1 元。公股行庫由過去「兄弟爬山各自努力」開拓專屬回饋機制，到決定合作聯盟共享點數優惠，目的正是在藉由拓展金融服務生態圈，以更有效連結會員。

第三是鼓勵會員升級活動。過去航空公司經常以累積哩程數以升等艙位或提供機場貴賓休息室等作法，針對重度使用者提供升級優惠。其實這還是相對被動的作法，畢竟搭飛機出國旅遊或洽公並非一般消費族群的核

心需求，「被動」升級的情況較多，這只能算是航空公司周邊服務的一環。不過近年來卻有行動支付業者以各種活動，鼓勵會員改變身分，以取得更優質豐富的服務。

例如中國大陸支付寶就推出「芝麻信用」，包括個人身分特質、信用歷史、履約能力、人脈關係、行為偏好等，計算個人「芝麻分」，總分最高是 900 分。只要信用分數達 550 分以上，就可以取得信用貸款、訂單貨款、與提前收款等多項服務，甚至找工作、談戀愛，都可以參考芝麻分。支付寶還推出各種鼓勵會員提高「芝麻分」的創新實務，例如多使用支付寶的信用卡還款功能並即時還款、多購買支付寶理財商品、多使用群聊功能與親情帳戶功能等，目的就是在透過「芝麻分」的累積，鼓勵更多消費、拉進更多使用者，進而形成一個正向循環的金融服務生態圈。

總結來說，「會員制」乃是以個人真實身分為基礎，要經營相當不易。若從上述討論中可以發現，「會員制」多出現在有剛性需求或是重度使用需求的服務內容上，例如銀行的帳戶，背後是每個人都需要金融服務；網飛的會員，背後是每天看影集消遣的娛樂服務；服飾品牌的會員 VIP，背後是愛美女性的愛買服務；便利商店的會員積點，背後是生活消費服務；國高中與大學的學生證，背後是教育服務。

會員制的建立基礎，是看到一群有經常性需求的客戶，而提高回購率與黏著度，則是各種會員優惠的經營哲學。這也能說明，為何不是所有會員制都能讓消費者買單，對於非經常性需求或過路客，要成為會員就是一件麻煩事，甚至有個人資料外洩的疑慮。例如偶爾才採購的行李箱或公事包，是否需要會員制？就是值得考慮的問題。也因此，企業在思考是否需要經營會員制的過程中，不妨先檢視自己的商品服務，是否屬於某些特定族群的剛性需求，或是有特殊身分認同價值？並進階思考提高會員黏著度的各種策略。如果會員制並非最佳選擇，那就必須有全然不同的經營邏輯，例如社群經濟或是粉絲經濟，以下說明之。

三、社群經濟：社群身分

社群媒體的經營，主要表現在社群意見領袖的推薦，如 2019 年暴紅的《理科太太》，連歌手蔡依林要主打年度新專輯都決定上這個當紅社群意見領袖節目，由剖析歌手不為人知的內心世界，讓網友看到不一樣的蔡依林。

社群經營相當不容易，因為社群是一群沒有明確身分的人；相較於會員，其匿名性高；相較於粉絲，互動性弱，黏著度低。對許多社群經營者來說，最大的挑戰就是如何把社群轉化為有剛性需求的「會員」或是有高忠誠度的「粉絲」。

2018 年 7 月暴紅的《木曜 4 超玩》因製播《一日市長幕僚》而大幅提高點擊率，在短短半年間，點擊率突破 1,000 萬次，創下口碑，也大幅提高知名度。不過對《木曜 4 超玩》來說，更重要的指標在於如何提高訂閱量，讓社群能夠逐漸轉化為會員，養成收看習慣，甚至晉升為粉絲。《一日市長幕僚》與之後的《一日微軟》、《一日 Google》或《跨年 101 打工》系列，逐步確認《木曜 4 超玩》對各行各業的深入探索與寓教於樂的節目型態，在 2018 年底於 YouTube 頻道上，突破 100 萬用戶訂閱，更於 2021 年突破 200 萬訂閱。節目製作人陳百祥的特殊製播手法、以邰智源為主的四位主持人之個人魅力與團隊形象，讓《木曜 4 超玩》決定製作節目主題曲，並動員粉絲舉辦簽唱會。

事實上，在《一日 Google》節目中，YouTube 製作單位特別成立創作者中心，以教練身分指導 10 萬訂閱戶以上的 YouTuber 提高訂閱戶與點擊率。主要作法包括有系統地研究高點擊節目的內容特色，以掌握核心客群之特殊需求；由觀眾留言與意見回饋中，得知觀眾偏好的內容與建議製作的節目主題等。投其所好以提高社群黏著度，正是社群經營的核心議題。

四、網紅經濟：粉絲身分

學者金偉燦與芮妮·莫伯尼在《航向藍海》一書中就特別提到，企業在評估產品組合優勢時，應該以「價值」與「創新」等領先指標，取代過去「市場占有率」與「產業吸引力」等落後指標；而在價值創新象限上，可以區分為先驅者、安定者、移動者三種價值區塊。先驅者代表價值創新的事業或產品，他們沒有顧客，只有粉絲；企業提供前所未有的價值，打開新的價值成本邊界。例如早期的「果粉」，對蘋果電腦系列產品有高度認同的粉絲，他們一般站在創新採納的前端，並且成為蘋果系列產品的忠實擁護者。

學者進一步分析「粉絲」行為（Fiske, 1992）。他們和一般消費者的最大差異主要表現在以下面向。一是差異性與獨特性（Discrimination and Distinction），粉絲是一群有高度專屬社群認同感的人，而他們形塑的次群體（subordinate）往往直接表現在社會生活中，「活出」偶像的生命。例如 80～90 年代美國明星瑪丹娜（Madonna）的粉絲，模仿偶像的穿著打扮，並且以高度自信在街頭走秀。對粉絲來說，活出偶像的生命力，可以為他們帶來自信，也進一步形塑他們的社會認同。

二是生產力與參與度（Productivity and Participation）。粉絲也是一群有高度生產力的人，他們是特定粉絲符號（semiotic productivity）的生產者，會不斷傳播再製並強化特定符號。同時，粉絲也經常具有龐大而原始的文字生產力（textual productivity），他們的文本多不修邊幅，但卻充滿動人的原始語言，在特定群體中放送，屬於「窄播」（narrowcast）而非大眾「傳播」（broadcast）。

除生產力之外，粉絲的參與度也是驚人的，他們透過高度參與表達對偶像的「擁有感」。例如穿上特定球隊衣服與顏色或號碼，或穿得像樂團成員以成為樂團表演的一部分。縮短與偶像間的距離，甚至在行為或心理上成為偶像成員的一部分，是粉絲特有的熱情表現。

　　第三項特質是資本累積（Capital accumulation），也是所謂「粉絲經濟學」的關鍵表現。粉絲經常會完整且全面性地收藏偶像的相關產品，他們也許無法以高價購買獨家限量發行精品，但卻會收藏各種周邊小物，包括藝術創造品、書籍、錄音錄影作品、紀念品、演唱會門票等；不少粉絲也會關心這些收藏品的價值，展現自己收藏的特殊性。

　　總結來說，粉絲是一群超級讀者（excessive readers），他們的社會文化識別，形成一種特殊的經濟行為，一旦對特定人物或產品或公司產生認同，他們高度的參與、創造、採購行為，形塑出獨一無二的社群文化；這股認同文化的變現力不低，甚至有極大的衍生價值（spin-off），而能同時創造文化與經濟利益。

五、大眾、分眾、小眾

　　本專書除區辨一般消費者、會員、粉絲等類型差異，以作為後續探討生產者與使用者互動特色，推廣創新產品、服務、體驗之參考外，另外提出小眾、分眾與大眾之分類，以作為消費社群經營之參考。

　　一般而言，在策略管理中，小眾屬「利基市場」（niche market）、分眾屬大眾中的「分群市場」（subsets of the whole market）、大眾則是「一般性」市場（mass market）。若依 Michael Porter 競爭策略觀點，小眾是焦點策略，分眾是差異化策略，而大眾則是成本領導策略（Porter, 1980, 1987）。傳播學者也區分大眾、分眾與小眾媒體，因新興媒體讓傳統閱聽大眾開始分散，並朝市場區隔的特定分眾與利基市場開發（Alonso & Bressan, 2014; Picard, 2000）。

　　小眾市場多具利基性，多數以會員制或粉絲類型呈現，例如本專書個案中的知名時尚媒體 GQ 經營「紳服族」，就是需要會員推薦與身分確認的專屬社群。至於粉絲雖未必是小眾，但在一開始多由少數特定族群之專屬認同，有特殊之身分識別，內聚力高且有持續收集相關產品服務之習慣，例如「果粉」，蘋果電腦或手機的愛用者，他們會持續購買蘋果品牌

周邊商品。

分眾市場，若從創新擴散理論來看，他們是一群在創新者與領先使用者之後的「早期採納者」，他們可能是連結不同或多個領域的連結者（connectors）、主動推銷創新構想的推銷員（salesman）、或是領域專家（mavens），這群人具有一定社群連結網絡與創新擴散能力，而成為創新採納的重要關鍵（Rogers, 1995）。對許多組織來說，特定分眾族群是較容易接觸的，他們有些是企業的貴賓會員或重度使用者（連結者），有些是較常接觸的學者專家（領域專家），有些則是喜歡主動揪團或推介商品的社群意見領袖（推銷員）。早期採納者不但具有一定創新性與擴散性，也較具有易及性，成為企業容易接觸的特定分眾。

本專書在探討不同類型使用者需求時，會特別說明其屬於小眾、分眾或大眾，以及採用的調查方式。例如小眾多以專屬會員與粉絲社群呈現，分眾多以人物誌（persona）調查方法呈現。即使是大眾也會說明其特定的角色扮演，以讓讀者更了解創新個案調查與分析的基礎。

本章參考文獻

《公司的力量》，第四集，影片連結：https://www.youtube.com/watch?v=S68Gut3pLa8

彼得・杜拉克（Peter F. Drucker），2009。《創新與創業精神：管理大師彼得・杜拉克談創新實務與策略》（增訂版），臉譜出版。

Alonso, A. D., & Bressan, A. 2014. Social media usage among micro and small winery businesses in a 'niche' market: a case study. *International Journal of Innovation and Regional Development*.

Fiske, J. 1992. The cultural economy of fandom. *The Adoring Audience: Fan Culture and Popular Media*: 30-49.

Picard, R. G. 2000. Audience fragmentation and structural limits on media innovation and diversity. *Media and Open Societies. Cultural, Economic and Policy Foundations for Media Openness and Diversity in East and West*: 180-191.

Porter, M. E. 1980. *Competitive Strategy: Techniques for Analyzing Industries and Competition*. New York: The Free Press.

Porter, M. E. 1987. From competitive advantage to corporate strategy. *Harvard Business Review*(May-June): 43-59.

Rogers, E. M. 1995. *The Diffusion of Innovations*. New York: Free Press.

von Hippel, E. 2005. *Democratizing Innovation*. Boston: MIT Press.

第三章 從產品、服務，到體驗

> 在這裡，消費是一個過程，當過程結束後，體驗的記憶
> 將恆久存在。而提供體驗的企業和它的員工，必須準備一
> 個舞台，像是表演一樣地展示體驗。因此，「工作就是劇
> 場」！
>
> Pine & Gilmore (1998)

————

商業模式的核心乃在透過一系列的特色活動，以創造價值、傳遞價值並擷取價值。本章將簡要介紹企業（也就是生產者），創造價值的幾種特色活動，從產品創新、服務創新到體驗創新，以作為之後章節討論商業模式演化邏輯的基礎。

一、技術導向的商業模式：賣產品

由生產者的角度來思考商業模式創新，主要可由技術層面的創新研發探討。在《公司的力量》系列報導中，特別提到「公司」在技術創新所扮演的重要角色。19 世紀中後期，德國公司開始設立實驗室，尤其在化學與電氣工業領域有特殊發展，宣告公司所建置的系統性研發與行銷體系，將取代過去以個人工作室或學系研發實驗室為主的創新引擎。

1900 年，美國通用汽車開始加入研發者行列。知名的杜邦公司更在 1928 年投入基礎科學研究，並從哈佛大學挖角 Carothers 博士。而這位知名研究者願意投入杜邦公司有三個條件，第一，必須建造全新的實驗室；第二，研究課題不受限；第三，提高工資，由年薪 3,500 美元提高到 5,000 美元。Carothers 博士笑稱：「雖然過著奴役般的生活，辛苦但卻很愉快！」

1936 年，Carothers 領導的研發團隊確認高分子的存在，稱為尼龍 66（Nylons），1939 年，這項商品正式量產面市。「尼龍襪」在紐約世博

會上正式亮相，引起瘋狂搶購。尼龍在二次大戰中作為降落傘的材質，更因此聲名大噪。Carothers 博士只用了七年時間，花了 2,700 萬美元，就成功讓尼龍成為跨世紀的發明。

「公司能用最短的時間，把實驗室裡的試管與百貨商店中的櫃子連結起來！」這是詮釋從「研發場、工廠到市場」的最佳事證。

最知名的發明公司莫過於美國電話電報公司旗下的貝爾實驗室。1947年發明電晶體，1954 年發明太陽能電池，1958 年發現雷射，1962 年發明通訊衛星，1968 年發現分子束，1988 年發明數字蜂窩電視。貝爾實驗室有 10% 研究人員投入基礎研究，90% 投入應用型技術開發，他們堅信「基礎研究才是突破未來的真正創新！」

技術導向的商業模式奠定在技術升級與功能創新上，認為好的科技產品或技術服務就能帶來銷售佳績（Calia, Guerrini, & Moura, 2007; Chesbrough, 2003）。最常見的例子就是如智慧型手機大廠宏達電每年不斷推陳出新，以更快的上網速度、更佳的照相功能、更強的服務設計、更輕巧的裝置，提高消費者的採購消費。

但長此以往，科技大廠就容易掉入以技術升級為主的軍備競賽，不斷追求成本降低，陷入所謂的「商品陷阱」，也就是以商品作為企業主要競爭優勢來源。學者伽斯柏就直言，過去企業組織總是嘗試提出具有差異化、具有特殊利基點、或是低成本的產品，以取得競爭優勢，但此舉讓企業不斷大規模地投資於生產設備或製程升級，卻僅有越來越薄的獲利現實（Chesbrough, 2003），甚至因此忽略其他潛在新市場或低階市場。例如宏達電過去曾躍居全球智慧型手機前五名，但技術創新並未能為宏達電帶來獲利與成長。反而是大陸的「小米機」以獨特的社群經營模式，與領先使用者技術共創的作法，引爆大陸的小米商機。相較於技術創新的商品銷售，更多人開始思考在技術之外的商業模式價值，並提出以服務為主的創新經營之道。

二、服務導向的商業模式：賣產品＋服務

相較於宏達電、諾基亞或摩托羅拉不斷推出技術優異的新款手機，蘋果電腦除了持續創新手機產品外，還致力於創設一個開放平台，吸引成千上萬的企業組織為手機設計應用軟體及附加服務。豐富顧客的創新體驗，是蘋果電腦成功轉型為「服務型」企業的重要關鍵。知名的開放式創新學者亨利・伽斯柏（Chesbrough, 2007）就直言：

「平庸的科技佐以偉大的商業模式，他的價值可能勝過一個偉大的科技，但卻只有平庸的商業模式。」（Chesbrough, 2007）

在 Chesbrough 的觀點下，科技產品本身並無法創造價值，而是需要透過商業模式的「加值」過程，才能創新價值並獲取利潤。Chesbrough 認為，隨著產業快速變遷，一套完善商業模式的獲利週期開始縮短。亦即，企業賴以維生的獲利方程式無法永久保鮮。對許多企業來說，當傳統的獲利模式開始失效時，新型態的商業模式就必須孕育而生，當中富含企業全新的競爭策略規劃與布局。

Chesbrough（2010）以全錄公司為例，說明商業模式的演化過程。

首先是商品價值。全錄在一開始是仰賴產品本身的經濟價值，也就是商品價值。全錄公司（Xerox）在 1960 年代開發印表機，提供消費者全新的列印設備與服務，後來甚至將黑白列印轉為彩色列印，透過新科技創造新價值，以取得獲利。

其次是新市場價值。當原來的技術已不再具有特殊領先優勢，甚至出現越來越多競爭模仿者，企業就必須重新定位利基市場（niche market），設法在既有的商品中，找到新價值。例如全錄後來鎖定辦公室專用列印機，根據辦公室需求，提供規模適中、操作簡單且可移動之辦公室印表機。全錄開始由傳統大型列印機走向辦公設備的利基市場（Chesbrough, 2010）。

　　第三是價值鏈（value chain），從賣產品到賣服務。當原有產品成長已趨於和緩，企業就必須跳脫原本的產品思維，設法與相關互補性產品或服務連結，以拓展經營範疇；同時也藉此提高進入門檻，讓其他競爭者難以進入。以全錄為例，在鎖定辦公設備為特殊利基市場後，全錄除銷售印表機外，還提供墨水匣、機台維修等系列服務。由單一產品銷售價值，轉為延續性服務價值。

　　學者 Teece 說明，所謂的商業模式創新乃是一連串價值創造與價值擷取過程（Teece, 2010）。它可能是產品免費但服務收費的「套裝」整合方案，它也可能是一連串的服務價值鏈，例如全錄公司，除了銷售辦公用列印機外，還提供墨水匣、列印紙張與定期維修服務，構成完整的列印價值鏈。

　　以服務導向的商業模式，不但改變產品開發與創新方式，更改變與顧客間的互動與服務體驗模式。舉例來說，一家網路 T 恤製作商 Threadless.com，就特別邀請有興趣者提出 T 恤設計，並把這些設計張貼在公司網站上，由造訪者投票選出他們喜愛的設計。該公司在統計一段期間的票數後，再由當中得票最高的前十名，產製人氣最高的商品。這個商業模式特殊之處，在於企業還沒有正式生產前，就已事先「預售」多數商品。這就是將顧客的內隱知識有效轉化為創新商機的示例。

　　除了與顧客互動方式改變外，服務導向的商業模式也會進一步改變與供應鏈等利害關係人間的互動關係。例如荷蘭航空就與地面運輸服務廠商合作，提供高階商務客層無縫式旅行服務。服務專員掌握企業主管下飛機後所要前往的地點與會議性質，主動安排上下飛機之銜接交通工具，與第三方業者建立一個合作服務網絡。

　　從技術創新到服務創新的商業模式，**企業的收益來源不再仰賴單一的商品或技術銷售，取而代之的是持續性的收益**，如全錄的維修服務便以年約為之，以取得中長期的穩定收益來源。另外則是提高客戶的效用與滿意度，例如荷蘭航空與地面運輸服務廠商合作，進行商旅服務的無縫接軌。

由降低成本轉向價值提升，正是以服務導向爲主之商業經營核心。

　　開放創新學者伽斯柏就倡議，組織應善用服務創新來改變商業模式（Chesbrough, 2010）。商業模式是事業創造價值、並從中獲取部分價值的方式；但商業模式成功後，往往會產生慣性，導致公司可能錯失重要的創新機會。伽斯柏更直言，從衡量商業模式的績效指標，就可以看出現有商業模式的慣性。產品型商業模式側重和產品有關的項目，包括存貨量、毛利、產品瑕疵等；反觀服務型商業模式的績效指標主要是顧客續留率、顧客終身價值、顧客滿意度等。當企業能重新檢視自己的績效指標，就可以察覺自己的獲利慣性，並應設法由過去的「商品銷售指標」轉化爲「顧客服務指標」。

　　總結來說，將自己的企業視爲服務業、與顧客共創價值，乃至提供開放式的創新平台，並以服務創新來改變商業模式，是企業跳脫商品陷阱思維的重要關鍵。不過近年來，學者更進一步提出體驗導向的商業模式創新，並嘗試結合產品與服務，再次轉化價值創造、傳遞與擷取機制。

三、以體驗導向的商業模式：感覺很重要

　　體驗經濟（experience economic）一詞最早是由學者 Pine & Gilmore 在 1998 年所提出（Pine & Gilmore, 1998），他們將經濟發展區分爲四個階段，第一階段是農業經濟，第二階段是以商品爲主的工業經濟，第三階段是以服務品質爲主的服務經濟時代，第四階段是以體驗經濟爲主的創新時代。

　　一般而言，體驗行銷與傳統行銷有以下主要差異（Schmitt, 2000）。一是感官刺激（sense），相較於過去行銷強調產品功能，體驗行銷更重視訴諸顧客的感官刺激。二是情感連結（feel），過去產品或服務並不一定和使用者產生情感連結，也因此代替性較強；但體驗行銷重視不同分眾的情感聯繫，會有較強的不可替代性。三是思考特質（think），體驗行銷會引發較深層的知識性活動，較諸傳統行銷的直覺性感知，會留下更深

刻的記憶。四是行動（act），體驗行銷因訴諸感官、情感與思考，故會引發較積極的行動能量。五是關聯活動（relate），體驗行銷重視和使用者特定的生活型態產生連結，因此會發展出顧客獨特的社會識別與連結性活動。

總結來說，體驗行銷的核心是消費者的體驗，而不是產品本身的功能或特質；消費情境的重要性，包括如何訴諸顧客的情感與刺激感官活動，遠比商品或服務本身重要；消費者的行為兼具感性與理性，而非傳統僅訴諸消費者的理性決策。也因此，體驗行銷極有助於建立消費者的**品牌忠誠度，它會反映在顧客的再購買意願、向他人推薦的意願、價格容忍程度以及交叉購買的意願**（Gronholdt, Martensen, & Kristensen, 2000; Parasuraman, Berry, & Zeithaml, 1991; Zeithaml, Berry, & Parasuraman, 1996）。

學者 Pine & Gilmore（1999）在《體驗經濟時代》專書中進一步倡議，商品和服務已不足以促成經濟成長，唯有體驗設計才能創新經濟產出。他們並以消費者的參與程度（participation）是積極的（active）或消極的（passive），主體與客體間的連結度（intensity）是吸引使用者的（absorptive）或是沉浸的（immersion），來區分體驗境界。他們將體驗分為娛樂（entertainment）、教育（education）、逃避現實（escapist）與審美（esthetic）四個象限（Pine & Gilmore, 1998）。其中娛樂是最古老的體驗型態，如笑話，屬於被動透過感覺吸收體驗；教育需要消費者更積極的主動參與；逃避現實體驗是完全沉溺其中，需要更積極參與投入；至於審美體驗則是沉浸於某一環境事物，但消費者對該環境事物影響很小或根本沒有影響。Pine & Gilmore（1998）進一步指出，為設計更豐富的體驗，越來越多體驗情境是融合多種型態的，例如融合教育與逃避（educapist），可以改變體驗背景；融合教育與審美（edusthetic）可以培養鑑賞力等。經營消費者的體驗設計是當前企業在創造價值的全新思維，更有企業開始由不同類型社群經營角度，探討不同體驗設計歷程，本

專書將會以個案呈現企業經營特殊社群體驗之實務作法，以供讀者參考。

　　總結來說，若從客戶經營的角度思考，賣產品多是和客戶建立一次性的交易關係，如何創造產品本身的最大價值是企業投入技術研發首務；而賣服務則是要和客戶建立持續性的交易關係，如何提供一連串的產品與服務加值，是企業黏著客戶的重要議題。至於賣體驗則是訴諸於情感，建立客戶的品牌忠誠度、提高回客率之外，甚至成為企業產品的超級推銷員，讓好的體驗成為社群的共同記憶與身分識別。

本章參考文獻

Calia, R. C., Guerrini, F. M., & Moura, G. L. 2007. Innovation networks: From technological development to business model reconfiguration. *Technovation*, 27(8): 426-432.

Chesbrough, H. W. 2003. *Open Innovation: the New Imperative for Creating and Profiting from Technology*. Boston, Mass.: Harvard Business School Press.

Chesbrough, H. 2007. Why Companies Should Have Open Business Models. *Sloan Management Review*, 48(2): 22-36.

Chesbrough, H. 2010. Business Model Innovation: Opportunities and Barriers. *Long Range Planning*, 43(2-3): 354-363.

Gronholdt, L., Martensen, A., & Kristensen, K. 2000. The relationship between customer satisfaction and loyalty: cross-industry differences. *Total Quality Management*, 11(4-6): 509-514.

Parasuraman, A., Berry, L. L., & Zeithaml, V. A. 1991. Understanding Customer Expectations of Service. *Sloan Management Review*, 32(3): 39-48.

Pine, B. J., & Gilmore, J. H. 1998. Welcome to the experience economy. *Harvard Business Review*, 76: 97-105.

Pine, B. J., Pine, J., & Gilmore, J. H. 1999. *The Experience Economy: Work is Theatre & every Business a Stage*: Harvard Business Press.

Schmitt, B. H. 2000. *Experiential Marketing: How to get Customers to Sense, Feel, Think, Act, Relate*: Simon and Schuster.

Teece, D. 2010. Business models, business strategy and innovation. *Long Range Planning*, 43: 172-194.

Zeithaml, V. A., Berry, L. L., & Parasuraman, A. 1996. The behavioral consequences of service quality. *The Journal of Marketing*: 31-46.

第四章　商業模式演化類型

　　托爾斯泰在鉅著《安娜・卡列尼娜》開場白說道：「幸
福的家庭都是相似的，不幸的家庭各有各的不幸。」本書借
用文豪的邏輯：「成功的企業都是相似的，不成功的企業則
各有各的不幸。」

　　本書的目的，就是要發掘成功企業的創價邏輯，而「演
化商模」更是企業能與時俱進的基礎。

――――――

　　本章將介紹企業商業模式的演化類型，主要探討背後的學理基礎，
至於不同類型的商模演化邏輯將在各專章說明。商業模式演化主要有以下
類型：類型一，單一商模的持續演化，主要由開放創新的理論視角出發。
類型二，複合商業模式，探討兩個以上商業模式間如何產生「一加一大於
二」的經營邏輯。許多企業並因此演化發展出多角化經營的商業模式。類
型三，平台生態系，如何建構共生共存的創價系統。以下說明。

一、類型一：單一商模演化，開放創新

　　單一商業模式演化，主要著重在舊商模的創新與蛻變，這往往需要仰
賴外部資源的取得，也就是所謂開放式創新（Chesbrough, 2003）。開放
式創新的定義：「有效引導知識的流進或流出，以加速創新及擴增市場，
以利創新的外部使用。」

　　"Open innovation is the use of purposive inflows and outflows of
knowledge to accelerate internal innovation, and expand the markets for
external use of innovation, respectively."

　　最知名的案例之一，就是家用品大廠寶僑公司（P&G）在 2000 年
遭遇經營危機而股價重挫之際（股價由 2000 年 1 月的 116 美元，重挫至

2000 年 3 月的 60 美元），決定啓動名爲「連結與開發」機制（Connect and Develop）。寶僑除要求每個事業單位必須找出消費者的十大需求外，還在全球設置 70 位科技創業人，負責聯繫產業內部與學界、供應商、地方市場等，以探索最前緣的創新知識。此外，寶僑還與 15 家最重要的供應商合作，成立供應商資訊科技平台，以共同聘用 5 萬名研發人員概念，積極開創新市場（Johnson, Christensen, & Kagermann, 2008）。

　　企業要跳脫原有的創價與取價邏輯並不容易，以下介紹兩個案例，一是全錄知名實驗室在由生產者端的持續創新研發後，如何跳脫既有商模主導邏輯以求創新突破的開放案例。二是雀巢公司如何藉由開創新市場、新需求，以開創新商機案例，思考單一商模演化的機會與挑戰。

（一）生產者端的商模變革：跳脫原商模主導邏輯

　　全錄自 1970 年起創辦知名帕羅奧多研究中心（PARC, Palo Alto Research Center）並衍生 35 家新創。在這當中，有些企業跳脫原有商業模式主導邏輯（dominant logic）而開創新機，但有不少卻仍深受原有商業模式制約而難以開展。先談談幾家成功自創品牌的商模邏輯，和全錄原有「以租代買」並持續銷售紙張、墨水匣等專屬系統模式有何差異。

　　3Com（computer, communication, compatibility）由 Robert Metcalfe 在 1979 年創辦，早在 1975 年他發明的以太坊網路就已在 PARC 使用，只是一直被忽略；但 Metcalfe 始終相信，以太坊網路將在個人電腦桌機市場扮演重要角色。

　　3Com 一開始擔任 DEC（Digital Equipment Corporation）網路服務顧問，DEC 小型機是全錄列印機積極爭取的合作對象；也因爲如此，在 DEC 的穿針引線下，3Com 成功取得全錄在以太科技 4 項關鍵技術授權。3Com 並與迪吉多、英特爾、全錄形成 DIX 聯盟，界定以太網路（Ethernet LAN）通訊，並以開放標準普及電腦產業應用。

　　1981 年，3Com 開發與 IBM 系統相容的以太網卡（Ethernet adapter

cards），搭上個人電腦成長順風車，核心價值主張乃是透過以太網分享檔案與列印資料。相較全錄列印機的專屬系統，3Com 積極與 IBM、DEC 等廠商合作，建立開放平台，以適時融入新興主流科技網路。1984 年 3Com 股票公開發行，在 2000 年 6 月股價已較母公司全錄高出 30%。

另一家著名公司 Adobe 則在 1983 年由 PARC 出走。創辦人 Charles Geschke 與 John Warnock 研發的「頁面描述語言」（Page Description Language）可同時處理文字與圖片，可讓列印機使用數位字型，並由個人電腦再製更多元字體。Adobe Systems 在 1987 年公開發行，150 億美元市值引起市場關注。

Adobe 一開始想提供軟硬體與列印機等系統「統包解決方案」（turnkey solution）給客戶，但卻被 Steve Job 與 MIT 老師 Gordon Bell 潑冷水，認為這需要較複雜的系統整合且製造不少競爭者。後來 Adobe 決定銷售字型圖書庫給電腦與列印設備商，如蘋果、惠普等。全新的商業模式讓字型科技可以融入蘋果與 IBM 等電腦製造商的全新價值網絡，並獲取極大利益。

第三家公司 SynOptics 是 Andy Ludwick 與 Ron Schmidt 在 1985 年離開 PARC 的自創品牌。他的核心技術在嘗試讓以太科技可以應用於光纖網路。兩位創辦人原本也想建構完整的網路系統：有線光纖與軟體、硬體、與網路服務，以在更快速的平台上運作以太科技。但後來卻在 IBM 的權杖環網路系統（IBM token ring copper wires）找到落地應用。自此，SynOptics 決定放棄自建光纖模式，而以安裝在既有網路系統上，加速傳輸提高價值。此舉讓 SynOptics 可以避免提供安裝服務、在地維修與其他支援等。相反的，他們可以善用 IBM 的銷售通路與服務支援體系，既省力又獨創價值。

其他衍生新創公司就沒那麼幸運了。例如創辦於 1982 年的 Metaphor，核心技術是創造客製化的詢問資料庫，可以幫助企業建置專屬資料庫，例如問卷調查、價格分析與產品分析等，還能與圖表使用介面科

技結合，創造時尚美觀的企業調查資料庫。Metaphor 的商業模式和全錄近似，包括開發專屬軟體產品、銷售軟體並綁定硬體作爲整廠輸出的解決方案，同時以 Metaphor 自建直銷網路服務客戶。但最終，Metaphor 在1991 年由 IBM 收購。

學者曾研究 Metaphor 與 Adobe 這兩家新創企業，都屬新創技術，沒有既定產業標準。但 Metaphor 選擇複製全錄模式，做好完整系統；Adobe 則決定融入既有電腦、列印設備等銷售網絡，與國際大廠合作，反而得以釋放原有技術價值。

小結：跳脫路徑相依的傳統商模

在科技管理領域，技術研發與商轉的路徑相依性（path dependency）其實有利有弊。遵循既有成功模式可以循序漸進創新原有價值網絡，應較省力有效；但弊端則在於無法開創全新價值網絡。所謂主導邏輯本身，就內嵌一定認知模式，而抑制其他可能性。上述衍生公司例子，就體現主導邏輯的盲點。

一是專屬自銷，反而滯銷。Metaphor 複製全錄專屬銷售模式，軟硬體「整廠輸出」反而失去分拆銷售彈性，最終賣給 IBM。相較之下，Adobe 接受建議，融入既有電腦與列印設備，反而能彰顯核心科技價值。由此可知，與其綁定其他非核心產品，成爲新興產業競爭者，不如專注核心技術，成爲合作方的關鍵夥伴，還能搭上全新價值網絡的順風車。

二是不當主角，反而長久。SynOptics 一開始想自己建置銷售維修服務通路，但最後決定加入 IBM 的權杖環網絡，反而省下安裝成本，還可善用 IBM 的再銷售通路、服務與支援體系，也因此幫消費者省下整合成本。3Com 則是一開始就決定打團體戰，幫老東家全錄與 DEC、Intel 建立策略聯盟，建置電腦產業通訊標準。由此可知，創新科技能爲自家企業所用，固爲好事，但卻可能因此錯失全新市場的價值網絡。科技背後所蘊藏的商機，也許不只是技術，而是全新產業標準、價值網絡、與思維邏輯的全新建構。

（二）使用者端的商模變革：洞察新客群需求

相較於全錄以技術創新聞名，雀巢（Nestlé）這家超過百年企業則擅長將核心技術延伸應用到不同類型的使用者市場[1]。創辦於 1866 年的雀巢，總部位於瑞士，是由藥劑師亨利·雀巢（Henri Nestlé）創辦，以生產嬰兒食品起家，產品還包括瓶裝水、麥片、零食、咖啡、冷凍食品、飲料、即溶飲品、冰淇淋及寵物食品。除食品業外，也曾投資化妝品，曾持有萊雅（L'Oréal）20% 股權，同時跨足醫療保健與製藥業，如眼部護理用品愛爾康（Alcon Lab）等。

雀巢的**粉末化技術**是整個企業發展核心，更是一戰與二戰時代下催生「蛋白質經濟」的主要受益者。1867 年，亨利·雀巢研發出「Farine Lactée」，這是一種以牛奶奶粉及燕麥粉末化為主要原料的米麥精產品。他鎖定的客群原是工廠裡無法餵母乳的媽媽，當時勞工健康狀況不佳，連帶的子女死亡率也偏高。米麥精產品成為具有高營養價值的嬰幼兒產品，推出後不但在西歐熱銷，之後傳到美國、拉丁美洲、俄羅斯、澳洲及印度各地，成為雀巢第一個暢銷全球的產品。

一次戰後的 1921 年間，因戰後物價高漲，雀巢首度出現虧損，雀巢除找來銀行家路易斯·達波爾（Louis Dapples）施行財務控管與行政改革外，同時增加新產品線如奶粉及沖泡式飲品美祿（Milo），這可謂是雀巢粉末化技術的延伸。不過根據維基百科記載，美祿這項產品是由澳洲人湯瑪斯在 1934 年研發，結合巧克力與麥芽研製為粉末，之後才納入雀巢企業，並成為雀巢粉末狀技術的另一項指標性產品。

雀巢粉末狀技術的再進化則出現在二次大戰之前。1929 年，雀巢受託為巴西政府研究保存咖啡的方法。時值經濟大蕭條期間，華爾街股市崩盤，導致供過於求，咖啡價格低落，市場上有許多庫存。當時市場上雖已有些許晶體狀易溶咖啡及液態沖泡即飲咖啡，但卻無法在短時間內完全溶

解，且無法保存咖啡香味及口感，這讓雀巢找到研發機會。1937 年間，雀巢研發出「噴霧乾燥法」咖啡粉，讓咖啡易溶且能保存風味。作法是將咖啡萃取液從高處噴灑形成霧狀，再用攝氏 250 度熱風迅速蒸發水分，留下乾燥的咖啡粉末。如此一來，咖啡粉末遇到熱水便能很快融解，粉末體積小且容易保存，還可以依個人口味需求調節濃度。方便攜帶保存的雀巢即溶咖啡意外在二戰期間，成為美軍出征時搭配主食的飲料。

之後雀巢持續創新技術以滿足不同類型使用者需求。例如 1952 年的即溶純咖啡、1965 年推出使用冷凍乾燥法的雀巢金牌咖啡、1967 年推出即溶咖啡微粒，之後還有完整芳香（Full Aroma）可完全留住咖啡香味。

1976 年雀巢工程師法夫爾研發膠囊咖啡機，他將咖啡粉裝進膠囊內，把水和空氣注入其中，利用壓力就可以在家裡萃取出飽滿、赭紅、具有克力瑪（crema）細緻泡沫的純義式咖啡。這項創新開啓雀巢全新經營模式，並引領全球膠囊風潮。不過他的出發點，是這位法夫爾工程師在帶著義大利妻子回瑞士的「甜蜜創新」。為了一解妻子離開南歐與義大利咖啡的相思之苦，他用心研發這款膠囊咖啡。

在 2000 年之後，競爭對手如飛利浦和 Sara Lee 合作推出 Senseo 單杯咖啡機，成為西歐新勢力；2006 年，雀巢推出新款平價咖啡膠囊飲品系列 Dolce Gusto；2012 年星巴克也進入膠囊咖啡市場，推出 Verismo 咖啡機。

咖啡膠囊為雀巢開創全新商業模式，由過去低價的濃縮咖啡包到高價的膠囊咖啡，啓動雀巢的會員制與長期訂戶制。商學院以「刮鬍刀與刀片」（shaves and blades）來分析咖啡膠囊的突破性創新，也是雀巢由賣產品到賣咖啡膠囊的重大轉型，一旦買了膠囊咖啡機，就會成為膠囊咖啡的長期訂戶。但膠囊咖啡熱賣，也在 2015 年間引發回收爭議，無法分解的膠囊材質，一年使用量可以繞地球十圈。在 2016 年 1 月，德國漢堡基於生態考量，就明定政府機構禁止購買膠囊咖啡。在這之後，雀巢展開一系列環保材質開發與資源回收，以因應全新市場變局。

小結：多元市場開創的全新商模

總結來說，由雀巢咖啡核心技術「粉末狀技術」爲基礎所延伸的一系列創新突破，可以看到它與時俱進貼近使用者的創新演化。粉末狀的米麥精產品原是爲吃不到母奶的寶寶研發，之後延伸到奶粉、巧克力製品與美祿。而即溶咖啡則意外成爲美國大兵的愛用品，並開始擴及一般家庭用戶。至於膠囊咖啡是工程師法夫爾的愛妻創舉，並成爲商務人士、企業機構、頂級餐廳的熱銷商品。

從蛋白質經濟、咖啡經濟，到品味經濟，雀巢咖啡不但有效經營高低端市場，更根本改變商業模式，從「賣產品」到「賣機器與消費耗材」，這一連串變革奠定百年基業。

二、類型二：複合商模演化，多角化創新

單一商業模式演化著重在「以舊創新」的商模變革與傳承，頗有「經典創新」意涵。而複合商業模式創新則著重在「跨領域」的創新突破，頗有當前實務界常說的「斜槓」或是大學院校在推動的「第二專長」，它的目的不但在幫企業開創第二條成長曲線，更在跨足新領域，尋找新商機，進而有助於原有商業模式的創新與成長。

所謂複合商業模式，並非指多重商業模式的組合，像是在同一家店中經營咖啡廳與彩券行，這並不能構成複合的概念。要構成複合，必須在兩個或多個商業模式之間有相輔相成的效果，類似汽車中的油電複合。在高速行駛中，用汽油發動時，會同時由動能產生儲備電力；在低速行駛時，系統會自動轉到備電系統，節省油耗。過去組織學者曾提出「海陸兩棲」式的商業模式設計，相當能傳神地表達複合商業模式的特色（Tushman, Smith, Wood, Westerman, & O'Reilly, 2010）。

複合商業模式也有其適用情境與適用條件，而相容性、不具衝突性、不具爭奪性與對偶分享意願，應是複合商業模式的形成條件。從企業實務面觀察，企業經營複合商業模式除在創造「一加一大於二」的經營綜效

外，也在藉此開創新市場、新商模。以下由兩個例子說明複合商業模式特色，一是相關多角化的複合商機，以特斯拉爲例，具以生產者爲中心的創新取向。二是非相關多角化的複合商機，以東元電機爲例，較具以使用者爲中心的創新取向。

（一）相關多角化的複合商機：特斯拉

電動車巨擘特斯拉在 2021 年 1 月 9 日股價持續飆漲，讓創辦人馬斯克身價暴增到 1,950 億美元，成爲全球首富。不過若深入探討特斯拉在技術與商業模式上的創新變革，卻可以發現特斯拉有相當特殊的複合商業模式創新脈絡。先談談特斯拉所帶來的一系列破壞式創新變革。

首先是汽車產業的破壞式變革。截至 2021 年 1 月，特斯拉在全球已交車數量超過百萬輛，每週產能 8,000 輛，超級充電站（指最快 5 分鐘可補足相當 120 公里行駛電量）超過 1,300 個。這個數字看起來仍微不足道，目前燃油汽車市占率仍高達九成。不過特斯拉與國際機構都預估，在 2030 年，電動車就有機會超越傳統汽車；更重要的是，包括德國、荷蘭、冰島、以色列、愛爾蘭、印度等國已宣示在 2030 年達到二氧化碳零排放目標，英國、蘇格蘭、丹麥、新加坡、台灣等超過 60 個國家則以 2050 年爲目標。在可預見未來，電動車勢必成爲主流。

相較於傳統汽車需要維修保養服務，電動車比較像是筆電或手機銷售概念，不需定期保養、少維修、少回廠的近乎「一次性」銷售，顛覆現有商業模式，所有軟體更新直接透過遠端傳輸即可。特斯拉台灣區業務主管直言，現在的加油站、保養廠、汽車經銷商與代理商，在 15 ～ 20 年後可能都會相繼失業。

其次是房地產業的結構變化。特斯拉業務主管說明，電動車最大的挑戰在充電，除沿著高速公路休息站或交流道附近的超級充電站外，未來還有百貨公司或大型賣場的目的充電站與家用充電。尤其特斯拉希望做到八成以上的家用充電，以 3 ～ 4 小時充電時間，維持 400 ～ 500 公里續航力。

　　不過令人好奇的是，現有大樓公寓的地下停車場要如何因應家用充電需求？業務主管說明，短期內，家用充電不會是主流，因在地下停車場要從電表拉一條電線，並不容易。不過可以想像在未來，若電動車眞的成爲主流，整個地下停車場的結構就需要重新設計。而更大的改變，可能是特斯拉的另一項能源解決方案，那就是結合蓋在屋頂的太陽能板（solar roof）、蓋在牆壁的儲電設備（power wall），結合電動車的在家充電方案，它對未來住宅或大樓建築結構將帶來系統性變革。

　　第三是外送或居家保全的外溢服務。特斯拉主管分享，現在就已有車主把特斯拉當外送車使用，透過電腦控制汽車駕駛路徑與自動開門服務，在到達送貨地點後，以遠端遙控讓取貨人能直接打開車門取貨。

　　另一項意外服務是居家保全或社區守衛工作。特斯拉全車有 8 組攝影機，12 組超音波感測器與遠距離偵測雷達。其中 8 組攝影機已應客戶需求改爲行車記錄器。這些攝影機在行車時除可偵測左右前後移動路況外，在停置時間則轉爲「哨兵模式」，負責監控任何靠近車輛的可疑人士。從另一個角度來看，特斯拉也可扮演類似社區守衛角色，協助監控社區安全。未來特斯拉還會推出自動找車位、自動停車等功能，這勢必會影響未來的停車位設計等。

　　特斯拉對傳統汽車產業、房地產業或是外送、保全服務將帶來突破性變革，許多人好奇它的商業模式未來要如何發展？主要可有以下特色。

　　一是賣車。電動車本業，朝規模經濟發展。業務主管不諱言，銷售汽車雖然是本業，但在馬斯克喊出兩年後（預計在 2022 ～ 2023 年間）推出造價 2 萬美元的電動車後，可以想見未來電動車將朝大眾化車款邁進。

　　二是賣技術服務。銷售自動駕駛與監控技術，創造智慧城市商機。特斯拉的自動駕駛技術與雷達偵測服務，將可以銷售給其他同業或異業。除汽車業外，許多工廠或機構或高爾夫球場等，也需要小規模的自駕車服務，特斯拉可有客製化服務設計。此外，未來若眞如特斯拉所預期進入電

動車時代，可以想像當整個城市都有許多自動偵測雷達系統運作，就能扮演交通警察角色，以共同協作模式自動疏導交通。

　　三是賣能源。銷售能源與碳排放。特斯拉推出至今，預估已減少 812 萬噸的碳排放量，乾淨的能源將是未來特斯拉的另一項商機。太陽能電板與儲電設備未來將進一步改變全球對能源的依賴模式，不論是家庭、企業或城市國家，未來勢必依賴太陽能或風力發電等新興能源。

　　從這個角度來看，特斯拉不只是一家電動車公司，還是一家自動控制設備與能源公司。特斯拉對產業所帶來的破壞式變革，就像被譽為「創造 20 世紀之人」的天才物理學家尼古拉・特斯拉（Nikola Tesla）一般，也正在重塑 21 世紀人類與世界的交流方式。不過由特斯拉賣車、賣技術服務、賣能源等一系列創新商模來看，這些乃是依附在電動車的核心本業所衍生的相關多角化經營。相較之下，東元電機跨足樂雅樂與摩斯漢堡，就顯得相當另類，但實則背後仍可找到複合商業模式的經營脈絡，以下說明。

（二）非相關多角化的複合商機：東元電機

　　創立於 1956 年的東元電機，初期從事馬達生產，並由重電、家電產業，朝高效馬達與節能家電等核心事業發展。東元推出 IE4 超高效率感應馬達之外，更自製台灣第一台 200 萬瓦及永磁風力機組，帶領台灣成為全球第八個有能力製造大型風機的國家，專注於綠色新能源的開發。

　　2014 年，東元電機在物聯網的趨勢下，進一步由「綠能」發展到「智慧」，整合集團各子公司資源，推出雲端智慧空調，除持續在產品的節能減碳上努力，更以創新科技提供消費者便利的家電能源監控方案。透過簡易的 APP 控制，整合各項家電產品，以最有效率的能源運用，創造舒適的居家生活空間。

　　除商業產品的智慧節約外，在工業產品上，東元則開發智慧馬達，運用物聯網技術達到隨時隨地監測的目的，協助工廠管理者進行彈性設備

調度、預知保養與能源管理。發展至今，東元在台灣的市場占有率已達五成，更是全球第三大馬達生產商。

東元除了在馬達本業的綠能化、智慧化之外，近 30 年來，東元集團還建立一個涵蓋 15 個品牌的餐飲王國。知名速食連鎖店摩斯漢堡、路邊常見的 Royal Host 樂雅樂家庭餐廳，都是東元所獨家代理的知名餐飲品牌。

1991 年，時任東元集團副董事長的黃茂雄在東京銀座看到樂雅樂餐廳，乾淨又別緻，讓他決定引進台灣。3 個月後又引進摩斯漢堡，東元以直營店經營摩斯漢堡，歷經七年虧損期後，終於轉虧爲盈，至今全台有 300 家直營門市，是全台第二大速食餐廳。

摩斯漢堡、樂雅樂餐廳等餐飲服務業，看似和東元電機以馬達爲主的本業無關，但近年在智慧化的驅動下，東元集團卻逐步開創合則兩利的複合商機。

對餐飲產業來說，摩斯漢堡等積極導入東元的智慧化設備。尤其近年東元在餐飲服務業朝原料、設備、與服務端發展，更讓東元電機的智慧服務設備發揮整合效益。在原料端便於 2019 年建造植物工廠「安心智慧農場」，在密閉式環境下用高科技、自動化，即時監控蔬果生長所需的溫溼度、光照與水分。在設備端，東元用物聯網納管餐廳最耗電的兩大電器——冰箱與冷氣，並大量在門市內使用東元的智慧變頻冰箱。在服務端，東元也搶先同業，打造兩款「服務型機器人」，協助送餐、收餐盤，推廣智慧化服務。

對東元電機本業來說，餐飲服務業正是東元導入創新智慧設備的實踐場域。從上游原料、餐飲設備到下游門市服務，都是東元電機的智慧化設備。例如溫控、光控、機器人腳下的光學雷達、超音波感測器、AI 自動導航系統的智慧移動平台（AGV），全是東元自製。

由此可見，看似不相關的多角化經營，也能爲企業帶來複合效益。這

也提醒有志於進行內部創業的企業第二代或新生代的經營管理者，在開創全新領域的過程中，要經常回過頭來審視企業核心能力是否有持續升級創新？而多角化事業又能否善用本業資源，以創造合則兩利之經營契機。

三、類型三：商模生態系，系統創新

人類學家 Gregory Bateson 提出，所謂「生態系」乃是相互依存的物種持續共演，且互惠而動（Bateson, 1984; Harries-Jones, 1995）。生物學家 Stephen Jay Gould 則說明，自然生態系有時會因爲環境快速變化而瓦解，主導物種可能因此失去主導地位；而過去位處邊陲的物種則有機會因此建構全新生態系（Gould, 1989; Moore, 1993）。

國內學者特別提出「商業生態系」概念，主要原因在於現今許多經濟活動並非在單一產業下進行，而需跨產業，因此建議以商業生態系論述來分析跨領域協作歷程（郭國泰、司徒達賢、于卓民，2010）。本專書則進一步將「商業生態系」延伸爲「商模生態系」，因相關個案討論主要聚焦生態系中的價值創造與取價機制（Henningsson & Hedman, 2014; Weiller & Neely, 2013）。

在商業環境中，企業爲何需要建立生態系？消極面向乃是因爲單一創新研發無法創造或傳遞價值，必須仰賴其他元件或互補資產建置，才能發揮效益。例如行動支付必須與資訊通訊科技、手機、金融等連結。積極原因則是價值擷取考量，核心廠商積極整合關鍵元件以創造價值，但整合成果卻可能讓他人坐享其成，出現外溢效果的外部不經濟（spill-over disadvantage）。因此，生態系建置除在創造全新價值外，更在有效建立取價獲益機制（Adner & Kapoor, 2010; Moore, 1993）。

生態系核心中的「關鍵成員」一般包括核心公司、供應商、互補廠商與客戶（Adner & Kapoor, 2010）。生態系的經營邏輯和傳統單一公司的經營模式反映在以下差異。

　　一是公司定位。例如過去汽車公司主要銷售汽車，但電動車廠商除銷售電動車外，還必須朝下游整合，在快充站提供免費太陽能電池，以服務駕駛人的充電需求（Chesbrough & Rosenbloom, 2002）。二是**跨產業整合**。如1990年代高畫質電視雖已可上市，但仍需要等待訊號壓縮科技、傳輸標準建置，才能真正為消費者所用（Adner, 2006）。三是**創新價值設計**。例如全新的電動車經營就有全然不同的服務流程。包括汽車銷售、充電服務網與汽車共享網絡（Adner, 2006）。以下分析不同學派的論述觀點。

（一）演化論：階段性發展中的角色扮演

　　商模生態系常有特殊演化歷程，例如Moore提出商模生態系建構一般會歷經初生、擴張、領導、自我更新或死亡四個過程（Moore, 1993）。在初始階段，領導者首先需要滿足客戶，更要引導持續更新，以創造價值（Kim & Oh, 2002）。第二階段市場擴張，則需建構全新生態系。例如IBM在1981年進入個人電腦市場，IBM特別開放電腦架構給外部供應商，並授權MS-DOS的軟體作業系統（Moore, 1993）。第三階段，產業標準開始建構，並有模組化設計介面，例如IBM開放架構模組，以鼓勵外部創新。

　　第四階段則考驗廠商能否持續更新，否則將面臨淘汰（Moore, 1993）。學者建議過去大型藥廠的生存機制，可為參考。一是揠苗助長法，領導廠商可嘗試減緩新生態系建構。二是威脅利誘法，領導廠商可導入創新以為己所用。三是浴火重生法，領導廠商可進行結構性基礎變革，以回應全新體系建構（Gawer & Cusumano, 2014; Moore, 1993）。

　　另有學者提出不同階段中，重要利害關係人角色如何改變生態之功能效益（Barrett, Oborn, & Orlikowski, 2016）。例如學者研究英國在2006年推動健康服務社群（National Health Service），初始以病患為中心，並對醫療服務評等；之後加入其他病友團體連結，分享更多專業知識；第三階段則加入專業醫療院所服務，強化病患追蹤；第四階段加入藥廠服務，

提供客製化內容（Barrett et al., 2016）。另一派學者則由元件與互補性資產整合進行分析。

（二）整合論：元件與互補性資源的建構時機

學者指出，整合外部元件或互補性資源，對內部產品的研發設計與外部創新擴散確有影響（Henderson & Clark, 1990; Tushman & Anderson, 1986），而整合優劣也將影響創新進展與擴散速度。例如過去學者研究電網架構，部分科技元件的落後研發，造成生態系發展落後（Hughes, 1983）；另有學者研究半導體產業，包括供應商、客戶端、互補廠商都扮演重要角色（Henderson, 1995）。

學者進一步提出整合類型化分析。類型一是來自上游元件的整合挑戰。例如生產新一代硬碟設備廠商就需要外部讀寫頭、驅動馬達與磁碟基板原料的創新質料。類型二是來自下游互補性資源取得。例如電子書閱讀器的硬體平台其實早在 1990 年代就已發展成熟，但長達十年缺乏內容應用，使得創新無以為繼。類型三是同時遭遇來自上游元件與下游互補性資源挑戰。例如零排放汽車廠在研發過程中就缺乏上游的元件設計與下游加油設備建置（Clark & Fujimoto, 1991; Singh & Dyer, 1998）。

至於來自下游端的互補性資產則會進一步影響消費端的服務取得接近性。例如過去空中巴士 A380 的創新研發，就面臨機場航廈需額外擴充容量建置難題。學者直言，消費者能否有效採納創新，完全取決於互補端的建置發展而定（Hughes, 1983）。上游的元件取得，下游的互補資產建構，都需要成本，但也會出現整合後的外溢效果；換句話說，優先建構整合設計者，有可能被其他同業快速學習模仿，甚至整套創新服務轉移。因此，有學者提議可建立垂直整合機制，將上游元件與下游互補資產有效整合，以降低其他競爭者搭便車的機會，並提高上下游廠商的轉換成本（Sutcliffe & Zaheer, 1998; Teece, 2010）。

（三）相依論：建構相依性以創造生態系價值

　　由以上文獻探討可以發現，不論是演化論或整合論者，都強調商模生態系建構並非一蹴可幾，而會歷經時間演化與特殊的生態系建構歷程；在這當中，生態系成員間的互賴關係，就相當重要，卻也是當前文獻較少討論者。為何生態系成員間會彼此產生高度互動連結？有何關係建構機制？就是一個值得探討的議題。

　　過去商模生態系相關論述提出互賴關係建構是形塑商模要素，例如學者 Amit & Zott（2001）就由電子商務提出數位商模的創價來源，主要包括效率、互補、新穎、鎖定。其中「鎖定」有以下幾種作法。一是會員忠誠制度，最常見就是會員點數。二是發展主導設計標準，如 Amazon 推出的購物車專利。三是建構可信任的互動機制，如高等級的資訊安全防護系統以確保交易安全（Amit & Zott, 2001）。

　　除由使用者端建立依賴性而鎖定使用者外，另有研究提出服務提供者端的互賴關係建構。例如學者提出，創新生態系的建構往往必須奠定在一定的相容性上，如軟硬體相容性，且因投資的不可逆特性或尚缺其他替代可能性，而開始形成創新生態系；最後則會逐漸自我強化並形成一定規模經濟效益，提高轉換成本；甚至因此產生網絡效應，讓更多元件供應商、互補性廠商與使用者加入（Katz & Shapiro, 1985; van Beers, Berghäll, & Poot, 2008）。

　　互賴性確實是商模生態系建構的重要基礎，本專書將在專章介紹不同類型的企業如何建構生態系，尤其是如何與合作夥伴建立互賴關係，並有階段性的創價與取價歷程。

表：本書商模演化邏輯總表

商業模式演化	單一商模演化	複合商模演化	生態系階段演化
核心理論基礎	開放創新	複合創新	商業生態系
應用場域	新舊商業模式	跨域商業模式	系統整合建構
演化創價與取價關鍵	**生產者端**：跳脫主導邏輯陷阱 **使用者端**：多元市場開創	**相關多角化**：由本業延伸跨領域相關產業 **非相關多角化**：由非本業加值本業	**階段論**：演化階段的角色扮演 **整合論**：元件與互補性資源建構時機
創價效益	**延展性與累積性**：核心資源之延展與核心能力之深化	**綜效性**：「一加一大於二」之複合綜效	**相依性**：合作夥伴之相依性以獲取外溢效果
代表性案例	**產品創新**：員林仙草 **服務創新**：全聯 **體驗創新**：GQ、VOGUE	**產品創新**：d.light **服務創新**：東森購物 **體驗創新**：湊伙、好好投資、豐存股等與大型金融機構間的複合	**產品創新**：雷虎科技、朋程科技 **服務創新**：寧夏夜市 **體驗創新**：樂天、支付寶、街口支付
討論重點	由使用者需求驅動技術研發創新	複合機制	相依性建構

本章參考文獻

郭國泰、司徒達賢、于卓民，2010。〈商業生態系統中利基者策略之變遷：以資訊安全軟體公司爲例（1986～2000）〉。輔仁管理評論，第 17 卷第 2 期：1～38。

蔣曜宇，2020.4.10。〈引進送餐機器人，人造肉！一個做馬達起家的外行人，如何讓摩斯更強大？〉，數位時代。

TECO 東元集團，〈企業社會責任，執行成效卓著之實務案例〉。

Adner, R. 2006. Match your innovation strategy to your innovation ecosystem. *Harvard Business Review*, 84(4): 98.

Adner, R., & Kapoor, R. 2010. Value creation in innovation ecosystems: How the structure of technological interdependence affects firm performance in new technology generations. *Strategic Management Journal*, 31(3): 306-333.

Amit, R., & Zott, C. 2001. Value creation in e-business. *Strategic Management Journal*, 22: 493-

520.

Barrett, M., Oborn, E., & Orlikowski, W. 2016. Creating value in online communities: the sociomaterial configuring of strategy, platform, and stakeholder engagement. *Information Systems Research*.

Bateson, M. C. 1984. *With a Daughter's Eye: A Memoir of Margaret Mead and Gregory Bateson*: W. Morrow New York, NY.

Chesbrough, H., & Rosenbloom, R. 2002. The role of the business model in capturing value from innovation: Evidence from Xerox Corporation's technology spinoff companies. *Industrial and Corporate Change*, 11(3): 529-555.

Chesbrough, H. W. 2003. The Era of Open Innovation. *Sloan Management Review*, 44(3): 35-41.

Clark, K., & Fujimoto, M. 1991. *Product Development Performance: Strategy, Organization and Management in the World Auto Industries*. Cambridge, MA: Harvard University Press.

Delmestri, G., & Greenwood, R. 2016. How cinderella became a queen theorizing radical status change. *Administrative Science Quarterly*, 61(4): 507-550.

Gawer, A., & Cusumano, M. A. 2014. Industry platforms and ecosystem innovation. *Journal of Product Innovation Management*, 31(3): 417-433.

Gould, S. J. 1989. *Wonderful Life : the Burgess Shale and the Nature of History* (1st ed.). New York: W.W. Norton.

Harries-Jones, P. 1995. *A Recursive Vision: Ecological Understanding and Gregory Bateson*: University of Toronto Press.

Henderson, R. 1995. Of life cycles real and imaginary: The unexpectedly long old age of optical lithography. *Research Policy*, 24(4): 631-643.

Henderson, R. M., & Clark, K. B. 1990. Architectural innovation: The reconfiguration of existing product technologies and the failure of. *Administrative Science Quarterly*, 35(1): 9-30.

Henningsson, S., & Hedman, J. 2014. Transformation of Digital Ecosystems: The Case of Digital Payments. In Linawati, M. Mahendra, E. Neuhold, A. Tjoa, & I. You (Eds.), *Information and Communication Technology*, Vol. 8407: 46-55: Springer Berlin Heidelberg.

Hughes, T. P. 1983. Networks of Power: Electric supply systems in the US, England and Germany, 1880-1930. *Baltimore: Johns Hopkins University*.

Johnson, M., Christensen, C., & Kagermann, H. 2008. Reinventing Your Business Model. *Harvard Business Review*, 86(12): 50-59.

Katz, M., & Shapiro, C. 1985. Network Externalities, Competition and Compatibility. *American Economic Review*, 75: 424-440.

Kim, B., & Oh, H. 2002. An effective R&D performance measurement system: Survey of Korean R&D researchers. *Omega*, 30(1): 19-31.

Moore, J. F. 1993. Predators and prey: a new ecology of competition. *Harvard Business Review*, 71(3): 75-86.

Singh, H., & Dyer, J. H. 1998. The Relational View: Cooperative Strategy and Sources of Interorganizational Competitive Advantage. *Academy of Management Review*, 23(4): 660-679.

Sutcliffe, K. M., & Zaheer, A. 1998. Uncertainty in the transaction environment: an empirical test. *Strategic Management Journal*, 19(1): 1-23.

Teece, D. 2010. Business models, business strategy and innovation. *Long Range Planning*, 43: 172-194.

Tushman, M. L., & Anderson, P. 1986. Technology Discontinuities and Organizational Environments. *Administrative Science Quarterly*, 31: 439-465.

van Beers, C., Berghäll, E., & Poot, T. 2008. R&D internationalization, R&D collaboration and public knowledge institutions in small economies: Evidence from Finland and the Netherlands. *Research Policy*, 37(2): 294-308.

Weiller, C., & Neely, A. 2013. Business model design in an ecosystem context. *University of Cambridge, Cambridge Service Alliance*.

第二篇

單一商模演化類型分析

第五章　單一商模演化總論

　　莊子《逍遙遊》有云：「北冥有魚，其名爲鯤，鯤之大，
不知其幾千里也。化而爲鳥，其名爲鵬，鵬之背，不知其幾
千里也。」企業商業模式的創新演化，正是由海中鯤化身爲
空中鳥，大鵬展翅高飛的變身過程。

————

　　單一商模演化的三個代表性個案：員林仙草、全聯公司、GQ &
VOGUE，分別代表產品創新、服務創新、體驗創新之示例，創新的起始
點都是「使用者」，只是由不同角度探討使用者需求，進而衍生一連串在
創新價值與取價機制之演化論述。

　　首先在使用者的調查分析上，員林仙草的使用者以「分眾」爲核心，
在個案中並說明如何由「人物誌」（persona）描繪分眾客群需求。較特
別的是，本文在傳統產品功能需求之外，描繪使用者的文化需求，如何解
密使用者的「文化基因」是員林仙草能創造產品價值的基礎。

　　全聯公司的使用者也以「分眾」爲主，但強調「會員」角色。個案著
重在如何由分眾需求提煉組織原則（Organizing principles）以作爲設計數
位服務與非數位服務創新的基礎。本文除探討核心分眾「婆媽族」外，還
有潛在分眾如上班族、御宅族等，進而有創新商模的演化基礎。

　　GQ 與 VOGUE 這兩家時尚媒體同屬美國康泰納仕集團（Condé Nast
Publications），本文主要由「社群」經營角度探討如何設計專屬體驗，
並將社群區分爲小眾、分眾與大眾，也剛好與上述兩個案相互呼應。

　　其次在核心論述上，員林仙草的產品創新主要由「一元多用」理論出
發，論述其如何由開放創新的核心文獻，探討「一元多元」的創新價值。
過去以生產者爲中心的「多樣化」產品服務，主要說明生產者如何由先驗

知識（prior knowledge）、科技知識（technology）、領域知識（domain knowledge）等，取得多樣化產品之創新養分。而另一派以使用者爲中心之研究，則由不同類型使用者進行討論，包括領先使用者、使用者社群與一般使用者等。本文則提出分衆使用者「在地知識」（local knowledge）的重要性，並分析員林仙草如何由文化基因解密而找到一元多用的特殊價值。

　　全聯公司的服務創新主要由「路徑依賴」理論出發，這亦是過去服務創新文獻較少討論者。路徑依賴起源於科管領域的創新研發，近期則因數位科技發展，而被援引到數位服務領域，尤其著重在如何建構使用者依賴，以有效套牢容易轉台的數位住民。本文由經濟型套牢（economic lock-in）與關係套牢（relational lock-in）、場域套牢（location lock-in）與時間套牢（temporality lock-in），分析全聯鎖定會員的創新服務，並闡述數位服務與非數位服務的內涵，以彰顯零售服務業如何在數位時代創新商業模式。

　　GQ 與 VOGUE 的體驗創新則由體驗創新理論出發，論述新舊商業模式融合演化的特殊歷程。體驗創新是當代重要思維，尤其在社群媒體時代，更對「社群」之有效經營提出重要論述。過去體驗經濟強調社群的參與度（participation）與連結度（connection）來探討體驗的四種感受，包括教育、娛樂、審美、逃避現實。本文則提出社群經營的第三個象限，「社群認同」（identity），作爲小衆、分衆與大衆社群在互動設計上的基礎。本文並進一步由互動角色、互動情境、與互動時間來解構社群經營的特殊創價歷程。

　　第三對單一商模演化的邏輯思辨，本章嘗試由產品、服務、體驗之創價類型差異，分析單一商模演化的思維底蘊。產品創新主要由「一元多用」角度思考，強調精準分衆的重要性，分衆的功能需求與文化需求，決定產品創新價值，特別是使用者的「文化基因」是過去企業較容易忽略者。服務創新主要由「依賴建構」角度思考，尤其著重在數位與非數位服

務創新之組織原則，才是建構依賴的基礎。體驗創新主要由「身分認同」出發，生產者必須學習如何扮演不同角色，以有效融入小眾、分眾與大眾社群。

　　總結來說，產品創新的演化基礎是**多元分眾需求**，在地知識的文化基因解密是演化關鍵。服務創新的演化基礎是**會員依賴建構**，經濟型與關係型套牢、時間與空間套牢是演化關鍵。體驗創新的演化基礎是**社群角色扮演**，互動關係建構是演化基礎。當我們越能釐清不同創新基礎，也就是使用者的需求，就越能有效預測商模創新的演化脈絡，而企業的核心能力也將因此累積延展，甚至脫胎換骨。

表：單一商模演化之個案比較

商模創新演化	員林仙草	全聯	GQ & VOGUE
核心理論	**產品創新：一元多用**	**服務創新：依賴建構**	**體驗創新：身分認同**
使用者	**分眾為主體** **解碼使用者文化基因**：分眾人物誌	**會員為主體** **建構會員依賴關係**：分眾人物誌	**社群為主題** 建立小眾、分眾、大眾認同：社群分類
創新內容	**產品創新**：仙草凍、仙草甘茶、仙草茶葉蛋、仙草凍	**服務創新**：到店節流、串店節流、到府節流、中介節流服務	**體驗創新**：雙方互動、三方互動、多方互動
創價演化	**分眾演化**：從婆媽、年輕人、文青、小孩與銀髮族 **跨域演化**：從領域到地域	**數位演化**：PX Pay1.0節流服務、PX Go!1.0串店實體電商；PX Go! 2.0到府節流、PX Pay2.0生活繳費 **非數位演化**：全聯經濟美學、經濟健美學、弱勢美學、生活美學	**界定互動設計**：角色扮演認同度，會員經營者，供需中介者，多方連結者 **擬定互動情境**：參與吸收感受度，融合教育、娛樂、審美、逃避現實 **設計互動時間**：動員節奏密度，線上到線下的季節性動員；線上到線下的週期性動員

商模創新演化	員林仙草	全聯	GQ & VOGUE
取價演化	產品內容取價 **量大**：由小包裝到大容量 **通路**：由食品到禮品 **季節**：由當季到四季 **年齡**：從老到小	服務場域之取價演化 **門市**：規模經濟 **串門市**：規模經濟 **到府**：規模與客製經濟 **中介**：規模經濟與綜效經濟	定價機制演化 **重新定義原取價機制**：直接付費、間接付費、免費模式； **創新取價機制**：海外授權費、電商平台、顧問服務
核心能力演化	**健康古味**：研發能力、分眾經營、策展能力、教育推廣能力	節流經濟、串店節流、外送節流、中介節流	從內容到社群經營之能力演化

第六章　員林仙草：因人而異，一元多用

> 「創新是一個經濟性或社會性用語，並非僅是科技性語言。」
>
> 　　　　　　　　　　　　　　　　　　彼得杜拉克

────────

一元多用的開放脈絡

　　單一產品如何演化以創新商業模式？本章所要探討的商模創新觀念，乃是「一元多用」（effectuation），顧名思義，乃是「依情境而有適用效果上的差異」（effect + situation）。「一元多用」被廣泛應用在科技業、文創產業、製造業等，以下由不同觀點說明「一元多用」的特殊創價歷程。

一、一元多用的多樣化產品服務：以生產者爲中心的創新

　　早期多數企業不論是在產品、技術或商業模式創新上，大多以生產者爲中心，認爲「生產什麼，就賣什麼」，而技術升級、生產效率、規模經濟成爲首務。例如福特汽車在 1908 ～ 1927 年推出的 T 型車，就以量產與低價走進美國人民家中。

　　不過後來福特汽車的競爭對手通用汽車則改變單一產品類型，根據不同市場區隔，推出差異化產品設計。例如雪芙蘭（Chevrolet）是給一般人開的車，凱迪拉克（Cadillac）是給有錢人開的車，奧迪莫比爾（Oldsmobile）是給手頭寬裕的人開的車，別克（Buick）是給力爭上游的人開的車，龐帝克（Pontiac）是給有錢且喜歡擺闊者開的車。多樣化產品目的在滿足不同市場區隔，通用汽車並因此成立多個事業部，經營不同類型產品的市場開發與客戶服務。

　　在多樣化的產品開發之外，跨領域研發也能爲企業帶來創新養分。過

去學者研究 3D 列印技術所帶來的突破性變革，就發現不同領域的人，因為所具備的**先備知識**（prior knowledge）不同，而對新技術有全然不同的創新應用（Shane, 2000）。例如建築師會將 3D 列印應用在建築模型上，廚師會將 3D 列印應用在餐具模型設計上，牙醫會將 3D 列印應用在牙齒建模上，而服裝設計師則會用 3D 列印出一套時尚服裝。還有人用 3D 列印豬肉、牛肉，甚至開始在知名餐飲連鎖銷售。

「一元多用」更被廣泛應用在文創產業上。例如國內知名的霹靂布袋戲就成功發展出 11 種獲利模式，這是霹靂布袋戲善用**創新科技媒介**（technology）而能與時俱進的多元創價能力。例如霹靂布袋戲每週二發行三張 DVD，在全家便利商店通路銷售，方便「霹靂迷」採購，年收入約 3.6 億元，一度高達總營業額六成（根據 2016 年統計）。霹靂還因緣際會透過「以債作股」取得衛星電視台經營權，以「霹靂台灣台」經營有線電視頻道，每年有近 6,000 萬元營收。霹靂周邊商品價值則高達近億元。此外，霹靂布袋戲還開設直營旗艦店，在板橋大遠百、高雄夢時代、台中 SOGO、宜蘭傳藝中心等推銷周邊商品。

霹靂更參加杭州國際動漫節、舉辦霹靂交響音樂會、與霹靂藝術大展等多元策展，藉此匯聚人氣，並獲取門票與周邊商品收益。此外，霹靂布袋戲還拍攝電影，例如《聖石傳說》票房破億，創下全球首部 3D 偶動畫在院線上映記錄；霹靂並與大陸愛奇藝、搜狐、YouTube 合作，並進軍電子商務。另外與 Line 和《遠得要命王國》手機遊戲結合，跨足電玩、手機遊戲等。霹靂還擔任高雄捷運、台灣彩券、MOD 代言人，最高代言價碼高達八位數。由此可知，單一產品或服務的創新應用，除必須善用跨領域的知識內涵外，更要學習與異業結盟以創造合則兩利的創新機遇。

另一個例子是勞斯萊斯（Rolls Royce）由汽車業成功轉型為引擎維修服務業，背後則是引擎的一元多用，它善用的是鄰近相關產業的領域知識（domain knowledge）。勞斯萊斯將數位監測器裝置在飛機引擎風扇上，透過即時監測系統，隨時掌握飛機的飛航動態。勞斯萊斯以「即時傳動」

服務（power by the hour）與航空公司簽訂長期服務契約，只要飛機引擎達到一定飛行時數或是有特殊狀況，引擎就會自動回報，通知航空公司進場維修。

「以生產者為中心」之創新思維，充分詮釋「一元多用」如何透過先備知識（prior knowledge）、創新科技知識（technology）與領域相關知識（domain knowledge），而有多元創價可能。另一派學者則由多種使用者類型探討「一元多用」的特殊價值。

二、一元多用的多種類使用者：以使用者為中心的創新

過去「以生產者為中心」的思維，以生產者為創新主角，但「以使用者為中心」的創新產品服務，則認為使用者才是創新主角。美國麻省理工學院（MIT）教授馮希伯（Eric von Hippel）特別提出「創新民主化」（Democratizing Innovation）概念，強調將創新的權力交到使用者手上。不過所謂的使用者仍有以下類型區辨：

第一類是「領先使用者」。 例如馮希伯教授研究科學儀器設備創新過程，發現近八成是由使用者所創造，而非儀器製造商。由此，馮希伯教授開啟研究使用者創新風潮，並分析「領先使用者」角色。

所謂領先使用者（lead users），一般具有兩種特質：第一，位於市場趨勢最前端，比其他人更早察覺到市場需求；第二，願意主動參與創新。領先使用者通常較一般大眾需求多，迫使他們投入創新，像是建築工地的模板設計或是滑板設計等，由創新過程中獲益（von Hippel, 1986, 2005）。

另有學者研究美國機械工具產業歷史發現，某些重要機械工具如車床、研磨銑床、紡織機或裁縫機，幾乎都由使用者率先打造（Rosenberg, 1963）。另有調查指出，重要的原油煉造設備，多由使用者引領創新（Enos, 1962）。另外大部分被廣為授權使用的化學生產流程乃是使用者類型公司的傑作（Freeman, 1968）。還有調查發現，越野腳踏車等極速

運動設備，多數由使用者創新發明（Shah, 2000）。

不過許多領先使用者的創新設計並不容易商品化，甚至經常過度設計。高規格創新如何讓一般人容易使用，成為領先使用者創新的重要議題。學者提出「工具箱」作法，希望將領先使用者的創新設計，轉化為一般使用者可以應用的工具實務（von Hippel & Katz, 2002）。例如Cadence就提供半導體晶片設計工具給客戶自行設計晶片；微軟則提供Excel電子試算表格給使用者設計專屬服務；線上遊戲廠商也特別開放遊戲生成模組給玩家自由改良，以提高遊戲戰力。

第二類是使用者社群。領先使用者之創新知識雖是企業研發重要來源，但對多數生產者而言，領先使用者社群並不容易接觸，相較之下，使用者創新社群在數位科技催化下，反而讓生產者找到另類敲門磚。使用者創新社群常以「眾籌」（crowd sourcing）態樣出現，例如戴爾電腦的點子風暴（Dell IdeaStorm），可以在線上社群有效取得全球各地使用者知識。樂高的線上創新機制，只要有一萬人投票支持，創新點子就有機會商品化，且可獲得商品營收1%回饋金。而網路T恤製作商Threadless.com則推出T恤設計平台，由網友票選得票最高前十名，產製人氣商品。在Threadless未正式量產前，已事先「預售」多數商品，提高整體銷售績效（Hienerth, Keinz, & Lettl, 2011）。

不過事實上，要在茫茫網海「沙裡淘金」並不容易。學者指出，生產者要善用使用者創新社群知識，至少需投入以下工作實務：理解使用者的創新知識、辨識最優知識內涵、平衡競爭者的知識爭奪、持續維運創新知識社群（Di Gangi, Wasko, & Hooker, 2010）。例如戴爾電腦的點子風暴在18個月內有14,500個創意，但真正付諸實踐者僅3%。

第三類是以使用者為中心。領先使用者尋求不易或設計規格過高，一般使用者創新社群又過於廣泛難以聚焦，近代另有一派學者提出以使用者為中心的概念，而主角則是設計者。學者提出，與其盲目尋找使用

者，不如由設計人員有系統地調查核心客群（Hargadon, 1998; Sutton & Hargadon, 1996）。較之領先使用者與一般使用者，設計者其實掌握更多資源以創新；甚至在某些新興科技或複雜度較高的產業領域，例如電腦防毒軟體或晶圓設計，領先使用者或一般使用者也未必有能力創新（蕭瑞麟、許瑋元，2010；劉宛婷，2009）。

IDEO 設計公司便是倡議以使用者為中心的知名企業。該公司特別發展出名為「傾聽、創造、銷售」（HCD, Hear, Create, Deliver）調查方法。包括如何進行田野調查或舉辦專家座談，以聽到使用者真心；如何邀請使用者共同設計以融入領域知識；如何規劃可執行收益模式以有效銷售。這套設計流程融入美國史丹佛設計學院，發展為設計思考的課程內容。IDEO 認為，同理心、整合思考、樂觀、實驗精神、協同合作是設計思考的核心價值。例如該公司為美國銀行（Bank of America）發展新服務型態，發現美國人有種習慣，會將口袋中的零錢，順手存放在零錢罐中。於是他們發展出一個「保留零錢」的儲蓄服務，邀請客戶開立簽帳卡帳戶，並選擇付出最接近價錢的整數，然後把差額存在儲蓄帳戶中。此計畫一推出即吸引超過 250 萬名客戶（Brown, 2009）。

總結上述，企業從過去「以生產者為中心」到「以使用者為中心」的思維改變，正在重新描繪企業在創新產品與服務的研發旅程。為了順應市場變化，企業不能再延用傳統的研發經營模式，而是要更深入了解不同類型使用者需求與生活內涵，以持續取得創新來源。

三、本文焦點：分眾使用情境的一元多用

「以使用者為中心」的創新實務逐漸受到重視，不過面對多變的使用者，企業又該如何回應？本文提出以下議題作為個案分析基礎。

議題一，從分眾的使用情境，來探討產品與服務創新作法。 所謂「分眾」乃指創新擴散中的意見領袖，包含連結者（connector）、推銷員（salesman）以及專家（mavens）。連結者經常連結三個以上社群，具有

很強的擴散力；推銷員是創新產品服務的超級推播者；而專家則是具專業知識的意見領袖。這三種人有可能是企業的忠實顧客、扮演公司顧問的學者專家，或是經營社群媒體的超級推銷員。這群意見領袖往往是創新擴散的市場先行者，他們是推動主流設計的先見之明（Rogers, 1980, 1995）。

不過意見領袖雖有助於創新的「擴散」，但若從創新角度言，分眾能否成為「創新的來源」？尤其他們的生活情境是否會影響創新產品或服務價值，就值得探索。也因此，相較於以生產者為中心的「一元多用」，或是以使用者為中心的「多類型」使用者，本文擬進一步探究不同分眾在不同使用情境下，如何讓產品有多元創新可能性。

議題二，商業模式的創新變革與企業的核心能力演化。過去新產品或新服務設計確實會為企業帶來全新營收內容與價值創造（Chesbrough, 2010; Mitchell & Coles, 2004），不過相關研究卻尚未能系統性說明，企業如何因應創新產品與服務，而有全然不同的創價與取價機制設計。

除了商業模式變革外，企業的核心能力是否也會同步演化，則是另一項值得關注的議題。尤其在產業與顧客價值快速改變下，企業的核心能力乃是不容易被模仿的競爭優勢，一般具有異質性、不可模仿性以及持續性這三種特性，因此在探討商業模式創新演化歷程中，也應該分析企業核心能力有何質量變化。

四、個案背景

1900 年，彰化員林張家祖輩們開始尋求優質的野生仙草，運用最簡單的工法，辛苦地熬煮翻攪，將仙草提煉出最純粹、最珍貴的精華仙草汁，並販售於市場。長期下來，也陪伴許多家庭度過炎熱夏季。員林食品（公司名稱，又稱「員林仙草」）的百年工法如下。

步驟一，種。不同產區或環境生長的仙草品種，在凝膠能力與香氣上會出現差異。員林食品以百年經驗，傳承獨特比例調配，除可維持品質穩

定外，更可以客製化達成顧客所需的產品特性。

步驟二，植。仙草是一種堅韌的植物，在越嚴苛的環境越會造就出仙草株，當株短葉厚時，製作出來的仙草產品風味更是絕佳。仙草最好的產區是在略有海拔高度、日照時間長、溫差大、排水好的丘陵地，產出的仙草凝膠能力就會越強，審慎選購栽種產地，是優質仙草的關鍵。

步驟三，養。仙草株於清明前後開始種植，中秋前後採收。初期不論是整地或是去除蟲害都需要細心照顧，養成的仙草株需要適應環境，將養分轉換成二次代謝物以保護自己成為優秀品種。

步驟四，檢。採購仙草乾時廠商需附上無農藥檢驗報告，原料入倉後，員林仙草會逐批抽樣送檢，重點在於自我管理與確認產品無農藥，讓消費者可以安心食用。

步驟五，熟。仙草乾至少需 6 個月的時間熟成，以去除臭菁味並提升香氣與醇厚口感。倉儲裡應隨時保持通風乾燥，適時因應氣候溫溼度調節，讓仙草乾維持定性發展。員林廠中隨時備妥庫存，讓產品不會因產地氣候及其他因素影響仙草乾的產量及品質。

步驟六，熬。仙草乾經過粉碎機處理前，需裁切成特定長度，強化清潔度，以提升仙草萃取率。以大型鍋爐及萃取設備，利用蒸氣在 3 小時內萃取仙草汁。除此之外，員林食品嚴格把關，生產過程中以兩道過濾步驟，去除殘渣並防止異物汙染產品。除廠內濾網及機器的每日清洗與定期更換，生產的每個步驟都合乎國內食品衛生法規。

1900 年代，是員林仙草的銷售雛形階段。第一代老闆最早在市集中擺設攤販，零售各種客家小點給消費者，而仙草只是其中一個品項。慢慢地大家開始喜愛上仙草，讓第二代老闆逐漸把仙草作為主要營業項目。這時候的仙草銷售就是茱市場與傳統市集中的一個清涼解渴攤位，更是許多四年級生與五年級生的童年記憶。

　　1970 年代，員林仙草扮演國內仙草主要供應商角色。員林仙草在第三代接班人領導下，開始與眾多台灣食品大廠包括泰山、統一、愛之味、二線及三線出口罐裝飲料的廠商（如東鄉、名屋、春曉）等代工生產合作，走向企業對企業（B2B, Business to Business）的經營模式。員林食品成立上立食品廠，奠定仙草原料供應商第一把交椅地位。

　　2010 年至今，屬於仙草的產品創新轉變與海外市場的積極開拓時期。延續百年精神與技術，承接幾代仙草原料供應事業，第四代接班人張敦斐為因應日益競爭的商業環境與食安問題，改變傳統代工經營模式，成立員林食品公司帶領企業走向自有品牌之路，並於苗栗銅鑼契作台灣原生種仙草，開創多元仙草食品，以滿足不同客群的消費者需求，包括仙草甘茶、仙草粉、仙草凍凍、仙草茶葉蛋等，都是這個階段的創新研發產品。而張敦斐更積極向海外拓展，參與相關食品展覽，藉以提高產品能見度，也由此開創出多種商業模式。

五、個案分析架構

　　本個案主要由使用者情境分析員林仙草在「一元多用」的創新脈絡，分析重點如下，一是描繪員林仙草目標客群的人物誌。二是分析其需求內涵，包括功能性需求與社會性需求，以反映其創價內涵。三是分析取價作為，以完整呈現商模演化脈絡。最後分析其核心能力演化特色。

　　所謂「人物誌」（Persona）主要是針對特定人物的描寫。人物誌在希臘文中指的是「面具」，早期運用於戲劇中角色人物的描寫。編劇或導演期望一個角色能帶給觀眾生動傳神的感覺，就必須詳細描述角色的內心與外在特質，並賦予角色靈魂，將行為特質展現出來。角色是戲劇的靈魂核心，成功的角色能使虛構人物彷彿真實存在，並引導觀眾投入與認同。除此之外，人物誌在建構過程中，角色設定不能太複雜，必須製造出角色間的對比性。「人物誌」描繪，強調的是一種人，而非一個人。

　　人物誌的調查研究必須收集不同族群「種類」的人物資料，有個人的

基本資料，還有對研究個案相關之行為偏好，如對仙草產品口味、價格、包裝、競品比較等。由特定行為歸納整理出特定人物類型，並推論這類人的思考邏輯及價值理念。人物誌調查挑戰在「觀其言，聽其行」，許多人常言不由衷或答非所問，因此建構人物誌必須更細微地由「知與行」進行系統性整理。

人物誌設計主要有以下優點（Pruitt & Adlin, 2010）。一是化模糊為具體，有助於創造更具意義的共同語言。過去設計團隊常說：「這不是使用者喜歡的功能！」或「使用者覺得太貴了，不好用。」等語。但事實上，每個人心中的使用者可能是不同類型的人。越能具體描述人物類型，越有助於研發團隊精準設計。

二是化局限為創意，有助於優質決策。人物誌因鎖定特定類型使用者，而非一般使用者，反而可有效聚焦而能激發創意。過去學者就以「選擇矛盾」說明過多選擇困境，設計團隊不但浪費時間在多項選擇評估上，且因需要做出最優決策而陷入不滿意。相對的，「有限選擇」反而能心無旁騖聚焦在特定問題上，較能做出相對滿意決策（Schwartz, 2004）。學者也由此延伸說明人物誌優點，正在有限決策的創意思考上（Pruitt & Adlin, 2010）。

三是化專業為共通語言，有助跨領域交流。過去研發團隊因熟悉專屬領域知識而容易陷入原有技術產品或服務思維；但人物誌設計經常需要熟悉市場端的行銷人員或專業設計師參與，迫使研發人員必須以科普化語言和其他領域溝通，從而在互動過程中，理解原始產品設計情境和真實使用情境差異。

本文主要歸納整理原本員林食品所聚焦的使用族群，特別尋找創新擴散理論中「早期採納者」特質，包括連接不同領域族群的連結者（connectors）、主動推銷創意構想的推銷員（sales）、與領域專家（mavens）等。因這群人是接受創新的早期採納者，較願意對創新構想

提出回饋意見，並主動傳播創新服務，而成為本文調查分析對象。

其次在需求分析與價值探索上，本文特別討論使用者的功能性需求與社會性（或文化性）需求。誠如彼得杜拉克所言，「創新是一個經濟性或社會性用語，並非僅是科技性語言。因為高科技創新往往需要長達 10 年以上的前置時間。」同樣的，一個好的產品往往也需要特定經濟與文化生活場域的薰陶孕育，才能讓產品服務逐漸熟成。

以下將依序說明員林食品在不同類型仙草產品所鎖定的目標客群，他們對產品的功能性價值與社會性價值差異，也就是創價差異，進而提出創新取價模式設計。最後探討核心能力如何因商業模式創新而有所進化。

六、商模演化脈絡

（一）仙草凍：由批發到直營

1. 人物誌：愛心媽媽，小纖

小纖是個忙碌的上班族，也是個很重視小孩成長發育的媽媽，每天忙碌於工作與家庭之間，卻讓她感受到滿滿的「被需要感」。能照顧好工作上的夥伴與照顧好家中的兩個寶貝，還有先生，是她最大的成就感來源。不過讓小纖苦惱的是，每到炎熱夏天，冰箱裡經常要備滿新鮮的水果與鮮奶，常常一天剛買齊，當天晚上就被家中寶貝消化完畢。

除了每天定期到超市備貨外，小纖也會想，有沒有其他替代商品可以解決她需要定期採買新鮮解熱商品的需求？而且還要健康美味，天然無負擔，最好還能方便處理。「每天切水果可是一項藝術活加體力活，可是如果不切好水果，老公與寶貝們是不會自己切好水果吃的！」

水果優格或是紅豆甜品這類包裝簡單又方便食用的解熱商品，是小纖喜歡的另類替代品，她可以在自己太忙沒有時間切水果，或太晚回家時，讓家中寶貝自己打開來吃。對於員林仙草推出的仙草凍，小纖覺得易開罐的設計很優，「不過量還是有點大，我得倒出來給兩個寶貝與先生分食，

如果有一個人份額的包裝，會更方便喔！」

2. 功能性價值：批發商首選

過去近一世紀，仙草凍被消費者視爲是消暑、清涼美食。仙草凍除了可以結合手搖飲品外，更能添加不同元素，而有多種創意吃法。例如知名的黑丸嫩仙草、鮮芋仙等，仙草已成爲冰品甜點的主角。

員林仙草除堅守百年古法，更導入現代化工廠，提高仙草凍產能到一天可達 60 噸，提供品質優良的仙草凍原料給國內大品牌廠商。例如愛之味、泰山、統一；以及二線或三線出口罐裝飲料的大廠如春曉、東鄉、名屋，都是員林仙草的主要合作夥伴。員林仙草在國內企業對企業銷售市場（B2B）的市占率已經高達九成以上。

不過員林仙草第四代接班人張敦斐卻直言，雖然員林仙草在台灣的市占率高達九成，但員林仙草的優質古早味，卻因爲部分品牌廠的化學添加香料，而使得原始風味盡失，這也促成員林仙草開始走向自有品牌之路。張敦斐說明：「我們發現自己用心熬製的天然仙草，送到品牌大廠之後，卻被以各種人工添加劑、防腐劑等加料添味，這樣反而失去仙草原味，也淪爲不健康的產品。這和員林仙草的創設宗旨實在相差太遠。尤其很多小朋友從小吃仙草，對國人的健康也會有影響。因此，我們決定開始走自有品牌之路，以天然原味讓消費者重新認識員林仙草。」

員林仙草開始自創品牌，推出不同容量大小的仙草凍包裝，有適合媽媽下班後給小朋友享用的小容量包裝，也有家庭號或適合小攤販的大容量包裝。不過在推廣行銷上，並不太順利。一直到近年來開始推廣海外市場時，員林仙草才發現仙草凍有特殊的使用情境需求。以下說明。

3. 社會性價值：婆婆媽媽「打鐵」

仙草凍是員林仙草主力產品，在台灣市場雖然以 Jasons、神農超市、與誠品書局爲主要通路，但婆婆媽媽仍是消費核心，且多以家庭食用爲主。不過員林仙草在馬來西亞與加拿大等華人市場開拓中，反而看到不一

樣的市場商機。

(1) 馬來西亞市場：配料嚐鮮

員林仙草早期在外銷市場以香港、澳門、菲律賓等飲料市場的原料銷售為主，延續在台灣銷售給品牌客戶模式。但自 2016 年自創品牌後，員林仙草開始參加食品相關展覽會，逐漸投入消費者端的市場直銷，開拓國際通路市場。例如 2018 年 8 月員林仙草到馬來西亞參加經濟部地方產業發展推動計畫，就在馬來西亞的新興超市中，得到不少回饋。

負責導入員林仙草的當地進口商悅旺貿易總經理佘恢緒表示，員林仙草是由台灣經濟部所大力推薦的商品，單價不高，口感不錯，仙草茶與仙草凍，都有一定特色，年輕人接受度高。首先在用料上，員林仙草強調古法，天然無添加，強調台灣原味。但馬來西亞的仙草，就是很強的甜味，顯然有添加香精類，差異很大。其次在包裝上，傳統馬來西亞的仙草以塑膠杯裝盛，不像員林仙草的「一開罐」設計較為方便攜帶。第三是單價不高，質感不錯。

負責在馬來西亞賣場推銷的女銷售員也說明，員林仙草凍可以買回家加上凍奶、鮮奶、或椰汁吃。「尤其馬來西亞年輕女生喜歡吃日本料理的炸物，飯後甜點吃個仙草剛剛好。每瓶 8.9 馬幣還可以。不過開封後要在三天內要吃完，一個人吃會太多。另外，我也想嘗試用仙草茶來燉雞湯，我們開始會用椰奶煮火鍋，這個嘗試還不錯。」

還有幾位家庭主婦指出，仙草凍的口味很好吃，很適合家庭食用。但罐裝設計可以再改良一下，「如果變成是旋轉扭式開口，這樣吃不完要收藏會比較方便。」不過也有人直言，目前員林仙草的罐裝設計有點像「狗飼料」、「肉鬆罐」，可以考慮重新包裝。也有賣場主持人反映，員林仙草凍很像馬來西亞 YEOS 這個品牌的青草口味（CIN CAU），「不過如果可以調整成一次性飲用會更好。」馬來西亞年輕族群較偏好略甜的仙草口味，這和當地仙草原味略苦，而需要加較多糖有關；員林仙草的天然口

味顯然「不夠甜」，但有些年輕媽媽與老人家的接受度較高，認同天然無
負擔的仙草味。

馬來西亞人吃仙草有特殊的「調味」過程，主要有三種熱門吃法。
一種是豆漿加上青草（又稱爲涼粉）。在 2016 年間，馬來西亞仙草廠商
YEOS 推出「仙草組合豆漿粉加涼粉」商品，非常熱賣，還曾一度熱銷到
新加坡與泰國等地。第二種吃法是芒果加青草（涼粉）。第三種吃法是龍
眼加涼粉加冰，也是夏天的消暑涼品。尤其，芒果、龍眼都是熱補，加上
仙草涼補，就很有味道，這兩種是用吃的。豆漿加青草是用喝的，要用開
口較大的吸管來吸。

(2) 加拿大華人市場：婆婆媽媽下午茶

雖然馬來西亞華人社群對於員林仙草有一定支持度，不過眞正讓員
林仙草重新思考仙草凍的市場契機，則是 2018 年 9 月在加拿大參展時的
特殊使用情境。在那場行銷推廣活動中，主辦單位經濟部轄下的財團法人
中衛發展中心特別邀請知名主廚阿基師利用幾道台灣特色美味，如員林仙
草、民雄柑桔等「入菜」，結果引起不少婆婆媽媽共鳴。而員林仙草也由
此更發掘仙草凍的特殊使用情境。

員林仙草行銷主管說明，加拿大的國華超市是當地華人社群的知名超
市，由於較華人居住社群有一段距離，因此負責採購的婆婆媽媽們，經常
利用週末下午開車到超市，一次採購大量多樣商品。「大容量」包裝成爲
多數婆媽族的採購重點。

此外，當地華人移民相當熟悉仙草凍口感。其實加拿大當地知名的國
華超市原本就有愛之味黑八寶及泰山仙草蜜，不過這些產品大多甜味重，
不是傳統仙草味道，對加拿大早期移民來說，員林仙草才是記憶中的味道。

員林仙草發現當地華人社群中，婆婆媽媽經常會在下午茶時間找好友
聚會，進而提高對仙草凍的需求。華人社群裡的婆婆媽媽們經常舉辦料理
教室分享美食或大型的派對聚會，意外讓員林仙草發現加拿大隱性的 DIY

市場。

「我們就發現，大罐裝的仙草凍可以成爲下午茶點心，辦 Party 特別適合。此外，我們也希望未來能提倡用仙草原汁來烹煮美食，我們有規劃幾道美食料理。這對當地華人婆媽族群特別有吸引力。」員林市場行銷人員說明。

仙草原汁本身是百分百純原汁，不添加防腐劑，含有豐富膠質。員林仙草建議婆媽們可以 DIY（Do It Yourself）將原汁按比例稀釋調製成仙草茶、仙草凍、燒仙草等，更可製作仙草料理。料理一，仙草雞，食材包含全雞、香菇、枸杞、紅棗、人蔘鬚，倒入水、仙草原汁進行調配與悶燉。全雞除呈現誘人的深褐色外，更有仙草的獨創風味。料理二，仙草火鍋。常見火鍋湯底有昆布、韓式泡菜、麻辣、蔬菜等。新推出的仙草湯底，以仙草原汁搭配高湯等熬煮而成，開始導入市場。目前全聯有銷售「關西仙草雞」，就是創新養生仙草湯底的同好。

4. 取價模式創新：大包裝設計

爲打進 DIY 市場，員林仙草鎖定大團體爲目標客群，將仙草凍從 540 公克加量到 3 公斤。大容量包裝不僅是包裝設計改良，更在滿足特定族群需求。如加拿大婆媽族的「打鐵」社交活動，由小包裝到大包裝，背後乃是特殊社群經營與社交活動的創新價值。

加拿大國華超市不但是通路商，更扮演日韓與美國超市的經銷商角色。因此透過國華超市，日韓當地超市也有機會協助推廣台灣或大陸品牌產品，特別是仙草這類特色在地物產。員林仙草的取價模式也因跨通路布局有了新的銷售機制。

不過值得注意的是，員林仙草的包裝屬於低調文青風格，並未特別標示仙草圖案，反而造成推銷過程中的阻礙。其實不論是泰山仙草蜜或者其他品牌仙草，外包裝上都有清楚明顯的仙草圖案，對於經銷商或消費者來說比較容易採購，因此員林仙草決定在外銷市場改變產品外包裝，凸顯員

林的品牌識別，加上仙草凍與仙草圖案，讓消費者可以更方便且快速地了解產品特色。

仙草凍容量改變，由 540 公克增加至 3 公斤
資料來源：員林仙草商品圖，2021.9.10 下載自誠品線上購物網站。

（二）仙草甘茶：獨樂樂，不如眾樂樂

1. 人物誌：愛熱鬧吃貨，小先

小先是一位馬來西亞僑生，目前就讀某私立大學研究所，他特別喜歡台灣味。各種台灣美食，從蚵仔煎、珍珠奶茶、滷肉飯等，他都讚不絕口，是個標準的吃貨。也因為這個原因，讓他大學畢業後決定留在台灣念研究所，一邊享用愛吃的台灣味，一邊繼續在台深造，未來還打算在台灣找工作。

小先不但是美食愛好者，還經常幫馬來西亞同學「拼團」，一起購買馬來西亞家鄉美味；甚至還開始做點轉口貿易，把台灣的特色美食介紹給馬來西亞朋友。在朋友眼中，小先就是個超級「台灣通」，有任何想吃的台灣美食，問他就可以了！

除愛吃台灣美食外，他還經常和馬來西亞朋友聚會，一起喝台灣啤酒，聊聊家鄉事或談談台灣求學趣聞。聊起台灣飲品，他首推台灣啤酒，尤其最近幾年推出的水果口味，更讓他讚不絕口。他發現台灣的飲料風味帶有一點點馬來西亞風情，「大概是因為許多味道，小時候媽媽就一直做給我們吃吧！」

至於像仙草這類夏天清涼甜品，媽媽小時候也會做給小先吃，「不過馬來西亞的仙草比較粗糙，不像台灣的仙草味道好極了，尤其我常吃鮮芋仙的仙草冰，真是讚極了！」員林仙草最近推出的仙草甘茶，也引起小先好奇，「只要不會太貴，可以買來試喝看看！」

針對小先這類年輕客群，成為員林仙草在開發仙草甘茶的目標分眾之一。究竟在整個仙草甘茶研發過程中，員林仙草有何功能性的研發特點？又在產品推出後，進行哪些社會性調適，以融入不同利基市場，以下說明。

2. 功能性價值：甘茶健康飲品

《本草綱目》記載：「仙草味甘、性寒，煮成茶飲，清涼解渴、降火氣，消除疲勞，老少咸宜。」隨著現代人健康意識抬頭，消費者面對消暑的食品選擇不再拘限於冰品，取而代之的是天然退火的飲品像是仙草茶。仙草茶在市面上多大同小異、味道相近，員林仙草則決定設計獨樹一格的仙草甘茶。

第四代創辦人張敦斐分享，當初想做仙草甘茶是想幫助銅鑼那邊的農民推廣「天然、無毒」契作，讓大家了解是什麼人在種仙草、什麼環境下去種仙草，初期是最純粹不添加，未來可能加入杭菊（菊花）增加茶的甘甜。目前仙草甘茶的外包裝設計以鋁箔罐裝為主，搭配銀色與簡單插畫讓瓶身具有相當獨特的文青風格。

仙草甘茶在 2018 年正式販賣，以一罐 45 元上架到誠品書店、北部神農市場，尤其神農市場主要販售台灣特色商品，除食物以外，還有面篩子、買菜的茱籃、紅綠藍的袋子等。為提高消費者對於仙草甘茶熟悉度，員林仙草積極把握參展機會，例如在華山、台北車站舉辦的「一鄉一特色展」，以及在台北京站舉辦「農村在地好物展」，以試吃讓更多都會年輕族群飲用並取得回饋。

從功能性特點來說，仙草甘茶相較一般市售飲料來得健康美味，天然

回甘與清涼降火，對身體極有益處；仙草甘茶較之於果汁飲料，又具有較長保存期限。此外，員林仙草以細長型包裝設計，也相當貼近當代年輕人的「小飲」風格。近年如可口可樂或百事可樂等，都相繼推出小飲設計，較不會造成喝不完或過量飲用負擔。員林仙草還相當貼心地推出「六罐」包裝的手提設計，方便年輕族群能與朋友們一起飲用。不少年輕族群反映道：「這款包裝設計有點啤酒 fu，而且拿起來也很舒適，質感很不錯。不過若不是有人推薦，一般人並不容易找到。好像仙草甘茶的知名度還沒有打開。」

也有不少觀光客或是過路客是在搭乘台北火車或轉乘公路交通過程中，才發現員林仙草的甘茶設計，感覺相當新鮮有趣。負責策展人員直言，仙草甘茶銷售熱度很不錯，但前提是必須有人推銷到使用者面前，才會引起注意，一般消費者似乎並不知道有這款產品存在。員林仙草主管也直言：「目前在零售通路布局上，因員林並沒有特別要求放在較顯眼的擺設位置，且有上架費考量，故相對位於較不起眼的角落，也沒有專人推銷，這是相當可惜之處。未來員林會思考策略行銷作法，讓更多人認識這款產品。」

此外，由於員林仙草甘茶的外觀設計屬於文青低調風格，消費者不易看出其內容及特色，品牌推廣上也顯得較不容易。直到近年來國際通路市場逐漸落地後，員林仙草意外發現仙草甘茶的隱性社會需求。

3. 社會性價值：送禮文化

(1) 馬來西亞市場：文青與禮籃商機

馬來西亞有近四分之一華人市場，且年輕族群不低，員林仙草在2018 年 8 月參加經濟部地方產業發展推動計畫，在馬來西亞的新興超市舉辦試吃活動。員林仙草在當地進口商悅旺貿易總經理佘恢緒表示，當時會想導入仙草甘茶的原因有幾點。第一是仙草甘茶強調用料天然無添加，堅持台灣純原味。第二，包裝上有著相當不錯的質感設計。第三是當時在媒合會時有試喝過覺得不錯，比起市面的仙草茶顯得不甜且健康。儘管定

價相較本地略高，但在外觀設計上具獨特性與差異性。一位創媒體集團主管說明，員林仙草甘茶確實有吸引力，很多年輕人是從「收藏品」角度購買。

「員林仙草很適合用來說故事，而且具有文青風！馬來西亞有很多文青特別喜歡收集台灣的文青商品。之前有一款《純萃喝》的台灣飲品，就有人專門收集一系列包裝產品，重點在包裝設計的系列收集。」

幾位家庭主婦表示，本身有熬煮仙草茶的習慣，員林仙草甘茶感覺味道不錯，甜度剛好，相當適合現代怕胖的女性飲用。但還有幾位年輕人認爲，雖然平時不會排斥仙草相關食品，但本身也不會特別購買，對於員林的仙草甘茶覺得味道過於清淡，甜度可以再做調整。甚至也有人直言，定價上，員林仙草甘茶一罐 6.9 元馬幣，相較馬來西亞當地一罐不到 2 元馬幣的仙草飲品 Grass Jelly，明顯有價差。

悅旺貿易總經理佘恢緒則表示，會持續開拓馬來西亞其他通路市場，甚至推廣至當地的保健食品店「余仁生」。尤其華人風俗習慣相近，特別喜歡在過年、節慶時送禮給親朋好友。在馬來西亞當地相當流行以「禮籃」作爲送禮首選。

「余仁生過去推出的禮籃最常放入的是麻糬、米餅、豆類等。同樣是美食，仙草也能被放進禮籃。仙草本身有一定重量，這樣看起來也相當有分量且不失禮。」

重新定位爲馬來西亞人在年節送禮的「禮籃」商品，極有助於行銷推廣，等於幫員林仙草打入當地健康養生通路。經營「余仁生」這類企業客戶（B2B），有機會藉此持續推廣其他健康養生通路。更重要的是，「年節禮品」的市場價值定位，若能持續透過「禮籃」包裝建立品牌價值，對年節市場推廣將有助益。

這就像是台灣的「旺旺」仙貝，已成為拜拜或過年時全家享用小點；過去的「元本山」海苔也積極形塑送禮產品定位；而綠色包裝的「乖乖」則幾乎已成為所有電子設備的重要「鎮電」之寶，而且必須是「綠色」的，希望能讓電腦設備一路亮綠燈，不會中途當機出問題。「乖乖」的安定力量，還延續到知名大學系所辦公室，表示：「我們希望老師與同學、助教，都能乖乖的，大家都平安無事！」

余仁生禮籃示意圖

資料來源：2021.9.10下載自余仁生官方臉書專頁。

當產品成為年節禮品的重要儀式內容，就容易形塑穩定的市場定位，加添深富價值的社會文化符號。這讓員林仙草跳脫單純的生津解渴或健康食品，成為重要的年節象徵物品，而有助於行銷推廣。

(2) 加拿大華人市場：House Party 需求高

除馬來西亞外，員林仙草於2018年9月遠赴加拿大國華超市進行推廣，消費者回饋也讓員林仙草重新設計產品與相關服務內容。員林仙草行銷主管分享：「早在前往加拿大之前，員林仙草就先送兩百箱仙草凍與仙草原汁過去，沒想到在一個多月間就銷售完畢。」

員林仙草在加拿大廣受歡迎，主要原因有以下幾點。第一，加拿大國華超市銷售許多台灣食品，因此當地華人對於國華超市有相當高的黏著度。第二，當地華人對仙草早有接觸，再加上新品牌進駐，國華超市積極協助提升產品能見度，每月舉辦試吃活動，更設置專屬櫃位，分層擺設銷售員林仙草的原汁、仙草凍、仙草甘茶等，還特別架設電視螢幕，展演員林品牌的精神價值。

在行銷推廣活動中，因仙草甘茶喝起來帶有淡淡的草味且不甜膩，小

朋友可能較無法接受，不過對年輕和中老年人來說，是個相當健康且養生的飲品。員林仙草行銷主管表示：「至今每個月都有陸續提供仙草凍、仙草原汁至國華超市。從銷售狀況可以明顯知道仙草凍在夏天的時候非常熱銷；仙草原汁則在冬天較熱銷，因為能夠自行料理製作成燒仙草。至於仙草甘茶則是不分季節，近期也出貨釋出一百多箱。」

此外，員林仙草發現，除了婆婆媽媽會舉辦料理教室分享美食外，年輕族群也會經常舉辦 Home Party 邀請好友到家中狂歡，藉此促成消費者在採購上習慣選擇大容量或多罐裝食品。

相較於馬來西亞的「禮籃」定位，員林仙草在加拿大若能定位為婆媽族或年輕人舉辦派對的必要產品，並賦予特殊社會儀式與符號象徵，將是重要突破。一位專家指出：「這就好像是得獎時要開香檳慶祝，德國人要喝啤酒狂歡，高檔餐廳要喝知名法國產地的葡萄酒、白蘭地一般，當產品能成為重要社會儀式的一環，就有機會成為長銷商品，不輕易受到季節變動影響，這是最容易養成消費習慣的重要過程。」

4. 取價模式創新：送禮分享組

為長期深耕馬來西亞與加拿大市場，員林仙草除維持原有的單罐銷售外，也因應當地市場的送禮與年輕族群分享需求，推出分享組合，一是以透明提袋「一袋 6 罐」的包裝，一是「一組 12 罐」的精緻禮盒包裝。

若由商業模式的取價機制分析，「禮籃」設計雖然看似並未改變員林仙草甘茶售價，但卻改變員林仙草的市場價值定位與取價機制。「適合送禮」的年節禮品定位，讓員林仙草甘茶有了全新產品價值與通路設計，也因此開始打入馬來西亞的企業客群（B2B），尤其是健康食品的通路商機。也因為成為「禮籃」的重要商品內容，員林仙草甘茶得以接觸到更廣泛的消費客群，特別是在年節送禮多屬家人團聚時刻，生津解渴的員林仙草甘茶就有機會接觸到更多家庭或企業客群，得以有效拓展市場。年節禮品的價值定位有助於員林仙草甘茶成為「長銷」商品，可以不受季節因素

影響，一年四季都可以銷售員林仙草甘茶。過去仙草汁只適合夏天飲用或是部分餐飲業推出「燒仙草」商品，現在則是一年四季都可以隨時喝到風味甘甜健康的仙草甘茶。同樣在加拿大的家庭或年輕族群聚會，若員林仙草甘茶能成爲舉辦派對的重要飲品，就會像台灣啤酒等飲料般，有助於建立長銷商品形象，而根本改變仙草甘茶的價值定位。

（三）仙草茶葉蛋：從能量補充到文創商品

1. 人物誌：文青美少女，小仙

小仙目前就讀某私立大學三年級，她最喜歡在課餘時間到策展單位打工，例如華山 1914 文化創意產業園區等，這樣可以一邊觀看喜歡的展覽，一邊補充藝文知識，提高自己的文青段數，這也讓她和一般同年齡的大學生做出區隔。小仙最常說的一句話就是：「生活要有靈魂，與其上課不如看展。」

除了重視知識涵養外，小仙和一般大學生一樣重視身材維持，她經常一天只吃兩餐，一頓早午餐，一頓晚餐。因此到傍晚或接近睡眠時間，難免會有飢餓感。她最常吃的零嘴就是超商茶葉蛋，「因爲健康方便又美味，隨時都能吃得到，只是不知道衛生有沒有問題？」

除了茶葉蛋之外，小仙偶爾也喜歡到神農超商或是 Jasons 買些看起來很文青的小零嘴，像是豆干或是多種果粒。「這些食品的外包裝通常設計精美，雖然單價比較高，但也因爲這樣，所以吃起來特別有質感，也不會一下子吃太多，讓自己不小心長胖。」

對於創新的文創商品，小仙也充滿興趣，「因爲就是要和別人與衆不同啊！」也因爲愛買文創商品或新鮮食品，小仙每個月的打工費與生活費常常一下子就見底了，成爲名副其實的月光小白族。「沒辦法，要當文青，就必須投資！」

對於員林仙草即將推出仙草茶葉蛋，小仙也頗感興趣。她知道這家百

年老店相當有名氣，重視手工製作美味仙草，不過對仙草茶葉蛋的銷售價格與外包裝設計也感到相當好奇。究竟仙草茶葉蛋能否打中小仙這類文青族群？以下將說明仙草茶葉蛋的創新特色。

2. 功能性價值：充飢小物

日常生活中，雞蛋看似簡單且平凡，卻內涵豐富蛋白質、脂肪、維生素等多種營養成分，是人體成長過程中重要元素之一，更是每道菜餚中不可或缺的靈魂。明朝《西湖瀏覽誌》曾記載：蘇、錫、杭等地農村，每當立夏之日，家家都向七戶鄉居乞討陳年老茶葉，混在一起煮成「七家茶」給小孩喝，說可防「伏夏之疾」。後來村民趁 4 月雞蛋旺季，便將蛋給放進「七家茶」中煮熟而食。經世代傳承便成為中國流傳甚廣的風味小吃，是台灣廣為人知的「茶葉蛋」，也是便利商店必備熟食之一。

仙草茶葉蛋緣起於張敦斐總經理過去到訪三義客家村落，在順興車站旅遊過程中，看到路邊有人在賣仙草做的茶葉蛋，引起他的興趣，決定回去利用仙草原汁實驗看看，「尤其台灣人很愛吃茶葉蛋，可能會是一個有趣的商機」。之後在參展過程中，員林仙草經常在現場利用仙草原汁燉煮茶葉蛋，美味香氣吸引許多消費者嚐鮮。因此員林仙草在創意食譜中，加入仙草茶葉蛋，鼓勵大家用仙草原汁燉煮茶葉蛋，「製作方法其實非常簡單，只要用大同電鍋烹煮就能完成這道仙草茶葉蛋！」

仙草茶葉蛋與一般傳統超商茶葉蛋有極大差異。在烹煮上，傳統茶葉蛋以紅茶烹煮，較會有「茶葉澀澀」口感。但仙草原汁本身具有天然膠質，吃起來較為滑順天然，而且沒有添加物，只有加上簡單的醬油、糖等料理，口感極佳。在販售上，傳統茶葉蛋以 10 元銅板價，單顆及現煮銷售方式呈現出熱騰騰的熟食。但員林仙草顛覆既有茶葉蛋印象，以 80-90 元的高單價，銷售兩入裝且常溫保存的仙草茶葉蛋。

員林仙草選擇滷味代工廠合作，有幾點原因。第一，生產的數量可以較其他產品少，因此不會有庫存壓力；第二，茶葉蛋是代工廠既有產品，

在技術層面並不會有太大問題。加上第四代接班人張敦斐夫人過去在餐飲業服務，對茶葉蛋有一定的烹煮經驗。員林仙草最終決定與中華廠商一同研發量產這道創新的仙草茶葉蛋，打造出健康且無負擔的充飢點心。

就功能性價值言，仙草茶葉蛋相當健康美味，容易食取，經常成為年輕上班族的生活必須品，台灣的 7-11 就曾創下每年銷售 4,000 萬顆茶葉蛋記錄。仙草茶葉蛋一年四季都可銷售，不受季節性影響的產品特色，成為員林仙草在創新仙草商品的重要定位。仙草茶葉蛋的健康價值，又較一般茶葉蛋只有蛋的價值加上茶葉風味，更具健康題材，而有機會成為茶葉蛋紅海市場中的利基商品。

3. 社會性價值：文青代餐

茶葉蛋過去主打各族群消費者，不論是上班族、婆婆媽媽、小朋友或是老年人，都經常買茶葉蛋充飢。員林仙草則縮小消費族群範圍，將仙草茶葉蛋客群鎖定在生活繁忙、且比較沒有固定時間吃飯的上班族和社會新鮮人，販售通路選擇文青路線的誠品書店、神農市集、Jasons 超市等。

一位大學男同學品嚐仙草茶葉蛋後表示，雖然價格比一般便利商店來得高，但仙草的味道燉煮得恰到好處，蛋黃入味且不會卡喉嚨，整體吃起來帶點甜甜的滋味，卻也不會太膩，是個具有特色的創意產品。員林仙草的行銷主管也分享：「大部分的人認為仙草茶葉蛋味道很香、很好吃，不過少數人卻不習慣帶有甜味的食品，甚至也有通路說包裝裡面含有一點湯汁會有種滑滑黏黏的感覺」。

一位家庭主婦表示，本身比較重視健康，因此平常習慣在家自行烹煮，對於員林的仙草茶葉蛋有興趣。除產品美味之外，認為肚子餓的時候可以搭配蔬菜一起吃，達到健康養身效果。對於家庭主婦來說，仙草茶葉蛋更是菜餚的替代品，保存方式簡單且無須冷藏，可以放比較久，是個相當方便的食材。

但卻有幾位中年人認為，隨著年紀增長越來越在乎身體健康，因此特

別注重食品成分。儘管仙草茶葉蛋主打天然、無添加，但仍然不會購買。原因有幾點，第一，定價相較其他市面茶葉蛋來得高；第二，製作過程有加入醬油、鹽的成分，認為不符合養身訴求，甚至直言不如吃水煮蛋更健康且無負擔。

不過一位在誠品工作的年輕女生表示，本身對於員林的產品相當有印象，對於未來仙草茶葉蛋的銷售有高度好感，更會願意購買品嚐。該位員工表示：「我常在神農市集買真空包裝的食品，如馬告豆干，攜帶方便且任何時候都可以直接拿出來吃。以後就可以加入仙草茶葉蛋配味，感覺還可以當代餐，相當美味方便。」

對於上班族群來說，仙草茶葉蛋不但是解饞小點心，也是上班補充能量的重要零食；更是許多文青族群的必備點心之一，甚至可以成為「代餐」，成為在逛文創展覽或是閱讀品茗的重要茶點。然而，彙整諸位消費者的回饋皆表示，兩顆茶葉蛋定價有些太高，平常不會特別去購買品嚐。張敦斐總經理說明：「仙草茶葉蛋的研發成本較傳統茶葉蛋高，加上誠品神農超市與 Jasons 等通路上架費頗高，若再加上 10-15% 的預期收益率，直接影響兩顆茶葉蛋的銷售金額。市場行銷確實是一大挑戰，高單價不但要訴求高品質與利基市場，更要重新定義茶葉蛋價值。我常說，同樣是牛皮編織包，但為何柏金包可以賣高價，這是我們行銷人員必須要努力的地方。」

4. 取價模式創新：真空包裝的文創小物

傳統便利商店的茶葉蛋雖然價格便宜，但由於各家燉煮方式不一樣，味道也會有所不同。此外，現場烹煮茶葉蛋，保存期限僅有 1-2 天。過去還曾有新聞報導便利超商的茶葉蛋，烹煮過程不夠衛生，也一度引起消費者質疑。

員林仙草為做出差異特色，提供原料配方給中央代工廠，更統整出以下幾點優勢。第一，衛生環境符合認證標準，和超商茶葉蛋做出區隔。第

二，標準化製作流程，可以確保每一批茶葉蛋的品質穩定。第三，產品溯源與品質追蹤。透過中央工廠製作與外包裝設計說明，當產品有問題時，可溯源釐清。

員林仙草擬以真空軟袋進行包裝，目的是做出市場區隔，特別是採用高溫高壓包材，密封後再進行滅菌，使產品內部呈現真空無菌狀態，食品保存相對安全，保存期限可長達 1 年。對員林仙草而言，拉長銷售保存期限，還能因此大幅降低企業庫存壓力。

目前市面上已有競品如「福記茶葉蛋」。福記茶葉蛋利用台灣高級阿薩姆茶葉製作，以一包六顆裝的茶葉蛋，銷售在各大超市和賣場通路，其中全聯的銷售績效佳。因此，員林仙草必須找到適當的利基市場，藉以傳遞創新產品價值。張敦斐總經理表示：「仙草茶葉蛋對員林仙草而言，其實是一項創意商品，它在初期可能會賣不太出去，但卻能有效彰顯員林仙草希望跳脫傳統仙草便宜低價的印象，而能由高創意產品角度，重新定位仙草價值。」

通路間的合作也是一大挑戰。員林仙草表示，過去曾發現 Jasons 銷售人員並未將員林產品放在適當櫃位上，「而是放在角落裡，這對員林的商品推廣相當不利。」實際走訪台北市中山分店的神農市集，發現員林仙草已有上架產品，例如仙草凍、仙草原汁、仙草甘茶，也有類似情況。通路主管則提出建議：「員林仙草從傳統走向創新的品牌理念，可以多參與一些市集活動，像是好好市集、101 四四南村、好家在台灣市集等，這類市集比較文青感，現場直接試吃體驗，較能引起共鳴。也可以參考雀巢咖啡膠囊跳脫傳統超商通路，走航空公司貴賓室、高級餐廳等特殊通路作法，創造獨特利基。」

從商業模式經營角度分析，員林仙草茶葉蛋有以下幾點重要策略價值。一是由「飲品」走向「食品」的開路先鋒，未來員林仙草仍有一系列仙草燉雞或仙草美食等健康食品推出。

　　二是由街頭巷弄的生活場域走向文青生活市集。文青族群相較一般大眾是屬於高質感族群，相對願意為高價位的優質產品買單。因此，由中低端的健康食品市場走向高端優質的文青市場定位，有助於員林仙草經營高端市場客群。

　　三是由季節性商品走向長銷型商品。就如 7-11 一年可以銷售 4,000 萬顆茶葉蛋的銷售佳績般，茶葉蛋實為一般人經常食用的便利產品。雖然員林仙草茶葉蛋定價相對較高，卻極有助於員林仙草跳脫季節性商品局限，開始經營一般生活性消費商品的市場利基，更由此跳脫保存期限過短限制，而能有近一年之較長真空保存期；未來則有機會借助真空包裝推廣到其他海外市場。

（四）仙草凍凍（Sian Q）：從小孩到銀髮族的健康零食

1. 人物誌：學齡前兒童，小鮮

　　目前就讀幼兒園中班的小鮮，每天最期待的時刻就是放學回家路上，坐在媽媽車裡的時間。媽媽常常會拿小零嘴給小鮮吃，一方面讓小鮮充飢，不會太餓；一方面也能安撫小鮮情緒，不會因長時間坐在安全座椅上而吵鬧，影響媽媽開車情緒。在這段難得的母子相處時光，媽媽也會和小鮮聊聊幼兒園裡發生的趣事，了解小鮮在幼兒園裡的學習內容，順便掌握當天食物，問問小鮮在早上點心時間、中午用餐時間與下午茶時間，都吃了些什麼，以及小鮮又對哪些食物有特殊偏好或排斥。小鮮每次上車最常說的話便是：「今天有什麼好甜頭？」對小鮮來說，回家路上的甜頭，也是排解一天活動勞累的幸福安慰點心。

　　回到家後，媽媽要開始忙著做菜，媽媽會播放親子台或是英文台讓小鮮學習，也藉此陪伴小鮮排解無聊等候時間。媽媽有空的話會切點水果給小鮮吃，或者買果汁、鮮奶給小鮮喝，但小鮮每次在喝果汁或鮮奶時，常常會不小心打翻，弄髒地板，這也讓媽媽很苦惱。

　　有時因小鮮在幼兒園有特殊表現，媽媽還會給小小獎勵，給小鮮平常吃不到的點心零嘴充飢，但分量不能太多，尤其蛋糕餅乾類一旦吃太多，就會吃不下晚餐。對於布丁或是蒟蒻這些小朋友愛吃的零嘴，小鮮當然也喜歡吃，但媽媽卻較為謹慎，因為擔心小鮮會一下子吃太快而噎到，只能慢慢地吃。

　　小鮮的爺爺奶奶偶爾也會來陪小鮮一起吃下午點心，因此，如何提供健康美味的食品餐點給「老小」飲用，也讓媽媽費些心思。尤其，有時祖孫一玩起來又邊吃東西，同樣不安全，一次要擔心老小，也不是件省心的事。對於員林仙草即將推出健康好吃又安全的仙草凍凍，小鮮媽媽感到躍躍欲試，「只要價格不要太高，應該可以買給小鮮與爺爺奶奶吃，畢竟健康是不能節省的！」

2. 功能性價值：零食小物

　　果凍是小朋友最愛零食之一。市面上果凍種類早已超過百種，是個相當飽和的競爭市場。近幾年，突如其來的日本蒟蒻果凍意外廣受大眾喜愛，員林主管分析表示，日本蒟蒻果凍使用日本群馬縣的蒟蒻粉加上多種果汁口味，且特別設計擠壓方式吸食。至於仙草凍凍的構思來自於張敦斐總經理的三個小朋友，因為張總經理的小孩很喜歡吃一款由盛香珍出品的日本果凍，利用薄薄的塑膠袋包裝，看起來像個小糖果。研發人員分享道：「後來我們覺得，這款讓小朋友喜歡的產品其實很簡單，就是人工膠皮，加上香精與色素等就能完成，想想員林仙草自己也可以做！」

　　少子化的社會現實，加上國民健康意識提升，員林仙草為了讓小朋友能夠吃得健康，又希望能傳承仙草美味，決定研發仙草凍凍，特別設計「仙草公仔」，並製作出黑糖口味仙草，希望小朋友喜歡，也降低家長對食品安全的疑慮。

　　仙草凍凍相較市面果凍有些許差異。在口味上，市面大多以濃縮果汁進行調配，製作多款水果風味的果凍，雖然選擇性較多卻相對不夠健康。

而仙草凍凍本身天然無香精，僅有加入黑糖提升整體香氣，顯得健康且無負擔。在販售上，大多數果凍一包售價約 60-70 元，且以多顆包裝進行銷售；但員林仙草卻以一個 30 元銷售，如能量飲的高單價，大膽挑戰果凍市場。

目前員林仙草在創新仙草凍凍所遭遇到最大挑戰是外包裝設計。原本有「類吸管」的能量飲作為設計，但仙草有特殊的孢子菌，必須以 120 度高溫進行殺菌，目前尚無法找到合適工廠。主因是過去傳統製作飲料的公司都以 80-90 度的溫度做熱填充飲品，再透過調酸鹼值方式殺菌，因此一般工廠是無法進行量產的。此外，立體設計需要另外開模且成本不低，但若以現有模具開模，整個外包裝就必須重新設計，因為吸食的開口若不夠平滑，可能會刮傷小朋友或是老年人。

員林仙草不放棄這項創新產品，決定向農委會申請滅菌設備補助，朝自行研發量產方向邁進，希望藉由仙草凍凍能夠讓小朋友重新了解仙草價值。員林仙草張敦斐總經理就表示，其實這一代的小朋友並沒有從小就吃仙草的習慣，尤其仙草長得黑黑的，看起來賣相並不是太好，我們必須重新設計仙草，讓小朋友喜歡上仙草的味道。

對員林仙草而言，仙草凍凍的價值不但在於取代目前市面上多項小朋友的零食，如蒟蒻果凍或是布丁等，更在倡議仙草傳承的世代健康風味，讓年輕世代也能重新認識這項具有歷史風味的健康記憶。從功能性價值而言，仙草凍凍確實是健康營養的美味零食，但它更具有豐富的社會文化意涵，以下說明。

3. 社會性價值：獎勵品、開胃點心

果凍一直以來主打小朋友、年輕族群，是解饞或飯後小點心。仙草凍凍不僅取材日本果凍的創意構想，還用可愛的仙草公仔外包裝，讓小朋友喜歡上仙草，也不會看到仙草黑黑的顏色，大幅提高小朋友對仙草的接受度，也意外開創仙草凍凍的特殊價值定位與「長輩族」的另類消費族群。

　　一位上班族媽媽表示，平常有購買果凍給孩子吃的習慣，對於員林仙草的仙草凍凍認為是個不錯的想法。原因是產品的成分較其他產品天然，再加上吸式的設計，對於小朋友來說比較健康且安全。

　　一位公務人員爸爸說道，本身是開車的通勤族，經常接送小孩子上下課，但往往因為孩子吵鬧而無法專心開車。對於仙草凍凍抱持著相當高的興趣，除了外包裝的造型帶給人療癒的感覺外，重要的是零食的誘惑可以降低孩子行車間的吵鬧；此外，還可作為小朋友特殊表現的獎勵品。

　　另一位家庭主婦表示，仙草凍凍定價這麼高，雖然不會特別買給小朋友，卻會嘗試買給家中長輩吃。

　　「長輩往往是被忽視的族群，隨著年紀越大，長輩們的咀嚼功能也開始下降；或因為患有疾病，而直接影響食慾，導致營養不足。仙草凍凍屬於軟 Q 產品，若長輩們喜歡吃，能夠幫助他們打開胃口，就會願意前往購買。」

　　對年長者來說，過去飲食大多以流質食品和營養補充品為主，但越來越多老年人也承認，食物外觀會影響食慾。例如日本設計出商品化的介護品，將打碎的食物添加凝固劑，不僅可以做成不同形狀，還大幅增進老人家胃口。仙草凍凍雖然不是營養補充品，但可愛的外包裝再加上長輩們記憶中的甜品，成為深具創新特色的銀髮食品。

4. 取價模式創新：立體公仔果凍

　　仙草凍凍的取價模式有以下特色。第一，提高取購頻率。仙草凍凍從清涼飲品走向健康零食，並重新包裝為可以隨時取用，甚至可以取代蒟蒻果凍或是布丁的健康零嘴。仙草凍凍的取用頻率會較傳統仙草來得高，方便性與即食性較強。

　　第二，提高接近性，由市場走向超市。過去員林仙草多在街頭巷尾販售，且以大包裝為主，銷售上有時間限制。但仙草凍凍則是由市場走向超

市，可以不受短暫營業時間影響，能隨時買到，而且取用相當方便，不用重新加工，例如加上愛玉或粉圓等調味。

第三，提高售價，由散裝到精緻包裝。過去仙草的定價相當便宜，一大塊可以銷售 50 ～ 100 元不等，多是家庭主婦的散裝「餐後」甜品；但仙草凍凍則以精緻包裝面市，家庭主婦可以一次購買多個仙草凍凍，作為給小朋友「隨時」解饞或陪伴享用的甜品。

不過仙草凍凍研發過程一波三折。原先和一家保健食品生技廠合作中，就出現新購機器設備難題。由於過去保健生技廠都以檸檬酸等抑菌劑來抑制細菌生長，達到延長保存期限效果；但員林仙草卻希望能以殺菌滅菌方式取代抑菌劑添加，藉由天然方式保存仙草品質，這就必須採購殺菌設備，且在外包裝設計上也需要另外處理。同時，以仙草公仔的立體包裝提高小朋友接受度，因此在裝填設備上也需要重新規劃。另一項挑戰是售價。員林仙草希望仙草凍凍能夠取代一般市面銷售果凍，成為小朋友、年輕世代和銀髮族的健康零食，目前暫定售價為 30 元，若加計通路費用則要高達 50 元售價，將成為員林仙草在推廣仙草凍凍的難題。

七、核心能力演化

員林仙草的創新產品不僅只有本專書所提出的仙草凍、仙草甘茶、仙草茶葉蛋與仙草凍凍，其他還有針對東南亞國家如越南所設計的仙草粉，未來還有針對年輕族群開發的仙草啤酒與其他仙草食品等。在一系列的創新研發過程中，員林仙草的核心能力也逐步演化。

首先是研發能力建構，從工廠到研發工作室。員林仙草前三代創辦人沿襲古法研發仙草美味，不過主要仍以單一仙草凍為主，並作為泰山仙草蜜、愛之味等知名品牌的代工廠或原物料來源。一直到第四代接班人才開始逐步走出代工廠格局。自 2016 年開始，員林仙草開發罐裝仙草凍、仙草甘茶、仙草茶葉蛋、仙草凍凍等，背後須同步考量工廠設備、加工廠調整製程、包裝設計，甚至與生技廠合作等，複雜的研發程序跳脫傳統仙草

凍格局。

　　其次是分眾經營能力建構，從研發工作室到生活實驗場。員林仙草的產品研發因仙草本身特性與強調天然無負擔，員林仙草的創新產品勢必較一般同類型產品價格高出 2 ～ 3 成。因此，如何經營分眾客群，讓目標客群願意接受高單價產品，成為重要挑戰。在海外推廣過程中，員林仙草開始注意到不同地域的分眾客群有其特殊的社會性需求，例如馬來西亞獨特的仙草「調味」芒果、豆漿過程；加拿大婆媽聚會喜歡 DIY 入菜等。不同社會文化孕育仙草產品的創新特質，也成為之後仙草甘茶、仙草茶葉蛋等分眾經營基礎。

　　第三是策展行銷能力，從國外參展到國內策展。在海外市場開拓中，員林仙草由經濟部委託中衛發展中心協助經營在地通路，而開始建構入境隨俗的策展能力。例如在馬來西亞要熟知當地華人的飲食文化、與原有仙草產品的差異性；在加拿大則要學習如何與華人社群中的婆媽族打交道，例如 DIY 的烹飪美食教學就特別能引起共鳴。

　　在國內行銷策展上，員林仙草也有通路調整，近年開始與誠品等專屬通路合作，學習舉辦特色活動以和文青族、中高端族群互動。例如員林仙草就特別舉辦手繪仙草罐的創意花盆設計，透過親子互動時間，以員林仙草凍的圓形包裝盒為設計基礎，思考在商品食用後的包裝盒再利用價值，頗受中高端客群肯定。

　　第四是教育推廣能力，從網路到馬路，從銀髮到幼兒的深耕教育。第四代創辦人除了重新設計網頁推廣傳統仙草的製作古法外，更希望透過仙草凍凍等療癒美食的向下扎根，讓年輕世代重新認識傳統仙草美味。從仙草甘茶、仙草凍凍或易開罐式的外包裝設計，到創意仙草罐花盆設計等，是員林仙草以多元敘事方式推廣仙草古味的嘗試。

　　總結來說，研發能力、分眾經營能力、策展行銷能力與教育推廣能力，這四種能力並沒有先後關係，而是相輔相成的能力建構，四者缺一不

可。分眾經營能力越好，越有助於新產品研發與策展行銷推廣活動設計；而教育推廣工作落實，也有助於其他分眾客群更認識仙草原味與系列產品開發。策展行銷能力則有助於寓教於樂，融入更多仙草傳統製作古法的經典傳唱故事。雖然員林仙草多項產品目前仍處於市場先期導入階段，產品價格偏高且通路布局仍不甚理想，尚難謂已成功完成商品化與銷售工作。但員林仙草從系列產品研發過程中持續建構關鍵能力，應該才是員林啟動「一元多用」創新產品研發的主要目的。當能力逐漸進化，對分眾經營與產品研發也就越能有效到位。

表：員林仙草「一元多用」之商模演化歷程

產品名稱	功能性價值	社會性價值	取價模式變化	核心能力演化
仙草凍	**由批發商首選到家庭客群舉辦社交活動**：需要大容量的包裝設計，以滿足仙草加上其他口味的即時享用需求	**婆婆媽媽 DIY 市場**：以易開罐包裝，滿足隨時取用設計。員林仙草的天然風味相當適合強調健康養生的媽媽族群，佐以其他料理內容創新口感	大容量設計：由過去的仙草批發到大容量的包裝設計，由 B2B 到 B2C 的取價模式變革	研發能力：從工廠到研發工作室。員林仙草開始跳出代工生產格局，自主研發創新仙草產品 分眾經營能力：從研發工作室到生活實驗場。員林仙草開始經營分眾社群，並依據不同類型使用者的差異性需求重新設計產品
仙草甘茶	**甘茶健康飲品**：健康美味，生津解渴，有助於積極開拓健康養生通路，成為果汁與其他飲料的替代商品	**送禮與派對文化**：禮籃的精美設計，適合馬來西亞人的年節送禮。而加拿大婆婆媽媽與年輕人聚餐則飲用員林仙草甘茶。成為送禮與派對的重要社會文化禮品	禮盒組（6 入、12 入）：定位年節禮品有助拓展到一般家庭客群與企業客群（B2B）。並可成為長銷商品，不受季節因素影響	策展行銷能力：由國外參展到國內策展。學習專業行銷推廣設計，並舉辦手作

產品名稱	功能性價值	社會性價值	取價模式變化	核心能力演化
仙草茶葉蛋	**充飢小物**：是一般上班族或年輕族群的充飢小物。也是媽媽們放在冰箱裡的補充菜餚	**文青代餐**：成為文青族群看展或看書的必備良伴，可以解饞解飢，並補充能量	**真空包裝的文創小物**：由飲品到食品；由低端生活場域到中高端文青市集；由季節性到長銷商品	工坊，由策展過程推銷產品特點 **教育推廣能力**：從網路到馬路，從銀髮到幼兒的深耕教育，傳承仙草古味
仙草凍凍	**零食小物**：仙草凍凍可取代蒟蒻或布丁等，成為小朋友或老人客群中，健康安全的生活必備零嘴	**獎勵品、開胃點心**：仙草凍凍不但可以解饞，還有陪伴與療癒效果，「仙草公仔」的外包裝設計可以安撫並陪伴小朋友	**立體公仔仙草果凍**：從清涼飲品走向健康食品；從市場走向超市；從散裝走向精緻包裝	

八、個案反思

（一）理論貢獻

在理論貢獻上，本文主要在和以使用者為中心之創新文獻進行對話。並有以下貢獻。首先是分眾需求內涵，**由功能需求到社會文化需求之創價歷程**。過去產品創新相關文獻多強調企業必須具備難以模仿的、稀有的、或不可取代的資源稟賦，以創造競爭優勢，這是資源基礎論的核心價值（Barney, 2001; Collis & Montgomery, 1995）。不過後來不少企業發現，即使企業擁有不可替代的資源內涵，也未必能滿足使用者需求。這讓不少企業開始深思，企業競爭力來源究竟是特殊資源取得，還是持續創造價值與取得價值能力？而創價的基礎又是什麼？

隨著使用者創新學派興起，學術與實務相繼將企業的競爭優勢來源聚焦在使用者身上，並嘗試由領先使用者、一般使用者的意見平台，到社群媒體經營，希望取得使用者集體智慧，作為企業持續創新基礎（Edmondson & Feldman, 2006; Hargadon & Sutton, 1997; von Hippel,

2005）。然而，相較於領先使用者的不易尋找，或者他們的創新研發經常走在趨勢潮流之前而有過度設計問題；而一般大眾意見又過於廣泛，企業若要取得有價值的意見，又如大海淘金；至於社群經營則需留意同溫層效應，且線上媒體使用也經常有資訊過濾效果，許多社群內容其實是社群領袖想要給社群同好看的內容，未必能真實反映實際現況。

　　因此本文奠定在分眾需求的理論基礎上，進一步提出分眾所處的社會文化情境，尤其是對創新產品的使用情境，是持續創新產品與服務價值來源。本文進一步重新詮釋所謂「一元多用」內涵。

　　一是由分眾知識（persona）說明「一元多用」內涵，由此，所謂「一元多用」乃指不同分眾族群的社會文化形塑，而對產品服務有特殊創價應用。例如仙草甘茶在年輕族群喜歡暢飲歡聚場合，多以 6 瓶裝或 12 瓶裝設計為主；但到馬來西亞之後，卻發現當地有特殊的「禮籃」設計，而讓仙草甘茶有了不一樣的節慶符號，成為年節送禮的精緻禮籃。又如仙草茶葉蛋，最原始設計是針對文青族群的精緻點心，但後來又發現另一個分眾族群，工作忙碌的婆媽們開始會買精緻的茶葉蛋作為「備用菜」之一；甚至仙草茶葉蛋還可以成為拜拜良物，成為祭天敬神的重要供品。由此可見，同樣的一項產品，對於不同分眾人物言，就會出現全然不同的差異需求，而有特殊的社會文化加值歷程。

　　二是由「在地知識」（local knowledge）說明「一元多用」價值。過去企業在創新研發過程中，著重在單一分眾需求探索，提出並精鍊設計原則，而能有精準的創新設計。但本研究提出，看似同樣一類「分眾」，在不同國家的社會文化場域，卻會出現文化基因上的差異性；例如同樣是婆婆媽媽對仙草凍的需求，台灣的婆媽們多是自己買回家，當家庭號的飯後甜點；但加拿大華人社群的婆媽族卻是作為聚會派對的必要甜品。此外，「分眾」本身也會出現擴散或交互應用。例如仙草茶葉蛋雖然是文青女孩喜歡的精緻點心，但卻也能擴散為文青媽媽的家庭必備小菜。由此，所謂「一元多用」也有了不一樣的意義，同樣一個創新產品，它可能原本源自

單一分眾（「一元」指單一分眾），但卻會多元延伸應用到不同分眾的使用場域上。

其次是對商業模式創新文獻之貢獻。過去商業模式創新文獻強調新產品或服務必須能對目標分眾產生新的價值，進而可以爲企業帶來新的營收取價（Mitchell & Coles, 2004; Teece, 2010）。本研究則進一步提出，新產品或新服務的價值創造固然重要，但是重新定義價值可以爲產品服務帶來新的價值內涵，而它的起源就是分眾客群所處的社會文化內涵；換句話說，社會文化脈絡正是爲企業重新定義產品服務價值的另一個**社會化創價過程**。

仙草凍從大品牌的主要原料供應商到自有品牌的暢銷商品，幫助個案公司由過去企業對企業的經營模式（B2B）轉型爲企業對個人的經營模式（B2C）。另一項產品，仙草甘茶則由年輕派對到節慶禮籃，由一組 6 瓶或 12 瓶到集中採購，並爲員林仙草創造節慶產品的品牌定位。仙草茶葉蛋從文青小物到媽媽小菜，重新定義仙草的應用場域與價值內涵，從文青女孩的下午茶點心，到媽媽的晚餐常備佳餚，進而有偶一爲之的購買行爲到持續性的購買行爲；仙草凍凍則從學齡兒童的療癒食品到老年人的童年記憶，而有高低年齡層的適用場域與共同話題創造。

重新定義價值歷程，起源於分眾客群的社會文化場域，加上分眾客群延伸，而爲企業創造出不一樣的價值定位與價值擷取機制，這是本研究對商業模式創新文獻的重要貢獻。尤其，商業模式的演化歷程未必循序漸進，而是由不同分眾客群需求探索中，找到同步創新可能性。

第三是對核心能力演化之貢獻。企業的核心能力必須與時俱進演化，以回應競爭激烈的市場或創新科技的顛覆破壞。但是當多數企業專注於跨領域資源引進時，背後假設往往是企業原有能力不足，而需借助吸收他人能力（Cohen & Levinthal, 1990）；或需要進行跨領域合作以導入優勢資源，改變企業原有的資源劣勢（Chesbrough, 2003）。但這樣的討論往往

忽略企業核心資源價值，其實不會一成不變，而有與時俱進的「進化」過程。

在本個案中，隨著不同類型產品開發以滿足不同分眾客群需求的創新實務中，個案公司的核心能力也因為強化了研發能力、分眾經營能力、策展能力與教育推廣能力，而有了全然不同風貌。換句話說，本個案更專注於企業原有核心資源與核心能力的進化過程，而非單純借助外力的演化過程。員林仙草由過去單純的製造商，進化為研發工作坊；由過去在工廠裡製作食材，進化到市場裡掌握需求；由過去不會行銷企劃到開始學習策展活動；由過去單純賣仙草產品，到推動傳統美味教育。這些核心能力的進化改變確實非一蹴可幾，但卻由分眾需求、產品研發、市場行銷推廣等各項分眾市場經營的實務落實中，逐步建構。

（二）實務建議

本個案對實務界提出幾點建議。

第一，解構使用者的社會文化基因。 未來傳統特色物產勢必面對更劇烈的市場變化，而需有更多元的設計變化；但其實不僅只是傳統產業如此，媒體、旅遊、教育界也都是如此。如何與時俱進創新產品與服務，是當代組織研發中心的重要任務。

過去企業研發中心較重視技術層面，積極運用競爭者分析了解大環境的潮流趨勢，專注於產品本質的創新研發，但卻忽略消費者端的社會性需求。為回應善變的使用者，許多組織相繼導入「設計思考工作坊」，本質就在走進市場消費端，由不同客群的生活脈絡解構其功能性需求與社會性需求。

舉例來說，過去吃仙草的情境，大多是家庭主婦從傳統市場買一塊回家品嚐，不過員林仙草卻意外發現加拿大婆媽族有聚會「打鐵」的習慣，藉此讓員林仙草開發出大容量包裝設計。另外，像是乖乖餅乾，企業不曾改變過產品味道，但卻積極改變產品的外包裝設計，以「留言板」設計創

造互動情境。過去乖乖是小孩的零食之一，現在是鼓勵朋友或傳遞訊息的物品。甚至，還有新的文化意涵，許多科技公司在電腦機房，以及學校在系辦公室內都會擺上「綠色」乖乖，許願電腦與學校行政一路亮綠燈地「正常運作」。

第二，**精準分眾的一元多用**。企業如何瞄準核心客群以有效創新，是當代實務界挑戰之一。小眾過於獨特，大眾又過於模糊，因此本文建議可尋找具有代表性的「分眾」族群，也就是傳播擴散中的「早期採納者」，介於領先使用者與一般大眾之間；他們可能是連結者、特定領域專家，或是推銷員，經常能有效解釋發明者或意見領袖的創新構想，而成為創新擴散的重要推手（Rogers, 1995）。

「分眾」不但具族群代表性，也有意見領袖特質，具備一定專業判斷能力，也較領先使用者容易接近。越了解分眾，越能提出精準設計。且同一類分眾在不同國家地域有不同社會基因，而讓產品服務有了一元多用的創新價值。

第三，**跨「域」的創新研發，從領域到地域**。企業若要創新突破，可以由開放創新角度，取得異質領域知識與資源。例如麥當勞得來速服務，便是向分秒必爭的 F1 賽車進站維修流程學習，將點餐到結帳拆分成十幾個小細節，要求每個步驟都必須在最短時間內完成，使顧客可以減少等候時間，獲取最快速服務。日本迴轉壽司店，結合啤酒廠的酒瓶運輸帶概念，取代服務生送餐，同時解決用餐尖峰人手不足問題，更因此形塑特殊文化象徵。

本文進一步提出，企業的跨領域研發並不僅止於到其他產業借知識，調資源；還可以跨越不同「地域」，借助當地使用者的文化基因，改變產品服務定位。這就是所謂「接地氣」。同樣的員林仙草甘茶，台灣年輕人拿來辦趴分享，馬來西亞貿易商則放在年節禮籃，成為養生保健良品。

總結來說，解構使用者的社會文化基因，精準分眾的一元多用，到

「從領域到地域」的跨域創新，將為傳統物產帶來全新價值。

本章參考文獻

蕭瑞麟、許瑋元，2010。〈資安洞見：由使用者痛點提煉創新來源〉，組織與管理，第 2 卷
　　第 3 期：93 ～ 128。

劉宛婷，2009。《使用者導向研究：從工作脈絡與客戶痛點中設計雲端安全的創新─以趨勢
　　科技使用者洞見計畫為例》，國立政治大學科技管理研究所學位論文。

Barney, J. B. 2001. Is the Resource-Based 'View' a Useful Perspective for Strategic Management
　　Research? Yes. *Academy of Management Review*, 26(1): 41-56.

Brown, T. 2009. *Change by Design: How Design Thinking Transforms Organizations and Inspires
　　Innovation*: Flletxher & Company.

Chesbrough, H. 2010. Business Model Innovation: Opportunities and Barriers. *Long Range
　　Planning*, 43(2-3): 354-363.

Chesbrough, H. W. 2003. *Open Innovation: the New Imperative for Creating and Profiting from
　　Technology*. Boston, Mass.: Harvard Business School Press.

Cohen, W. M., & Levinthal, D. A. 1990. Absorptive capacity: A new perspective on learning and
　　innovation. *Administrative Science Quarterly*, 15: 128-152.

Collis, D. J., & Montgomery, C. A. 1995. Competing on resources: Strategy in the 1990s. *Harvard
　　Business Review*(July-August): 118-128.

Di Gangi, P. M., Wasko, M. M., & Hooker, R. E. 2010. Getting Customers' Ideas to Work for
　　You: Learning from Dell how to Succeed with Online User Innovation Communities. *MIS
　　Quarterly Executive*, 9(4): 213-228.

Edmondson, A., & Feldman, L. 2006. Phase Zero: Introducing New Services at IDEO (A). *Case
　　study-Harvard Business School*.

Enos, J. L. 1962. *Petroleum Progress and Profits: A History of Process Innovation*. Cambridge,
　　MA.: MIT Press.

Freeman, C. 1968. Chemical process plant: Innovation and the world market. *National Institute
　　Economic Review*, 45: 29-57.

Hargadon, A. 1998. Firms as knowledge brokers: Lessons in pursuing continuous innovation.
　　California Management Review.

Hargadon, A., & Sutton, R. I. 1997. Technology brokering and innovation in a product development
　　firm. *Administrative Science Quarterly*, 42(4): 716-750.

Hienerth, C., Keinz, P., & Lettl, C. 2011. Exploring the Nature and Implementation Process of User-

Centric Business Models. *Long Range Planning*, 44(5-6): 344-374.

Mitchell, D. W., & Coles, C. B. 2004. Business model innovation breakthrough moves. *Journal of Business Strategy*, 25(1): 16-26.

Pruitt, J., & Adlin, T. 2010. *The Persona Lifecycle: Keeping People in Mind throughout Product Design*: Elsevier.

Rogers, E. M. 1980. *Diffusion of Innovations* (4 ed.). New York: Free Press.

Rogers, E. M. 1995. *Diffusion of Innovation*. New York: Free Press.

Rosenberg, N. 1963. Technological change in the machine tool industry, 1840-1910. *The Journal of Economic History*, 23(4): 414-443.

Schwartz, B. 2004. *The Paradox of Choice: Why More is Less*.

Shah, S. 2000. Sources and patterns of innovation in a consumer products field: Innovations in sporting equipment. *Sloan School of Management, Massachusetts Institute of Technology, Cambridge, MA, WP-4105*.

Shane, S. 2000. Prior knowledge and the discovery of entrepreneurial opportunities. *Organization Science*, 11(4): 448-469.

Sutton, R. I., & Hargadon, A. 1996. Brainstorming groups in context: Effectiveness in a product design firm. *Administrative Science Quarterly*, 41(4): 685-718.

Teece, D. 2010. Business models, business strategy and innovation. *Long Range Planning*, 43: 172-194.

von Hippel, E. 1986. Lead users: a Source of novel product concepts. *Management Science*, 32(7): 791-805.

von Hippel, E. 2005. *Democratizing Innovation*. Boston: MIT Press.

von Hippel, E., & Katz, R. 2002. Shifting innovation to users via toolkits. *Management Science*, 48(7): 821-833.

第七章　全聯：因地制宜，路徑依賴

老子《道德經》有云：「天下皆知美爲美，斯惡已。皆知善之爲善，斯不善已。有無相生，難易相成，長短相形，高下相盈，音聲相和，前後相隨。恆也。」

相生相成之理，應用在企業與使用者的依賴關係，可謂相當適切。使用者需要企業的創新服務，而企業更需要使用者的依賴往來，才能生存成長。且使用者的需求並非一成不變，企業唯有跟隨使用者的需求軌跡，才能與時俱進建立依賴關係，兩者相生相成。

————

依賴路徑的服務脈絡

服務內涵要如何演化以創新商業模式？本章所要探討的商模創新觀念，乃是路徑依賴（path dependency），主要思辨如何透過創新服務以鎖定目標客群，尤其在數位時代，使用者相當容易變心轉台，如何建立使用者的依賴關係，甚至化使用者爲「會員」，將是本章討論重點。以下介紹服務創新的重要概念。

一、服務創新與數位科技導入

經濟學家 Frédéric Bastiat（1848）曾提出，所謂服務乃是一種交換，它相當細微地出現在各種場域；它是經濟科學的起點、終點與歷程（Bastiat, 1848）。相較於產品主導邏輯（Goods-Dominant Logic），強調產品原有的內涵價值；服務主導邏輯（Service-Dominant Logic）強調產品的交換與使用價值，具體作法乃是善用資源、知識或技術等，以讓他人或自己獲益。由這個角度來看，服務並不是產品的替代品，而是應用產品或其他有形工具與無形分配機制等，引導價值的創造、應用與交換。

　　學者提出，服務創新一般有四個面向，包括服務概念、服務傳遞系統、技術內容、客戶介面等（Hertog, 2000）。而單一面向改變往往會帶動其他服務面向變革，且新的服務內容往往也需要新的服務傳遞機制（Miles, 2008）。例如錄放影機的出現，就在服務概念與互動介面上，和傳統上電影院模式有根本差異；而新的傳遞媒介如 VHS、DVD 的出現，新通路如錄影帶店與線上觀看服務等，則產生牽一髮動全身的服務創新效益。

　　數位科技所引導的服務創新之所以引起關注，乃因其對服務網絡中的行動者產生價值創造的深遠影響，更具體改變服務的價值交換型態（Bettencourt & Ulwick, 2008），包括有效連結不同社會網絡中的行動者，以重新轉換或交換資源的價值與效用。學者提出，數位科技本身的技術新穎性、資源運用互補性、交易效率性與套牢特定，深刻影響產銷互動型態（Amit & Zott, 2001）。

　　不過在實務運用上，數位科技卻非唯一解方，許多企業在數位科技運用上，尤其是零售通路經營上，就有不同策略回應，主要有以下作法。一是線下集中策略（offline concentrated strategy），屬於被動式的網路回應策略，例如 Levi Strauss 與 Wes & Willy 等，主要以支援現有零售中介商為主，至於線上通路則提供品牌資訊。二是線上集中模式（online concentrated strategy），如媒體、廣播、金融、保險等。線上通路不但可以直接與消費者對話，增加市場覆蓋率，可有效提高獲利，還能降低消費者的搜尋成本，並增加到站觸及率（Kim & Chun, 2018）。三是複合模式（hybrid channel），或所謂多通路策略。包括 IBM、HP、Sony、Cisco 等多採此作法，同時經營線上與線下通路，可以接觸不同客群，提供差異化服務。四是全通路策略（omni-channel strategy），亦即有效整合不同通路，提供無縫接軌的服務內容，完成交易流程，包括交通運送、促銷活動、服務績效、評估方式等（Juaneda-Ayensa, Mosquera, & Sierra Murillo, 2016）。蘋果電腦、迪士尼、美國銀行等多採全通路策略。

　　對企業來說，數位與實體通路經營不但在回應使用者需求，更希望由

虛實整合有效套牢使用者。本文所討論的虛實服務，主要聚焦在由數位科技（或謂線上通路）所引導的服務創新，與非數位科技（主要是實體通路服務）所引導之服務創新，以和數位服務創新之多層次論述做出區隔。以下整理不同文獻脈絡對虛實通路整合之核心論述，包括生產者端的虛實整合與使用者端的依賴建構，並提出本研究基礎。

二、生產者端的虛實整合

學者調查指出，虛實通路經營不僅是類型化差異，還有本質上的通路互蝕（cannibalization）或互補（complementary）考量（Kim & Chun, 2018）。在互蝕效應上，主要反映在兩種現象上。一是內部互蝕效益（intra-cannibalization effect）。例如知名連鎖書店 Barnes & Noble 和玩具反斗城 Toys "R"，就曾出現線上通路侵蝕線下通路情況。線上與線下分屬不同部門，兩者難以整合，無法產生綜效。二是外部競爭效益（inter-competition effect）。這是屬於企業與經銷通路間的競爭，也就是所謂「去經銷化」（disenfranchised），企業架設線上通路可能會直接與經銷體系產生競爭關係（Kim & Chun, 2018）。

不過另一派學者提出，線上與線下通路不盡然都是互蝕關係，還是有機會在資訊取得與完成消費服務之間，達到一定互補效益（Bell, Gallino, & Moreno, 2014）。主要有以下幾種作法。一是線上取得資訊，線下取貨模式，或稱為 BOPS 模式（Buy online and pick up in-store）。例如 Crate & Barrel 等家居或修繕事業，便採取此種模式。在線上取得價格等重要資訊後，在線下確認商品質量，且不用等待貨物寄送，如此不但可降低搜尋成本，也無須計算運送成本。二是線下取得資訊，線上採購模式，或稱為 ROPO 模式（Research Offline, Purchase Online）。線下體驗可以增加對商品的感知度，提高品牌好感度，並強化品牌合法性。

學者進一步分析線上與線下服務還可以形成所謂複合綜效，企業除可由多元通路觸及更大的客戶基礎外，線上與線下通路間還可產生外溢效果

（spillover effects），例如因線上品牌知名度提升線下採購，或由線下服務提高線上採購效益等（Fornari, Fornari, Grandi, Menegatti, & Hofacker, 2016）。

而綜效內容則包括以下數者。一是成本降低。例如由消費者自行搜尋、填寫採購表單、銷售後的數位助理服務等，可有效簡省勞工成本；或由實體店面取貨之運送成本簡省等。二是由加值服務創造差異化。包括採購前的接觸與選擇評估；採購中的客製化訂購與保存服務等；採購後的客戶關係經營，包括社群互動與忠誠度計畫等。三是改善信任關係。包括可由線下實體店面服務降低新客戶的信任風險；由地域化連結提高在地社群信任機制；由線上與線下品牌知覺，提高相互加乘效益等。四是產品市場延伸綜效。線上服務可接觸到新客群、新市場，進而可拓展創新產品與服務內容（Fornari et al., 2016）。

三、使用者端的依賴建構

虛實通路經營確實可為企業帶來經營綜效，不過另一派學者則指出，通路經營應該由使用者端的需求探索出發，如此才能在數位時代，有效提高使用者依賴程度並創造差異化服務。過去路徑依賴理論（path dependency）較常運用在科技研發領域（Bergek & Onufrey, 2014; Dosi, Nelson, & Winter, 2000; Patel & Pavitt, 1997; Schreyögg & Kliesch-Eberl, 2007），主要由技術能力的累積（cumulativeness）以延續技術持久性（persistence），並由事件的連續性（conjunctivity）以創造自我強化機制（self-reinforcing mechanisms），由此論述科技研發的路徑相依性。學者更提出，其實在技術研發過程也常出現多種路徑並存且相互影響，以累積研發能力之實例，如奇異（GE）、西門子（Siemens）、飛利浦（Philips）等知名企業在白熾燈、氣體放電燈、發光二極體（LED）的研發就出現多頭並進的研發路線。

近年學者則將路徑相依理論應用在企業經營上，並由套牢（lock-in）

角度，解釋企業如何有效黏著客戶的可行作法。一是經濟型套牢（Katz & Shapiro, 1985; Shapiro & Varian, 1999），二是關係型套牢（Binder, Herhausen, Pernet, & Schögel, 2012）。

在經濟型套牢上（economic lock-in），主要有以下作法。一是主流設計，形塑網路效應（Katz & Shapiro, 1985; Shapiro & Varian, 1999; Teece, 1986）。例如臉書、Line 或 YouTube 等社群媒體，就因方便好用的服務，吸引更多使用者黏著，進而帶來更多創新服務與廣告商，而逐漸形成供需雙方相互增益的網路效應。二是專屬設計，提高轉換成本。過去學者研究指出，所謂「套牢」原在提高消費者的轉換成本（Williamson, 1975），例如蘋果電腦專屬的 iOS 作業系統就和微軟的 Window 作業系統不相容，而「蘋果迷」更因為熟悉蘋果互動介面，而延伸到蘋果電腦之系列產品，如智慧型手機、平板等。近年，蘋果電腦更發展行動支付 Apple Pay 服務，以方便支付採購進一步黏著用戶。

至於在關係型套牢上（relational lock-in），則特別著重在信任與忠誠度設計等。最常見作法就是以安全交易機制設計提高信任關係。例如金融科技服務中的第三方支付，如大陸支付寶創始，原在提供淘寶商家與買家一個安全可靠的第三方信任交易機制。另一種關係型套牢則在提供客製化服務，包括客製化介面、直接行銷、跨售交易等（Arthur, 1996; Li, Sun, & Wilcox, 2005）。例如百貨公司的會員點數折扣優惠，或全聯 PX Pay 的會員推薦點數優惠與採購折扣，就是常見的關係型套牢實務。

另外也可創造虛擬社群以連結會員，並提供專屬服務（Hagel & Armstrong, 1997）。例如知名男性時尚媒體 GQ 建立線上「紳服族」客群，以會員申請制篩選特殊客群，並以 Formal Friday 週五定期聚會等專屬活動，建立「紳服族」間的關係連結。又如近年各地相當盛行的「我是新店人」、「青埔幫」等專屬地域性社群，則和在地社群網路與實體商店密切相連，建立專屬服務網路。

四、本文焦點：如何創新虛實服務以建構使用者依賴，並持續創新企業核心能力？

　　相較於虛實通路整合的綜效觀點，較常由生產者端思考通路經營效益；經濟型與關係型套牢的依賴觀點則由使用者端思考如何提供所需服務，以有效提高使用者依賴。不過現有依賴路徑建構之論述仍有以下不足之處。

　　首先是套牢歷程，應考量虛實服務之階段性演化。過去研究指出，數位科技導入通常會隨著使用者的需求變化，而歷經不同演化階段。例如美國知名健康照顧機構 Kaiser Permanente 就善用數位科技的社群連結特性，有效提供更多元的互動服務，如影音、簡訊、電郵等，讓照護機構與病患、照顧者有更多元連結，進而可由用戶的數據分析，洞察用戶需求。此外還能建構「病友圈」強化支援體系。在 2014 年，Kaiser Permanente 進階發布第二代服務平台，提供客戶即時雲端自我服務系統。2016 年該平台已經有上千個系統服務，可以讓客戶在平台上取得專屬建議、預約與取得醫療服務、完成交易等（Sebastian et al., 2017）。另外如學者研究支付寶之行動支付服務，也歷經支付、微型貸款、線上保險、投資等數位服務演化，並提出由周邊到核心的金融服務創價歷程（Lu, 2018）。

　　顯然，數位科技必須回應使用者需求以提出階段性創新服務，不過這類研究較少探討虛實通路間如何隨用戶需求而持續演化？尤其對零售服務業來說，要回應使用者需求並有效服務特定客群，恐無法僅仰賴單一類型通路，而必須由虛實通路之創新連結思考。

　　其次是套牢內涵，需考量關係演化之外的套牢場域與時間設計。過去研究已提出，要有效套牢使用者必須仰賴經濟型套牢或關係型套牢，以建立使用者對生產者的依賴關係（Arthur, 1996; Li et al., 2005）。不過除經濟型與關係型套牢外，路徑依賴歷程建構也需考量套牢的場域變化，甚至時間本身也是套牢設計的一部分（Barnes, Gartland, & Stack, 2004;

Sebastian et al., 2017）。有關套牢機制內涵與分析，將在分析構念說明。

第三是套牢結果，應檢視企業核心能力累積演化。過去數位創新文獻提出，數位科技不只在滿足使用者需求，也可爲組織帶來轉型變革（Hagberg, Sundström, & Nicklas, 2016; Sebastian et al., 2017），不過尚未能由使用者的依賴路徑建構，闡述虛實服務背後的核心能力演化脈絡，如此我們較難體會虛實服務如何爲企業帶來變革價值。

總結來說，零售服務業如何由探索客戶需求中，提出階段性的虛實服務創新，進而能有效建構使用者依賴，最終轉化企業核心能力，是本研究提出的研究缺口。接下來說明個案背景與個案分析架構。

五、個案背景

創立於 1998 年的全聯福利中心，一開始就鎖定婆媽族群，因此在產品定價、區位選定、行銷策略上，都有特殊作法。首先在產品定價上，全聯最爲人稱道的就是「經濟」價格，董事長林敏雄曾多次說明，全聯商品定價以同業售價打八折爲主，淨利只有 2%，目的是把價格壓到最低，以滿足精打細算的婆媽族群。低利集客背後則需有一定連鎖布點數量，才能達到規模經濟效益。2021 年 5 月，全聯在全台通路已有 1,023 家店，預計未來還要拓展到 1,200 家店。

另外在設點選址上，全聯以 250～300 坪爲基礎，大量開在離社區商圈更近的地點，務必讓全台 80% 以上家庭，都能在十分鐘車程內到達全聯。不過近年來，全聯也依據非都會區縣市與人口較密集的特殊區段設計不同類型店型。一是郊區附有停車場的獨立店，這類似美國大賣場設計，屬於全聯買地自建模式。全聯主管表示，透過開店軟體，全聯可以評估適當的人潮等數據，決定適合開店場址。二是小型店，例如全聯 mini，屬於小型超市，以「即時性」的生活消費品爲主。不過全聯主管直言，目前小型店的商品內容還在思考調整方向，也尚缺乏規模經濟，需重新規劃設計。

在行銷策略上，全聯初始階段也以鎖定婆媽客群爲主，所以有「3 分

鐘上菜」、「爸爸回家做晚飯」等讓婆媽族群有感的企劃案。在集點設計上，同樣挑選婆媽有感商品，如德國雙人牌鍋子、名廚傑米奧利佛刀具等。全聯主管說明，集點活動有幾項目的，一是提高客單價，許多客人為了達到集點的點數要求，所以會不自覺提高客單價；二是提高品牌忠誠度；三是提高來店數。剛開始「集點」不能讓消費者有過多負擔，之後才能逐步提高消費者「自付額」。集點前提仍須選購讓消費者有感商品。例如雙人牌鍋子是全聯投資 2 億多元的獨家品項，確實有效提高一成以上業績。在 2020 年第一季新冠肺炎期間，全聯則與澳洲超市合作推出「蔬菜小人物」活動，積極推廣蔬果教育，並帶動小朋友吃水果。結果引起小朋友收集熱潮，更有小小孩拉著大人收集「全套」，還有許多大學生發起要集「黃金一萬點」熱潮。

除鎖定婆媽族群的定價策略、設點規劃、與行銷企劃外，近年來，全聯積極耕耘年輕客群，並以「全聯經濟美學」為訴求，改變品牌形象定位。同時，全聯更調整商品內容，引入數位科技，以契合年輕族群需求。2019 年是全聯數位轉型元年，並有極大回響，以下在個案介紹後，將分析全聯如何導入數位科技以創新服務變革。

六、個案分析架構

本個案主要分析全聯如何由數位與非數位服務建構使用者依賴路徑。主要有以下分析構念。

構念一：使用者需求洞察，主要聚焦在商品採購與結帳流程。包括核心客群如全聯婆媽族的使用者痛點；與潛在客群如年輕上班族、御宅族、無法出門的新手媽媽、中高齡族群等。並由其使用痛點中，歸納整理出虛實服務創新的組織原則。所謂組織原則（organizing principle）乃指協調組織工作與資訊取得之邏輯（McEvily, Perrone, & Zaheer, 2003; Orlikowski, 2002; Zander, 1998），它能說明組織成員如何詮釋與呈現重要資訊，如何選擇適當的行為與例規，以進行組織協作。過去組織原則

曾應用在組織行政、組織定價、組織常規與組織信任等機制上，它會引導、動員、與限制組織成員的經濟行為（McEvily et al., 2003; Orlikowski, 2002; Zander, 1998），本文則將組織原則應用在虛實服務設計上。

構念二：數位與非數位驅動的服務創新，誠如 Amit & Zott（2001）所言，要套牢使用者除新穎性與效率性外，還需有互補性資產。本研究則以數位與非數位服務調查套牢機制，兩者主要奠定在上述由使用者需求洞察所歸納之組織原則，由此提高虛實服務創新的一致性與連結效益。

構念三：使用者路徑依賴變化，主要由經濟套牢（economy）、關係套牢（relation）、場域套牢（location）、時間套牢（temporality）四個層面進行分析。

首先是經濟型套牢（economy），主要表現在使用者的成本支出、採購效率與效益等績效指標。其次，關係型套牢（relation）則表現在對特定品牌形象的偏好、忠誠度、信任感與社群關係網絡等（Ansari & Krop, 2012; Binder et al., 2012; Liebowitz & Margolis, 1995）。

第三在場域套牢上（location），過去路徑依賴理論就特別提出使用者在產品服務取得路徑上有方向性、累積性與演化性（David, 1985; Barnes, Gartland, & Stack, 2004; Wilson, 2014 ）。使用者與特定企業間的往來關係，尤其是像全聯這類零售業，原有一定的場域服務體驗，而使用者與特定場域的連結演化，如全聯的單店、串店與到府服務等，更具特色。

四是時間套牢（temporality）。時間套牢本身就是路徑依賴的重要指標，時間不但可以反映在所謂累積性上（accumulation），也反映在演化特性上（transition），而成為本研究的重要分析因素（Barnes, Gartland, & Stack, 2004; Sebastian et al., 2017）。

構念四：核心能力演化與創新價值變化，主要探討生產者在由數位科技與非數位科技引導服務創新以套牢使用者之過程中，本身的核心能力有何演化，又由此創新哪些價值。這亦是奠定在路徑依賴理論所推演

之重要構念，以解釋爲何組織核心能力能歷久而彌新（Dosi et al., 2000; Leonard-Barton, 1992）。而組織由核心能力所引導之創新價值，則奠定在服務創新之價值論述上（Barrett, Davidson, Prabhu, & Vargo, 2015; Berry, Shankar, Parish, Cadwallader, & Dotzel, 2006），也能契合本研究提出由路徑依賴之核心能力演化探究創新服務價值變化之論述。以下說明全聯個案之商模演化脈絡。

七、商模演化脈絡

（一）階段一：店內節流創新（2019 年 5 月迄今）

1. 需求洞察：婆媽族結帳痛點，人塞人

對全聯客戶來說，在結帳櫃檯前排隊等候是最痛苦的事，負責收銀的服務人員也經常手忙腳亂，又要結帳找零，又要給點數、給發票，以前還要幫客戶裝食物等。也因此，縮短客戶等候時間的「節流經濟」成爲全聯開發行動支付以降低使用者痛點之組織原則。

「過去全聯的排隊結帳人龍拉得很長，『請支援收銀成爲常態』。相較之下，其他便利商店未必有這麼貼心的服務，主要是便利商店人員配置原本就較少，大家好像也習慣在便利商店多等一會，但在全聯反而不會多等。」一位消費者分享他的購物經驗。

除結帳時間過長外，過去全聯的採購動線也常常出現人塞人情況，婆媽族常要買新鮮蔬果、肉品、飲料等，偶爾還要買衛生紙、廚房紙巾。大包小包拿在手上，就顯得更爲擁擠。如何有效規劃實體動線，讓整個採購流程更節約，也是重點。從結帳到採購的節約設計，成爲關鍵組織原則。

核心使用族群的節流需求外，外部環境變化也孕育全聯創新養分。金管會立下 2020 年行動支付占民間消費應達 52% 的政策目標，讓全聯決定導入 PX Pay 行動支付，核心客群是占比已達七成的精打細算婆媽族，還有希望能快速省時的繁忙上班族，以及只帶手機出門的學生族群。

　　「我之前和外部廣告公司討論發現，全聯工讀生竟然會認眞幫年紀較大的長輩下載 Apple Pay，這給我們很大的啓發！讓第一線年輕員工幫長輩下載 PX Pay 是可行的。而且年輕人自己也很習慣使用行動支付。」全聯行銷部協理劉鴻徵說明。

　　劉鴻徵協理在接受媒體專訪時提出全聯推動 PX Pay 的三大作法。一是門市激勵制度。爲鼓勵第一線門市人員推廣下載，全聯特別提撥 5、6 千萬預算作爲門市激勵獎金。其次是會員拉會員機制。以推薦碼分享讓推薦人、被推薦人都可得 100 點福利點數，提高下載意願。尤其「媽媽地推部隊」由精打細算的婆媽族群扮演推薦角色，讓更多婆婆媽媽開始使用 PX Pay。第三是加大滿額贈。例如在節令大檔期活動推出「滿千送千點」，相當於 10% 回饋，不僅提升客單價，帶動業績成長，有助於提高行動支付接受度。

　　短短半年內，全聯 PX Pay 下載量就高達 500 萬次，平均每天使用次數高達 47 萬次，創下 2019 年行動支付使用排行第三名佳績。2021 年 1 月全聯會員數達 1,200 萬（含過去福利卡會員），其中 PX Pay 下載量已突破 750 萬人。40 歲以上占比達 60%，平均客單價高達 420 ～ 450 元，高於全聯過去門市客單價的 300 ～ 350 元。以下分析全聯 PX Pay 的服務設計。

2. 虛實服務之組織原則：節流經濟

　　數位驅動的服務創新：全聯 PX Pay 的服務設計特點在「節流經濟」，且有效呈現在省事、省流、省成本的服務創新上。省事的節流效益表現在消費者端與供應商端。在消費者端，全聯 PX Pay 在結帳找零、發票、集點等三合一的服務設計上，確實加快結帳速度，有效節省消費者時間。

　　其次在供應商節流部分，全聯執行長謝健南就曾對外表示，全聯會把後台數據開放給所有供應商，透過對消費行爲追蹤，合作廠商可看到需求變化，即時補貨。此舉不但可有效降低廠商庫存成本，也能確保產品新鮮度。供應商的數據連結，在全聯與多家信用卡銀行合作推出各種聯名優惠

以成功吸引更多年輕人加入使用後，全聯從福利卡轉型到 PX Pay 的付費模式，對供應商與全聯在使用者行為分析上，也提供更實質效益。

「和過去全聯福利卡不同的是，過去全家共同使用一張福利卡，在消費者的輪廓分析上就會顯得薄弱。而 PX Pay 是一人一個帳號，在個人消費行為脈絡會更清楚。這對全聯與供應商要在什麼樣的時間點推出何種優惠，也有數據上的分析使用價值。」全聯資深主管指出。

省流的節流效益則反映在門市人員加快結帳速度上，全聯估計 PX Pay 加速結帳時間約 10 ～ 15%。至於省成本的節流效益則反映在 PX Pay 的開發建置與管理，PX Pay 主要由國泰金控協助開發設計，除資訊軟體持續更新外，未來還會連結其他繳費服務與金融服務。此外，廣告成本也節省不少，全聯 PX Pay 除在首頁以清楚欄位提供消費者熱門服務，如交易記錄、福利卡儲值、全聯線上購外，更以新聞媒體常用「圖表跑馬」模式，告知近期最熱門行銷活動。例如 2020 年 6 月全聯積極推動「年中慶」，每週六日單筆滿 800 元，最高贈送 640 點福利點數；或「5 月 11 日領口罩來全聯，PX Pay 幫你付運費」，除即時方便，也節省印製成本。

非數位驅動的服務創新：主要呈現在常設專區的省錢省事設計與季節專區的省心安排。全聯在常設專區有以下動線安排：一是蔬菜水果的陳設方式。全聯比較日本有名超商陳設發現，讓客戶一進門就看到新鮮水果，會有幸福的愉悅感與生活美感，也能因此提高採購量。此外，全聯還以「裏賣」陳列水果，讓客人自己挑選水果，並以蘋果、奇異果、香蕉（AKB, Apple, Kiwi, Banana）等色彩鮮豔水果為主，提高好感度，確實讓業績提高四成。

二是生鮮吧台。全聯過去曾以「前店後廠」設置切肉台，這原是仿效日本作法。但發現每個單店要另外僱人切肉太不划算，後改由中央廚房集中處理。目前全聯在北中南共有三個生鮮處理中心，專門負責處理生鮮肉品。三是冰啤酒。這是全聯一位資深主管在巡店時發現的問題，當時他想要喝冰啤酒，全聯服務人員卻跑到後場存貨區拿啤酒，全聯把啤酒當家庭

用品，忽略多數客群對啤酒的即時飲用需求。全聯在改變啤酒冰鎮與半開放設計後，台啤銷售量也增加四成以上。

全聯另有季節性專區設計，最常見的就是三節美食禮品的應景專區。例如中秋烤肉旺季就設有烤肉架、烤肉、飲料等專區，方便客人有效選購。全聯門市人員不諱言，「每個月門市都會有 1 ～ 2 檔特色商品策展，目的在讓平常不容易被看到的品項有機會提高曝光度，廠商也可藉此機會聯合促銷，提高消費購買慾！季節性促銷活動後來也會結合 PX Go! 的電商活動，讓消費者更有感。」

除 PX Pay 的節流設計外，全聯也積極透過集點優惠與各種促銷活動，讓年輕族群開始學習如何「將勤儉變時尚」。例如「全民省錢年代」、「買進美好生活」、「一個人開伙也很棒」、「長得漂亮是本錢，把錢花得漂亮是本事」，把節儉變成一種時尚的流行態度。

3. 使用者套牢：會員制，套多一點

分析全聯節流服務設計背後，有其特殊的經濟、關係、場域與時間套牢設計。在場域設計上，全聯在第一階段主要以單店場域之節流服務設計為主，之後再由點延長為線的串聯，也就是串店設計，將在下一階段分析。

這個階段的經濟型套牢主要是各種省錢、省事、省心設計，還有全聯福利點數的「有感」回饋上。全聯以經濟美學為訴求，反映在經濟實惠的支付回饋上，則是經常高達 10% 福利點數回饋的促銷活動，若加上全聯生鮮肉品原較同業便宜二成，近七折的產品優惠，搭配各種限時現物促銷，讓消費者有物超所值之感。此外，全聯加速結帳流程效率與發票兌獎通知服務，也大幅提高婆媽族群採購效益。

而在關係型套牢上，全聯除以「會員制」深耕客戶關係外，更以「媽媽地推部隊」提高 PX Pay 會員推薦與關係連結，讓社區裡的婆媽族連結更深。許多婆媽反映，過去到菜市場買菜會有攤位拉客的人情壓力，還有變換菜色困擾。到全聯買生鮮省掉人情債，且乾淨包裝與組合配菜，讓人

「省心」不少。

而經濟美學的品牌訴求也開始建立與年輕客群的對話關係，提高到訪全聯的來客率。從路過客人到會員常客，全聯開始成為年輕族群購買日常用品的優先品牌。許多知名大學附近的全聯，常見學生三五成群或社團成員集體到全聯選購。關係型套牢，讓全聯能套多一點婆媽族與年輕客群。全聯資深主管表示，2020 年全年業績較去年同期成長三成以上，除有感服務奏效外，會員與全聯連結關係強化也是原因。

在時間設計上，全聯經營會員制的作法，主要以限時優惠與各種季節性活動，結合會員點數回饋，提高會員與全聯的互動頻率。這也是之後全聯在推出其他時間設計的重要基礎。

4. 生產者核心能力與創新價值：節流經濟升級

全聯 PX Pay 的創新服務強化其「節流經濟」之核心能力，並展現在節流經濟的創新服務價值上，包括有效改善傳統零售業的服務流程，從門市結帳端往前延伸影響到產品選購端與供應鏈端的服務價值。

首先是消費者的「經濟」購買價值。全聯強調「經濟美學」，除同類商品銷售金額較一般通路便宜，全聯平均獲利率僅 2% 的實質效益外，全聯更透過 PX Pay 服務讓消費者更經濟有感。從行銷上的提醒與促銷激勵，加速決策經濟；各種福利點數加碼優惠，提高消費經濟；加速結帳，提高採購經濟；到提高來店頻率的連結經濟等。全聯讓年輕族群對所謂「經濟美學」更有感，也讓資深婆媽的採購更經濟實惠。

其次是供應商「經濟」存貨管理價值。除消費者外，供應商透過 PX Pay 後台的消費者採購系統也能更有效管理存貨，降低倉儲運送等成本，並提高產品新鮮度。第三是全聯的「經濟」循環。PX Pay 讓消費者經濟有感，就會帶動「人流」來客量，提高消費忠誠度；讓供應商有效管理存貨，就能優化「物流」經濟；即時結帳與線上廣告推播，帶動「金流」與「資訊流」的有效服務。人流、物流、資訊流、金流，是 PX Pay 為全聯

帶來的全新經濟循環。

表：全聯在節流經濟的服務創新與套牢機制

組織原則：節流經濟	數位引導服務創新	非數位引導服務創新
經濟型套牢	**省事效率**：消費者端的結帳、記帳、兌獎多功能合一。供應商端的即時交貨補貨等資訊 **省流效益**：PX Pay 加快結帳速度約 10～15% **省成本效率**：國泰世華扮「隱形銀行」，節省設計導入費用。廣告數位推播，節省印製成本	**省錢效益**：常設專區，如水果、鮮食、飲品開架的經濟實惠方案 **省心效益**：季節專區，如三節禮品專區促銷
關係型套牢	**會員制與會員推薦**：會員對會員（member to member）之福利點數回饋，以婆媽族為主，年輕客群居次	**社群推播**：「經濟美學」訴求發酵，大學社團、三五好友採購（community, club），年輕客群為主，其他族群居次 **婆媽省心**：免去傳統菜市場的人情壓力與配菜困擾
場域套牢設計	單店節流省時的採購空間設計	
時間套牢設計	會員制的季節性與限時性採購等	

核心能力演化：強化「節流經濟」之核心能力
節流經濟價值：反映在一、消費者省錢節流，較一般通路便宜 1～2 成。二、供應存貨管理的節流經濟。三、會員推薦與社群推播提高規模採購效益，進而可持續降低成本，回饋客群，形成正向循環

（二）階段二：串店節流創新（2019 年 11 月迄今）

1. 需求洞察：年輕族取貨痛點，費時囤貨

全聯以「經濟美學」的品牌形象開始打動年輕族群，而 PX Pay 也成為吸引年輕客群的重要機制。以前年輕人使用父母的福利卡，看不出使用頻率與採購記錄；現在使用自己的行動 APP，綁定信用卡會員資料可以有效分流記錄年輕人的消費習慣。由於下載方便，全聯年輕客群由 9% 提高到近二成。

　　不過全聯也注意到年輕客群對「方便採購」的潛在需求，主要有以下特點。一是不能太費時，因此有跨區取用即時商品需求。年輕客群指出，全家的咖啡寄杯服務相當經濟有感，消費者可以在全台不同分店取用咖啡，便宜有效益，而且還能作為社交連結媒介，「請朋友或家人喝一杯咖啡的感覺很棒！」相對的，全聯要規劃哪些商品作為跨店取用，是全聯在推動 PX Pay 方便結帳後的進階服務需求。

　　二是不能太占空間，因此有分批取貨需求。許多年輕客群住在狹窄的公寓或學校宿舍，對於採購生活用品「屯貨」就常常陷入經濟效益與空間利用效益兩難，因此，全聯如何善用數位科技推動分批取貨的經濟服務，也是能否有效爭取年輕客群的潛在利基。而全聯則由上述痛點發展出串流經濟之組織原則與服務創新，以下說明。

2. 虛實服務之組織原則：串流經濟

　　數位驅動的服務創新：全聯在 2019 年 11 月推出實體電商平台 PX Go! 進行門市間的串聯服務。例如全聯規劃「分批取貨」訂購制，有年輕人喜歡的咖啡寄杯、衛生紙、乳製品等訂購取貨。服務設計背後有幾項目的，一在結合「經濟實惠」的採購優惠折扣活動，二在簡省採購時間。年輕客群可以預購活動，在適當時間到適當分點取用所需商品，既省時省力又省費用。

　　「畢竟相較於電商送貨服務，仍有 1 ～ 5 天，甚至更長時間差，線上預定結帳，線下取貨服務，更具時效性與便利性。許多上班族或大學生，可以先預定好後，再找時間去取貨，或者在下班回家路上取貨。這是真正整合虛實服務的有效作法！」一位全聯常客說道。

　　三是節省空間，避免一次採購過多日常用品囤積。「分批取貨」也在提高年輕人造訪全聯頻率，連帶提高門市其他商品買氣。全聯主管分析：「通路經營祕訣在提高來店頻率，例如過去 7-11 經營御飯糰、便當或咖啡等，就是要讓客人最好一天三餐都來小七消費。而全聯屬於家庭生活用品，雖然未必能讓年輕客群天天來或照三餐來，但類似咖啡、鮮乳飲品、

麵包這類即時美味，就有機會藉由預售與分批取貨設計，提高年輕族群到店率。」

非數位驅動的服務創新：全聯以「全聯經濟美學」推動品牌形象改造，進而提高年輕人好感度，甚至有許多年輕人因此來全聯應徵面試。2020年，全聯持續推出「全聯經濟健美學」訴求，爭取更多年輕客群。全聯資深主管說明：

「這是一個偶然的發現。在幾個月前（2019年12月間）全聯的營業單位推出卜蜂的雞胸肉，拆開即可食的真空包裝，相當符合健身族群需求，結果商品意外熱賣，所以我們就繼續推出幾種品項，以『蛋白質專區』為主要訴求，我們將雞胸肉、蛋、牛奶等高蛋白質商品集合在一起，估計有6～7個品項，並且將滷味、即食商品等年輕人喜歡的品項也盡量集結，讓想要健身的人有更豐富的選擇。」

全聯主管說明，「蛋白質專區」設計有些類似過去7-11推出的「卡路里日記」，這些商品明示卡路里數字，很適合年輕人記錄卡路里。除雞胸肉、魚、蛋等健康低脂商品外，全聯另搭售南瓜、地瓜等適合健身的碳水化合物產品；堅果類的健康油脂商品；與加速新陳代謝的薑黃、辣椒、胡椒等。

全聯另推出咖啡與甜點等都會年輕客群喜歡的商品。在咖啡提供上，全聯原是以日本超市「奉茶」概念，銷售每杯15元咖啡。然而許多全聯客人常常提著大包小包，不方便手上在拿咖啡，且傳統上，喝咖啡族群是早上一杯咖啡，但全聯主要客群是下午四點以後的返家購物人潮，時間上有落差，因此全聯還在構思調整之道。至於全聯的甜點則意外成為年輕人喜歡的熱銷品，許多年輕人經常在Dcard上討論全聯甜點。包括Hershey's巧克力派、蛋糕等。全聯主管說明：

「我們在2015年成立自有甜點品牌We Sweet，提拉米蘇捲、蜂蜜蛋糕、雙拼捲等深受客戶喜愛。2020年業績上看27億。之後則以聯名品牌引起年

輕族群持續討論熱度，例如 2017 年與美國巧克力品牌 Hershey's 聯名，之後與法國頂級鮮奶油乳酪品牌 kiri、黑人牙膏、瑞士 TOBLERONE 三角巧克力聯名等。」

全聯與日本阪急麵包合作開發的新鮮麵包在多數門市也相當熱賣，尤其在大學附近門市，成為學生族群早餐。最高單一門市一天可賣出 200 個麵包。除「蛋白質專區」與糕點等創新品項開發外，全聯也創新店格設計，以提高年輕客群好感度。全聯特別邀請日本設計師西川隆在 2016 年設計「全聯店王」泰山全興店，開幕即穩居店王寶座。350 坪空間，單月可創造超過 3,000 萬元營業額，平均一天進帳百萬元，是全聯全台營收最高門市。全聯工程部副理穆傳哲指出：

「所謂『西川元素』指的是有溫暖的木質風格及燈光，並強調商品呈現效果，以提供顧客優雅舒適的購物環境。迄今全台已有 112 間全聯門市融入西川元素，未來還會陸續改造。」

全聯工程部副理穆傳哲說明門市改造原則是「以較低的成本，可以複製的方式」，像是西川常以木製格柵條製作天花板，但全聯考量成本與法規，將格柵條改為鐵製，再貼上木質貼紙，看起來質感相似，既可因應台灣潮溼環境，成本也可從 50 萬元降至 10 萬元，亦符合台灣公共安全法規。

「不過店格改造確實帶來明顯效益，以台北莊敬店和永吉店為例，改造後連附近百貨公司生鮮店的高端客群都常到全聯光顧，業績成長 3～4 成。」全聯資深主管說明。

3. 使用者套牢：團購圈，套久一點

分析全聯在串店節流背後的作為，主要在以「跨店取貨」設計，結合「經濟健美學」訴求，兼顧經濟優惠的經濟型套牢，和品牌認同的關係型套牢。經濟型套牢反映在分批取貨的省事省錢效率，批量採購的折扣效益與空間節省效益上。

　　關係型套牢則反映在會員升級與團購升級上。許多全聯會員在習慣「分批取貨」後，成為全聯的中長期「大戶」，一邊享受成本節約，一邊享有更多福利點數與折扣優惠。全聯由此可將核心客群套得更多更久一點。而年輕族群則由「分批取貨」建立團購分享機制，由此也拓展更多年輕族群成為全聯會員。

　　此外，全聯經濟健美學運動，讓更多年輕健身族群認識全聯，而有新的品牌認同度。同時每年新推出的聯名品牌也經常成為 Dcard 話題，引起年輕族群討論；搭配店格設計的時尚美感，讓年輕人重新認識全聯品牌。甚至越來越多年輕人以到全聯上班為榮，從會員到成員，與全聯建立全新關係連結。

4. 生產者核心能力與創新價值：串店節流與規模經濟升級

　　全聯利用數位服務 PX Go! 推出分批取貨，與非數位服務重新設計店型、推動全聯經濟健美學等商品設計，幫助全聯的核心能力由「節流經濟」進一步演化為「串店節流」，所創造的價值則是全聯在商品採購的規模經濟效益。全聯董事長林敏雄多次接受媒體專訪時就直言「便宜才是硬道理」的核心能力。為了達到這個目的，全聯必須設法提高產品銷售的規模經濟。

　　剛開始，全聯將生鮮食品視為「帶路雞」，價格較同業低 10%～20%，但也因此提高全聯生鮮營收占比達 20%。透過北中南三個集中生鮮處理廠，全聯因此提高成本效益。此外，董事長林敏雄堅持淨利只抓 2%，售價比同業便宜 20%，甚至組織查價部隊，只要看到別人價格更低，全聯就會跟進，就連離島分店也不加價。低價帶來採購規模效益，是全聯的核心經營哲學。

　　2019 年起，全聯以「分批取貨」強化規模經濟效益，由生鮮產品擴及其他日常用品。包括 PX Go! 的「線上訂，實體拿」與咖啡、乳製品、衛生紙等多種商品分批取貨活動，背後經營邏輯乃是「以量制價」，鼓勵

消費者以大量或批量採購，取得優惠折扣。而全聯則可因此深化規模經濟效益，也幫助供應商提高採購規模，可謂一舉數得。

「分批取貨」的串店節流，則進一步深化全聯的經濟節流價值。全聯適時引導新舊客群走進家中與辦公室附近的全聯採購，透過不同店格設計與商品分區設計，全聯也鼓勵年輕客群享受不同分店的購物體驗。全聯主管分析，年輕客群喜歡嘗鮮比較，讓他們藉由分批取貨享受到不同分店購物樂趣，有跨店尋寶的感覺，反而可以提高採購量。

表：全聯在串店節流的服務創新與套牢機制

組織原則：串店節流	數位引導服務創新	非數位引導服務創新
經濟型套牢	**省事效率**：「分批採購」可一次購足適當用品，就近到全聯取貨，省卻選購麻煩 **省時效率**：預定取貨，不需排隊結帳，省時 **省錢效益**：批量採購可享折扣優惠，省錢經濟 **省空間效益**：減少在家囤積日常用品空間	**省時、省事、省錢之效率與效益**：「蛋白質專區」搭配「碳水化合物」專區與優質油脂、調味等，節省採購時間，也提高採購折扣
關係型套牢	**會員升級**：批量採購型的優質會員，較有機會成為長期會員 **團購升級**：分批取貨成為年輕族群「團購分享」機制	**社群聚集**：健身族群一起投入「經濟健美學」運動，並有新的品牌認同。糕點聯名品牌在 Dcard 創造話題與店格設計的時尚美感，提高年輕族群認同。甚至由會員到成員（員工） **團購分享**：從省心到用心，意外驚喜感
場域套牢設計	由「單店」到「串店」	
時間套牢設計	由批量採購的時間設計，將會員套久一點，成為長期會員	

核心能力演化：由「節流經濟」到「串店節流」，將經濟實惠落實在規模經濟的升級
串店節流價值：提升規模經濟。反映在一、批量採購的規模經濟實益，可進一步將折扣優惠由生鮮產品擴及其他日常用品。二、分店經營的社區連結特色，提高尋寶採購效益

（三）階段三：外送節流創新（2021 年 1 月迄今）

1. 需求洞察：御宅族採購痛點，外出不易

近年來，外送平台興起也讓全聯注意到外送到府的潛在服務需求。根據經濟部統計，2017 年餐飲業營業額中，有 5% 為外送，約達 270 億元。在 2020 年新冠肺炎期間，外送商機更大幅增加一倍以上。根據國內調查單位 iBuzz Research 分析，外送服務中，以男性使用比例較高，約占六成多，主要因外送服務省時、省出門、省排隊。至於女性約僅占三成多，主因女性對實體消費較有感，且較精打細算，對外送費與服務費較計較。許多媽媽族群善用接小孩回家時間採購，也藉由實體購物進行社交活動。

iBuzz Research 特別提出幾類外送族的人物圖像。一是追劇追星族，喜歡分享戲劇、電影等。二是精明理財族，懂得精打細算，善於投資理財，常出沒在信用卡與省錢版等相關頻道。三是 3C 科技達人，對筆電、手機等 3C 產品相當關注，對現代科技產品不陌生。四是美食達人，對吃很講究，有自己的美食口袋名單，喜歡到處品嚐各地美食。五是血拼購物族，興趣是享受購物樂趣，喜歡分享戰利品及購物心得。六是熱愛運動族，關注各大球賽，常出沒在籃球、棒球等討論版。七是家庭媽媽，常出現在母親、養育子女等相關討論群組。八是健身愛好族，喜歡上健身房，對自己身材要求的健身族。

全聯主管進一步分析全聯潛在外送族群，包括「走不開」的年輕媽媽、「不想走」的追劇族或 3C 科技達人等，甚至是「走不動」的老人族群，都是全聯鎖定的潛在客群，有積極推動外送到府的重要商機，全聯並由此發展出外送節流之組織原則。

2. 虛實服務之組織原則：外送經濟

數位驅動的服務創新：全聯導入「實體電商」服務，以透過手機 APP 掌握全聯線上商品在 3 公里內的即時庫存，即時訂購後可直接到附近店家取貨或直接外送到府。全聯目前已有 1,023 家門市，已開始與物流業者合

作，在 2 小時內完成消費者訂單宅配服務。2021 年 1 月則進一步推出「小時達」，訴求在 1 小時內送貨到府。

全聯副董事長謝健南說明，有別於傳統電商服務，全聯是在既有 1,023 家門市商品基礎上，主打相對其他電商更具優勢品項，如生鮮冷藏與自有品牌甜點等。不過謝健南也直言，這「一哩路」難度相當高，必須精準掌握店內即時庫存，並建立退換貨和調貨系統。全聯副董事長謝健南說明：

「全聯有超過 1,000 家門市，八成店鋪距離顧客車程約十分鐘，已形成網路效應，比電商倉庫分布更密集。全聯要做的是『實體電商』，並非一般電子商務，主要差異在將全聯實體店內商品做數位上架，而非經營其他非實體商品服務。如果要推動『線上電商送貨到家』將會提高物流成本，且若要由一萬件商品補足到近百萬商品，『對全聯來說，將會是一場災難。』」

全聯在 PX Go! 推出「箱購」服務，鼓勵消費者將各類零食、料理包、礦泉水、衛生紙等，一次大量採購打包，送貨到府。只要箱購價格在 799 元以上，就可以免運費。又如全聯在 2021 年 2 月農曆春節期間推出「好禮四重奏」399 免運版，更降低免運費門檻。消費者指出，全聯箱購服務在新冠肺炎期間，對不想出門購物或自行居家檢疫客群很有吸引力。另外對住在宿舍的年輕客群也極有益處，「尤其我們宿舍離市區實在有段距離，有些東西宿舍福利中心也沒有。偶爾透過全聯箱購服務打打牙祭是很棒的！我有時會請家人幫我箱購一下，會有收到『聖誕禮物』般的驚喜感受。」顧客表示。

非數位驅動的服務創新：全聯在外送到府服務設計上，還有一項相對較少為媒體報導的社會福利活動，即近年聚焦在兒童福利的社會運動。正式成立於 2011 年 12 月的全聯佩樺圓夢社會福利基金會，原本承接全聯慶祥慈善事業基金會的兒童、少年及老人福利業務，致力照顧弱勢者的生活所需與心靈滿足。基金會以翩翩飛舞的蝴蝶為象徵，翅膀四色分別代表追求夢想的重要元素：勇氣、希望、熱情與愛。

展現在具體活動上有愛心育苗計畫、全聯幸福手推車、夢想啓程計畫等。愛心育苗計畫有愛心營養補給站、多元才藝發展、參加競賽的重點培育實踐。愛心營養補給站就特別提供營養補充津貼作爲愛心早餐或課間、課後營養點心補充。全聯幸福手推車，則是與社會福利機構合作，以捐助公益福利卡模式，補充兒少機構生活物資或課後餐點，以及課輔班老師鐘點費。將全聯福利中心豐沛的物質資源落實分享到社會邊緣角落。

全聯也以務實活動鼓勵小朋友體驗美好生活。例如 2020 年 4 月初舉辦《復活美好生活》，復活節當天與新社行道會合作，帶小朋友到全聯門市，學習從蛋殼辨識雞蛋新鮮度，到學習洗蛋、注意火候、冷卻等，並練習加溫，製作漂亮彩蛋。藉由活動讓小朋友學習美好生活體驗，也藉此耕耘新興年輕客群。

此外，全聯自 2015 年以「老鷹想飛」訴求與小農契作，強調安全用藥的「老鷹牌紅豆」並在全國門市上架行銷推廣後，近年也開始與其他弱勢小農合作，推出當季優質香蕉、農產品等，並向上延伸到自有甜點品牌的合作項目上，例如 2020 年開始聯手小農契作推出草莓卡士達蛋糕、香芋布丁蛋糕等，有效優化產品成本結構，並提高產品品質與品牌形象。

3. 使用者套牢：訂閱制，套遠一點

全聯的外送商機已開始出現明顯成長，在 2021 年 1 月 8 日透過 PX Go! 和 UberEats 雙平台推出「小時達」實體電商服務後，業績較 2020 年同期成長 150%。雖然目前全聯 PX Go! 用戶僅 50 萬戶，較 PX Pay 的 750 萬會員仍顯少數（若加計原福利卡會員則有近 1,200 萬會員），但其潛在的經濟型套牢與關係型套牢價值不低。

在經濟型套牢上，「送貨到府」主要針對「走不開」的年輕媽媽、「不想走」的追劇族或 3C 科技達人等，甚至「走不動」的老人族群，都有定期購買家用品的核心需求，是全聯未來的中長期客戶；而由省錢、省事、省力的服務，有效詮釋經濟型套牢。全聯在 2021 年調整外送免運費門檻

由 799 免運降到 399 免運，即在微調經濟型套牢的核心客群需求，以「輕量級」免運服務，套牢居家客群。

在關係型套牢上，全聯與居家御宅族建立的外送服務，背後在建立客製化的服務關係；此外，全聯藉由社福行動與弱勢小農的行銷推廣，照顧弱勢族群的「弱勢美學」形象，開始建立與弱勢族群關係，藉此訴求越來越重視企業社會公益形象的都會客群認同。

在時間設計上，未來全聯更將化被動為主動，在定時採購服務上發出提醒通知與即時客製優惠方案。這就是所謂訂閱制服務，意在建立與會員的長期關係，由會員的定時採購行為中，建立相對穩定的訂製習慣。

4. 生產者核心能力與創新價值：外送節流與客製經濟加值

全聯的外送服務還處於起步階段，但已初具外送經濟雛形，對於全聯開拓全新市場頗有助益。全聯的核心能力則由「串店節流」演化為「外送節流」，創新價值體現在規模經濟與客製經濟價值上。全聯的「箱購」外送乃是規模經濟進階版，799 元與 399 元箱購免運費，分別鎖定家庭客群與年輕御宅族。而化被動為主動的送貨到府服務，也有助於全聯建立客製化服務，未來可即時提醒並推薦御宅族適當的客製品項。

全聯另外以社會福利機制照顧社會邊陲的弱勢族群，尤其是兒少族群，藉由早餐補貼與活動贊助等，將全聯有形物資與無形愛心送達位處社會弱勢角落，此舉看似不具經濟效益，但卻有社會形象加值與開發未來潛在客群與孵育創新機遇。全聯並開始與弱勢小農合作，優化商品價格組合與產品供應原料，進而增益全聯照顧弱勢之品牌形象。

「送貨到府」與「送愛心到弱勢」這兩項服務同屬全聯較具開創性的服務內容，看似不易有相互推動機制，但事實上，弱勢族群也因為全聯與其他社福機構合作贊助早餐與下午點心等優惠，走進全聯消費，兩者開始產生互推加乘關係。

表：全聯在外送節流的服務創新與套牢機制

組織原則：外送節流	數位引導服務創新	非數位引導服務創新
經濟型套牢	**省事省力效率**：外送到府可一次線上選購需要用品，「小時達」即時服務相當有感 **省錢**：箱購之商品組合，省錢經濟 **省運費**：799 元箱購與 399 元箱購可省運費	**省錢效率**：弱勢小農的長期合作，可優化產品價格結構，也提高品牌形象 **用心效益**：邀請弱勢或偏鄉小朋友到全聯選購商品或善用全聯食材舉辦活動，可從小培育，建立全聯品牌好感度
關係型套牢	**會員關係**：一是化被動為主動，1 小時即時到府服務，799 元箱購與 399 元箱購，兼顧省錢效率；二是「訂閱制」客製化服務，未來將可依御宅族定期採購行為，提供主動提醒與送貨服務	**邊緣客群之長期關係經營**：一是新興御宅客群，原非全聯主流客群；二是弱勢族群的長期培育，包括弱勢供應鏈與弱勢使用者，由省心、用心到愛心
場域套牢設計	由「串店」到「串門」	
時間套牢設計	化被動為主動之帳戶制	

核心能力演化：由「節流經濟」到「外送節流」
外送節流價值：反映在一、箱購搭售之規模經濟與客製經濟。二、弱勢供應鏈的節流效益。三、弱勢族群的中長期客戶關係經營

（四）階段四：中介節流創新（2020 年 10 月推出迄今）

1. 需求洞察：婆媽族家事痛點，事塞事

全聯在推出 PX Pay 成功吸引婆媽族下載並開拓年輕客群後，於 2019 年 11 月再接再厲推出 PX Pay 生活繳費服務，主要在回應全新市場需求變化。全聯主管指出，包括 7-11、全家、甚至台灣大車隊都相繼推出「行動便利生活站」服務，透過行動科技，延伸生活消費場域。主要訴求是消費者對各種便利生活服務的潛在需求。

「和 7-11 希望消費者能到店消費的目的不同，我們推出行動支付與行動商務目的在分流客戶，希望婆媽們即使不用到全聯，也可以完成其他生活消費服務，如繳費、家事服務等。」全聯資深行銷主管分析。

全聯主管比較其他競爭對手利用行動 APP 開展生活場域服務。首先，7-11 在 2020 年 5 月特別推出「OPEN POINT APP 2.0」，除整合原 ibon 八大功能，包括票券、列印、繳費、儲值、好康、購物寄貨、卡片購物、生活服務外，還增加「賣貨便」，讓賣家可以有效使用線上賣貨服務。另外有「開新聞」的新聞時事分享功能。目前 OPEN POINT APP 會員數已達 710 萬人次。

其次，全家 APP 除原有寄杯、累積點數等頗受民眾喜愛的功能，也開始針對拍賣、帳單、包裹等功能進行擴充。帶動會員數在 2020 年 6 月間較去年同期成長 15%，會員總數達 1,200 萬人。除同業之外，近年來，台灣大車隊也開始推出「生活大管家」服務，從另一個角度搶占生活服務市場。背後客層需求則優先鎖定婆婆媽媽這群生活管家與年輕單身族群。

「我們的洗衣服務光是 1 個月就洗了 30 萬件，是全台灣現在最有名的送洗平台之一。未來我們還會持續推動家事管理服務，並連結叫車優惠，拓展台灣大車隊的服務範疇。」台灣大車隊高階主管說明。

台灣大車隊在 2020 年 6 ～ 8 月推出「家電清潔季」，主要訴求冷氣清潔、洗衣機清潔、抽油煙機清潔、專業除塵蟎等服務，結合百元搭車金，讓行動生活能與行動運輸有效結合。全聯主管不諱言，從同業對生活服務行動化，到異業對家事服務的跨域化，這些逐漸浮現的需求，也成為全聯積極拓展數位服務的重要指標，全聯並由此發展中介經濟的組織原則。

2. 虛實服務之組織原則：中介經濟

數位驅動的服務創新：全聯資深主管指出，全聯的核心客群有七成是家庭主婦婆婆媽媽們，因此全聯的數位平台服務主要鎖定這群「家庭消費的支配者」，並且定位線上服務為「生活平台」，幫婆媽族省事省麻煩。全聯主管不諱言，婆媽族掌管家中經濟大權，負責生活大小事，可支配所得不少，如何滿足這群婆媽需求是服務首務。

「目前國內的 LinePay 或是 Pi 錢包，主要扮演平台經濟角色。但全

聯 PX Pay 的線上服務，其實是『e-service』不是『e-commerce』。」全聯主管闡釋行動服務的核心價值不在賣東西，而在優化服務內涵。

全聯針對核心婆媽族群規劃的線上服務有以下幾種類型。一是繳費，包括信用卡、電信費、停車費等。全聯在 2020 年 10 月 7 日宣布與凱基銀行合作開發線上生活繳費服務，有以下服務特色。一是支援最多銀行帳戶，包括郵局、農漁會、信用合作社等。二是免外出一指查詢帳單，能即時查詢、即時繳費。並有智慧提醒，不再擔心逾期。繳費記錄也會保留，以便隨時查詢。

「7-11 有七成客群是男性，透過 ibon 服務可提高『來客數』。但全聯七成是女性，數位服務反而是『分流』，希望將家庭生活的水電瓦斯等，分流到這些場域。」全聯主管說明與 7-11 在生活服務設計上的本質差異。

目前可繳納項目共有 28 家信用卡費、4 家電信費、9 家銀行貸款與全民健保費、新北市與台中市停車費、台北市自來水費等公營事業繳費項目等。根據資料統計，台灣一年帳單市場規模至少 19.3 億張，約有 3.2 兆台幣繳費金流，其中有 5 ～ 6 成消費者持有現金在便利商店繳費。全聯希望「攔截」部分生活繳費商機。

其次是家事服務。例如台灣大車隊就推出換燈泡、修水電、送乾洗衣服等家事服務，主因是很多婆媽或單身女性，其實不太會修水電瓦斯，因此這些便利服務，也有一定市場。未來 7-11 的 ibon 服務，也可以逐步移轉到全聯 PX Pay，不論是訂車票或各種生活繳費或預售等，全聯也可以用來服務女性客戶。另外還有預購商品，方便婦女同胞未來可以在下班前先用手機訂好要買的產品，下班回家路過全聯可以直接取貨。

非數位驅動的服務創新：全聯的中介經濟也展現在實體店的複合經營上。全聯在 2019 年 8 月底開設全聯 We Sweet 台中市政旗艦店，是全聯延伸門市專區為專賣店的首次嘗試。全聯主管說明，全聯在 2016 年創辦 We Sweet 自有甜點品牌，2020 年營業額已達 27 億元，熱賣商品包括捲類、

蜂蜜蛋糕、雙拼捲等。至於 We Sweet 台中市政旗艦店位於全聯二樓，主要銷售輕食、千層蛋糕、巧巴達、菠蘿包、可頌等，結合 40 ～ 90 元不等的咖啡飲料，除吸引婆媽族分流到二樓用餐外，也意外吸引不少年輕族群到 We Sweet 用餐。

2020 年 9 月，全聯在台北東區開設「全火鍋」快閃店，僅有 40 多坪、37 個座位的限量限時快閃，引起年輕族群熱議，也帶動全聯門市火鍋湯底銷售熱潮。截至 2021 年 1 月 20 日止，「全火鍋」共接待 2.2 萬名消費者，帶動門市火鍋常溫湯底業績在 2020 年 9 ～ 12 月較前一年同期增長近七成。相關周邊商品在線上購物 PX Go! 上架販售僅三天，新註冊會員數超過 1.1 萬人次。全聯總經理蔡篤昌接受媒體訪問時表示：「火鍋湯底就像粽子頭，可以帶動其他生鮮魚類與蔬果品項銷售！全聯自 2014 年推出火鍋季，銷售各式火鍋湯底，短短六年來火鍋湯底業績成長 24 倍，至今創下破 2 億業績。2020 年共銷售 56 種火鍋湯底，包括小蒙牛、馬辣、太和殿、十味觀、山頭火等，以及自有品牌『全火鍋』五款湯底。」

全聯主管說明，複合店經營不但在「分流」客群，更在開創新客群以導流回原來的全聯門市。2021 年 1 月，全聯與 MUJI 無印良品合作，首創在全聯 60 家門市以「店中店」模式，讓無印良品進駐。依各店大小約有 17 ～ 28 個貨架，估計將有上千個品項，較現在無印良品於 7-11 店中店的上百個品項，高出十倍。全聯行銷主管說明，全聯主力客群是 40 ～ 59 歲，無印良品客群較全聯年輕十歲，雙方在商品結構與定價上也有區隔，兩者合作，有助於全聯拓展不同類型客群與商品價格帶。

「無印良品有很多鐵粉，全聯有 1,200 萬會員；未來雙方可以換粉，共同累積點數等，達到一加一大於二的合作綜效！除實體門市外，未來全聯 PX Go! 是否會導入無印良品的商品訂購，也值得觀察。」同業行銷主管指出。

3. 使用者套牢：帳戶制，套多層面一點

全聯在這個階段於場域、經濟、關係與時間設計主要有以下特色。在場域設計上，全聯的中介經濟逐漸拓展全新服務市場，幫助全聯由本業拓展到非本業服務，並由此與核心客群建立更多元連結。

在經濟型套牢中，全聯主要以高額點數優惠，讓會員感受「全聯秒付」、家事服務與預購商品的省事、省力效率，並享有集點效益。例如2020年10月7日到12月3日間，在「全聯秒付」活動期間完成全聯行動會員 PX Pay 生活繳費，就有「繳越多送越多」福利點數贈送。如首次完成繳費即贈送300福利點，第二筆以後每筆贈100福利點，最高可贈送600點。全聯評估，當使用者開始習慣以全聯繳交各項費用後，就會同步帶動原有的生活用品採購，以福利點數串聯更多消費內容。

至於在關係型套牢上，全聯以「帳戶制」經營核心客群的理財帳戶，「生活宅急便」與「全聯秒付」等，提高與核心會員之連結深度與廣度。「生活宅急便」開始跳脫原有零售品牌形象，與使用者建立全新生活服務連結；「全聯秒付」綁定銀行帳戶，不僅能隨時查詢，還可立即繳納信用卡費、電信費、公營事業及規費等帳單，免出門、免排隊，不受時間地點限制，比便利商店還方便。除此之外，全聯還以 We Sweet 甜品店、全火鍋、無印良品等創新服務，與客群建立更多生活面向連結。

反映在時間設計上，全聯則是用帳戶概念「套更多層面一點」的交互連結，建立全聯與會員在短中長期等不同生活層面的時間連結關係，而這也是全聯用心（用新）與客群建立多元連結的創新實驗。

4. 生產者核心能力與創新價值：中介節流與綜效經濟價值

從核心能力之演化分析，全聯將經濟節流能力延展到中介節流，更由此跳脫過去產品銷售邏輯，而由生活服務出發，思考核心能力轉化。相較於過去全聯產品「物美價廉」的核心能力，全聯行動生活平台則以「隨手隨時」為核心，為婆婆媽媽搞定麻煩的家事服務需求，包括每個月的繳費

帳單、不會修的水電燈泡、洗冷氣機、洗衣機清潔等服務。至於全聯開發 We Sweet、全火鍋等全新複合店，則是原全聯門市中蛋糕、火鍋專區的延伸，獨立展店的創新旗艦店有助全聯提高規模經濟效益，更有創新實驗利基，將受年輕人青睞的旗艦店產品重新包裝在全聯門市銷售，帶動新舊品項銷售。

由中介節流之核心能力所創造之價值，則反映在一加一大於二的複合效益。在原有婆媽客群服務上，生活繳費服務累積的福利點數也可運用在全聯產品採購上，由新服務帶動原有產品銷售實益；而複合店的新產品新服務，則拓展婆媽客群與全聯連結的廣度與深度。在新的年輕客群服務上，We Sweet 甜點店、全火鍋店、無印良品店中店等，幫全聯開發新客群；這些複合店所銷售的甜點、火鍋料等在全聯門市同步銷售，全聯則由複合店的創新體驗，透過福利點數等優惠，再將新客群引導回原來的門市場域，提高核心商品採購效益。

表：全聯在中介節流的服務創新與套牢機制

組織原則：中介節流	數位引導服務創新	非數位引導服務創新
經濟型套牢	**省事省力效率**：一是 PX Pay「生活繳費服務」由信用卡費、電信費、健保費、停車費、汽機車燃料費，到 eTag 儲值、貸款等。二是家事服務。三是預購商品之省力省錢服務	**集點綜效**：由 We Sweet 甜點店、全火鍋店、無印良品店中店等複合店，創造聯合集點效益 **回流效益**：由複合店開創新客群，並導流回全聯門市
關係型套牢	**會員關係之廣度與深度連結**：由各項生活繳費服務，拓展與會員的服務連結，並由點數累積，深化會員關係	**多元連結關係（用新連結）之相互套牢**： 新客群連結——由複合店的新服務，連結回原全聯門市 舊客群新連結——由複合店經營，引導原客群到新服務場域，增加服務連結
場域套牢設計	手機上的服務與複合店等多元場域	

| 時間套牢設計 | 短中長期帳戶連結設計 |

核心能力演化：由「節流經濟」到「中介節流」。全聯將經濟節流能力延展到中介節流，更由此跳脫過去產品銷售邏輯，而由生活服務出發，思考核心能力轉化

中介節流價值：一、舊客群的生活繳費節流。二、舊客群由全聯門市連結複合店以取得創新服務效益。三、新客群對複合店的創新服務效益。四、新客群由複合店導流全聯門市之採購節流

八、個案反思

（一）理論反思

　　企業如何導入數位科技以創新服務已成當代顯學。不過相較於過去數位科技導入著重在內部流程優化、外部市場開拓或潛在客群與商機開發（Den Hertog, Van der Aa, & De Jong, 2010; Miles, 2008），本文則提出非數位服務的另類思考，同時由路徑依賴理論探索虛實服務背後，將為使用者與生產者帶來哪些創新價值。以下說明本個案對套牢論述與虛實服務創新之重要貢獻。

　　貢獻一，套牢使用者必須考量階段性、原則性、與複合特性。首先在階段性上，過去數位科技相關論述已提出階段性的演化創新（Sebastian et al., 2017），本文則進一步由套牢設計闡述虛實服務演化的階段性脈絡，例如全聯的節流服務、串流服務、外送服務、與中介服務等，而這些創新服務則奠定在使用者的需求探索上。

　　其次是原則性，本文特別提出由使用者痛點分析組織原則，才能有效引導虛實服務設計。例如本研究提出，婆媽族對排隊結帳等候過久之痛點，背後是節流經濟的組織原則；年輕族群對效率採購之需求，彰顯串流經濟的組織原則；御宅族或其他出不了門的族群，則凸顯外送經濟的組織原則。至於婆媽族對繳費、送洗等家事痛點，背後則是中介經濟的組織原則。進一步解讀上述組織原則便會發現，使用者對全聯的依賴路徑，已由過去的到店，延伸為串店、到府與隨手可得，有效縮短企業與消費者

距離。且組織原則越精準，越能有效引導虛實服務設計，達到相互增益效果。

第三在複合性上，過去路徑依賴理論原已提出使用者行為的路徑依賴，主要和機構文化、經濟型鎖定與關係型鎖定有關（Ansari & Krop, 2012; Binder, Herhausen, Pernet, & Schögel, 2012）；本文則進一步提出路徑依賴的經濟性、關係性、場域性、時間性，這四個分析要素（elements）不僅是發展路徑依賴的「名詞」，如使用者路徑依賴所發生的場域、關係互動、與時間，更是「動詞」。如何形塑使用者的路徑依賴，以提高使用者對特定產品服務的依賴習慣，甚至出現不可逆的慣性（irreversible inertia）是本研究所關注的重點。以下分別說明之。

經濟效能強化與關係連結深化，奠定在過去路徑依賴理論對經濟型套牢與關係型套牢的論述上（Ansari & Krop, 2012; Binder et al., 2012; Liebowitz & Margolis, 1995）；本研究則進一步提出企業如何藉此深化與使用者間的互動關係。本文提出，經濟型與關係型套牢具有正向循環的相互強化效益，省時、省力、省經費、省空間的經濟型套牢，其實連結到企業和使用者建立會員關係、團購關係、訂戶關係與帳戶關係者密切相關。每一種關係的深化與進化，就會帶來更大的規模經濟效益。

場域的座標化（location），在說明使用者的路徑依賴不會只局限於單一場域，而是會有與時俱進的座標動態關係。例如本研究提出的到店、串店、到府、與到手，便在描述使用者的路徑演化；而有效追蹤使用者路徑演化的基礎，便在於洞察使用者與潛在使用者的需求變化。這也是本研究提出由使用者洞察提煉數位與非數位設計原則，以能進一步詮釋在虛實服務背後的路徑依賴脈絡。

時間的模組化（temporality）。過去研究提出，路徑依賴原需要時間的累積，不論是科技使用的網路效益形成，需要更多使用者的參與（Arthur, 1989, 1990; Katz & Shapiro, 1985）；或是使用者習慣的養成，

需要一定的學習歷程與經驗累積等。但這些討論卻很少將「時間」本身作為路徑依賴的要素，也就是用「時間」特性來鎖定客戶。

例如本文提出，會員制、團購制、訂閱制、與帳戶制，就內含時間的套牢設計。會員制的綁多一點，乃是在特定時間下的限時優惠與規模採購的實踐；團購制的綁久一點，乃是以延展會員的採購時間，以批量採購模式，拉長會員與企業的互動連結；訂閱制的化被動為主動，更意在建立與會員的長期關係，由會員的定時採購行為中，建立相對穩定的訂閱習慣。至於帳戶制，則是以更多元的關係、場域、與時間連結，建立與會員的短中長期的消費模組。

總結來說，經濟效能強化、關係連結深化、場域座標化、與時間模組化，是本文對路徑依賴理論的重要貢獻。這四者的複合連結，更對套牢使用者產生相互增益效果。

貢獻二，本文也進一步對網絡效益做出貢獻，相較於功能性強的主流設計，或是強調心理認同的專屬設計（Arthur, 1989, 1990），本文提出依賴設計乃是形塑網絡效益的基礎。並深化使用者依賴路徑建構要素與網絡效益之間的關係。

經濟型套牢背後乃是「分享經濟」的網絡效益設計，展現在推薦設計與重組設計上。例如會員推薦機制，或是團購、箱購、複合採購等重組設計，都有助於會員藉由與他人分享，提高採購的效率、效益與降低成本，由此形成網絡效益。

至於關係型套牢則是「社群關係」的網絡效益設計，又可區分為有形的社群連結與無形的品牌認同連結。有形的社群連結如會員推薦加贈點數；團體採購、社團採購、家庭箱購等提高採購數量與產品組合價值，都是企業由單一會員擴展為社群會員的有形網絡設計。至於無形品牌認同之關係建構，同樣有社群關係的網絡設計，如對婆媽族的「經濟美學」、對年輕族群的「經濟健美學」、對御宅族的「外送經濟」、對上述族群另有

「中介經濟」等。這些品牌認同設計正是強化網絡效益形成的另一個重要基礎。

場域套牢，背後是場域延伸與場域拓展，由此實踐「場域規模」以強化網絡效益。全聯原有零售場域延伸如「店到店」，新服務場域延伸如「門對門」，均有效強化服務場域之規模經濟。誠如全聯高層主管多次對外表示，全聯營業場所必須達到約 1,200 家，才能充分發揮規模經濟效益，包括採購經濟規模與外送到府之即時網絡連結等。至於場域拓展則在支付與理財等數位服務與其他複合店型設計，由服務範疇提高網絡效益。

時間套牢的長短期搭配，背後是投資與學習效益之網絡設計。當會員與全聯建立深厚的往來連結關係，就會產生投資效益與學習效果。例如由會員制到訂閱制，全聯以化被動為主動之方式，套多一點與套久一點，大幅降低交易成本，呈現投資效益；又如經常性與季節性採購，也讓會員熟悉全聯採購機制，而產生學習效果。當會員投資越來越多時間在全聯的便利採購上，就會形成網絡效益。由此，經濟的分享設計、關係的社群建構、場域的規模設計、時間的投資設計，這四大複合型設計，有效詮釋網絡效益建構的基礎。

表：使用者路徑依賴之套牢機制與網絡效益之關係

套牢機制	網路效益之設計內涵	實務說明
經濟型套牢	**分享經濟**：由推薦與重組之分享機制，提高採購經濟效率與效益，建立網絡效益	**推薦機制**：如會員推薦 **重組機制**：如團購、箱購、複合採購 內涵「分享」機制，可提高採購之效率與效益，並由此降低採購成本
關係型套牢	**社群關係**：由有形社群關係與無形社群認同，建立社群關係，提高網絡效益	**有形社群關係**：會員推薦加贈點數；團體採購、社團採購、家庭箱購等。由單一會員拓展為社群會員網絡 **無形社群認同**：婆媽族「經濟美學」、年輕族群「經濟健美學」、居家族群「外送經濟」與複合經濟等，由社群特質建立專屬品牌認同

套牢機制	網路效益之設計內涵	實務說明
場域套牢	**場域規模**：由同質場域延伸與異質場域拓展，提高場域規模之網絡效益	**場域延伸（同質性場域）**：如串店（店到店）、到府（店到府），提高服務場域之規模效益 **場域拓展（異質性場域）**：如支付服務平台、複合店等差異化服務場域，拓展服務範疇
時間套牢	**投資效益**：由時間投資與學習效果，提高網絡效益	**投資效益**：由會員制到訂閱制、套多一點、套久一點、化被動為主動之時間投資 **學習效果**：由經常性採購、季節性採購等建立採購學習效益

貢獻三，由使用者套牢創新生產者核心能力。過去科管領域在探討科技研發的路徑依賴論述時就特別重視核心能力的累積與演化，並由此詮釋路徑相依的持久性與自我強化特性（Dosi et al., 2000; Leonard-Barton, 1992）；但在數位服務創新領域卻較少由路徑依賴洞察企業核心能力如何演化。

本文以全聯個案分析其在洞察使用者需求以創新服務歷程中，其實也同步在引導核心能力演化。最早全聯就以較同業便宜 20% 的「經濟實惠」為主要訴求，之後的「節流經濟」表現在 PX Pay 的結帳服務效率與「全聯經濟美學」品牌認同。而「串店節流」則藉由 PX Go! 的分批取貨服務，將單店節流延伸到分店串聯節流，讓會員省錢省時。「外送節流」則以 PX Go! 箱購提高服務效率，讓會員不用出門就可完成採購，更加省事。「中介節流」則以 PX Pay 上的多項自動繳費服務，免除會員到其他零售通路繳費的不便。總結來說，數位服務創新的價值不但在滿足使用者需求，也在提高生產者核心能力，而由路徑演化描繪生產者的核心能力演化歷程，更能體現創新實益。

貢獻四，由生產者核心能力演化歷程，解讀企業創價來源。企業導入數位科技或非數位服務之最終目的乃在創造價值效益（Barrett et al., 2015; Berry et al., 2006）。本文則進一步闡釋在虛實服務的創新歷程中，企業的創價效益則有與時俱進的增長與擴張。例如「單店內」的節流經濟效益

包括 PX Pay 帶給消費者的省時效益，帶給供應商的存貨管理效益，進而帶給全聯持續採購的回流效益。線上 PX Pay 節流服務滿足舊客群，而線下全聯經濟美學運動則有效開創新客群，兩者同步提高全聯的規模經濟價值。

「店到店」的串店節流背後則是全聯規模經濟的升級效益。過去全聯以全國達 1,023 家分店的高布點，提高規模採購經濟；近年來，全聯則透過 PX Go! 分批採購服務，藉由串店設計，強化年輕客群就近取得服務誘因，進而由線上採購提高規模經濟效益。

「店到門」的外送節流則是服務潛在客群的客製經濟效益，原本不能出門或不想出門的客群，因箱購與到府服務，為全聯開展新客群；而弱勢兒少的贊助供餐與活動設計，則在有效耕耘潛在客群，也藉由與社福機構建構合作關係，延伸全聯服務網絡。

至於「本業到副業」的中介節流背後則是綜效價值，全聯透過 PX Pay 與 PX Go! 中介實體購物以外的家事、繳費服務等；同時透過複合店經營，中介其他糕點、火鍋料、文具生活用品等加值服務。數位與非數位兩項服務，同時有深化連結舊客群與開拓新客群、新市場的中介效益，並將與全聯本業產生連結，創造服務交流的綜效經濟。

表：全聯路徑依賴之套牢設計與演化脈絡

階段性	PX Pay 1.0（2019.5～迄今）	PX Go! 1.0（2019.11～迄今）	PX Go! 2.0（2021.1～迄今）	PX Pay 2.0（2020.10～迄今）
設計原則	節流經濟	串店經濟	外送經濟	中介經濟
場域套牢	到店	串店	到府	到手與多元場景
經濟型套牢	婆媽族省錢省事省心	年輕族省錢省囤貨空間	御宅族省事省錢	婆媽族省家事
關係型套牢	有形：會員制 無形：經濟美學	有形：團購制 無形：經濟健美學	有形：訂戶制 無形：弱勢美學	有形：帳戶制 無形：跨域美學

時間套牢	套多一點	化短期爲長期	化被動爲主動	短中長期組合
核心能力演化	由規模經濟到節流經濟	串店節流與分區規模升級	外送節流與客製規模經濟	中介節流與綜效經濟

（二）實務建議

　　企業如何創新虛實服務以增益價值，已成當代重要管理實務。在實務上，本專書發展「依賴路徑要素表」，由客群需求探索（customer）、服務創新連結（connection）、依賴路徑描繪（cumulation）、服務實踐場域（context）到核心能力之累積演化（competence），說明企業導入虛實服務設計的參考指標。

　　實務一，洞察核心客群需求（customer），提煉創新服務之組織原則。過去企業導入創新科技確實有助於改善服務流程，例如餐飲業的桌邊點餐或智慧叫號系統等。但隨著行動科技普及，行動支付或行動點餐等服務，就必須由使用者核心需求提煉組織原則，以有效引導服務創新。例如全聯 PX Pay 在改善結帳找零、拿發票、拿點數的不方便，並由此提煉「節流原則」；台灣高鐵的行動票券在改善紙張票券取用或可能遺失的不方便等，契合「行動節約原則」。唯有掌握核心客群的關鍵需求，才能有效提煉組織原則，並讓數位服務眞實有感。而核心客群的需求演化與潛在客群的需求變化，則是企業與時俱進創新服務基礎。

　　實務二，由組織原則引導數位與非數位服務創新（connection）。數位科技雖能帶來新客源、新服務、新市場與新商機，不過誠如本研究所建議，非數位科技所引導之服務創新卻須同步實踐，才能發揮合則兩利的創新效益。這就好像買了高價筆記型電腦，但卻在炎熱缺空調的環境使用，將會讓高科技產品效益打折，甚至當機報銷。本研究進一步建議企業提煉組織原則以引導數位與非數位服務設計，如此更能合理設計服務流程，縮短創新服務的試誤旅程。

　　實務三，由場域座標、時間模組與關係連結，建立依賴路徑（cumulation）。本研究提醒，服務創新的最終目的仍在有效黏著客戶，提高回客率，最終則能套牢使用者。因此，如何設計經濟型套牢機制，如降低支出成本、提高交易效率與服務效益；且同步設計關係型套牢，如建立品牌認同感、建立社群連結機制等，將是企業能否有效套牢核心客群關鍵。除此之外，時間與空間場域設計，也是重要套牢機制，如時間設計上的套多一點、套久一點、化被動爲主動、短中長期組合設計等，就需要設計巧思。至於場域座標套牢則有到店、串店、到府、與其他相關場域連結等，更是本個案重點，在下一個工作實務進階說明。

實務四，由單一服務場域連結多元服務場域（context）。隨著數位科技的普及採用，使用者的生活消費場域不再局限於實體，更多服務能在手機等行動載具上即時完成，甚至透過數位科技連結，許多服務還有交互串聯效益。例如以高鐵行動票券可享台北車站特約商店的折扣優惠等。因此，如何由單一服務場域擴及多元服務場域，是有志於服務創新企業所需嘗試的跨域實驗。

Customer：客群需求探索	Connection：服務創新連結
核心客群需求演化 潛在客群需求演化	數位科技導入之服務創新 非數位導入之服務創新
Competence：核心能力累積 核心能力演化	
Cumulation：依賴路徑	Context：實踐場域
經濟型套牢：成本、效率、效益等 關係型套牢：品牌認同、信任、社群連結 時間套牢：如套多一點，化短期爲長期等 場域套牢：到店、串店、到府等	單一場域延伸：如分店通路 多元場域連結：如合作夥伴通路

由虛實服務設計依賴路徑之工作實務建議
資料來源：本專書整理

　　實務五，持續關注核心能力的累積與演化（competence）。本研究提醒有志創新者，創新並非以新汰舊，或新舊並陳，而應思考如何在導入創新服務過程中，能持續深化原有核心能力，如何才能讓企業的核心能力與時俱進，創新演化；以一致性的品牌識別與老客戶連結，與新客戶對話。

本章參考文獻

Amit, R., & Zott, C. 2001. Value creation in e-business. *Strategic Management Journal*, 22: 493-520.

Ansari, S., & Krop, P. 2012. Incumbent performance in the face of a radical innovation: Towards a framework for incumbent challenger dynamics. *Research Policy*, 41(8): 1357-1374.

Arthur, W. B. 1996. Increasing returns and the new world of business. *Harvard Business Review*(July-August): 100-109.

Barrett, M., Davidson, E., Prabhu, J., & Vargo, S. L. 2015. Service innovation in the digital age: key contributions and future directions. *MIS Quarterly*, 39(1): 135-154.

Bastiat, F. 1848. *Sophisms of the Protective Policy*: Geo. P. Putnam.

Bell, D. R., Gallino, S., & Moreno, A. 2014. How to win in an omnichannel world. *MIT Sloan Management Review*, 56(1): 45-54.

Bergek, A., & Onufrey, K. 2014. Is one path enough? Multiple paths and path interaction as an extension of path dependency theory. *Industrial and Corporate Change*, 23(5): 1261-1297.

Berry, L. L., Shankar, V., Parish, J. T., Cadwallader, S., & Dotzel, T. 2006. Creating New Markets Through Service Innovation. *Sloan Management Review*, 47(2): 56-63.

Bettencourt, L. A., & Ulwick, A. W. 2008. The customer-centered innovation map. *Harvard Business Review*, 86(5): 1-10.

Binder, J., Herhausen, D., Pernet, N., & Schögel, M. 2012. Channel extension strategies: The crucial roles of internal capabilities and customer lock-in, *European Retail Research*: 43-70: Springer.

Den Hertog, P., Van der Aa, W., & De Jong, M. W. 2010. Capabilities for managing service innovation: towards a conceptual framework. *Journal of Service Management*, 21(4): 490-514.

Dosi, G., Nelson, R. R., & Winter, S. G. 2000. *The Nature and Dynamics of Organizational Capabilities*. Oxford: Oxford University Press.

Fornari, E., Fornari, D., Grandi, S., Menegatti, M., & Hofacker, C. F. 2016. Adding store to web:

migration and synergy effects in multi-channel retailing. *International Journal of Retail & Distribution Management*.

Hagberg, J., Sundström, M., & Nicklas, E.-Z. 2016. The digitalization of retailing: an exploratory framework. *International Journal of Retail & Distribution Management*, 44(7): 694-712.

Hagel, J., & Armstrong, A. G. 1997. Net Gain-Profit im Netz. *Märkte Erobern Mit Virtuellen Communities. Wiesbaden: Gabler*.

Hertog, P. d. 2000. Knowledge-intensive business services as co-producers of innovation. *International Journal of Innovation Management*, 4(04): 491-528.

Juaneda-Ayensa, E., Mosquera, A., & Sierra Murillo, Y. 2016. Omnichannel customer behavior: key drivers of technology acceptance and use and their effects on purchase intention. *Frontiers in Psychology*, 7: 1117.

Katz, M., & Shapiro, C. 1985. Network Externalities, Competition and Compatibility. *American Economic Review*, 75: 424-440.

Kim, J.-C., & Chun, S.-H. 2018. Cannibalization and competition effects on a manufacturer's retail channel strategies: Implications on an omni-channel business model. *Decision Support Systems*, 109: 5-14.

Leonard-Barton, D. 1992. Core capabilities and core rigidities: A paradox in managing new product development. *Strategic Management Journal*, 13(Summer special issue): 111-125.

Li, S., Sun, B., & Wilcox, R. T. 2005. Cross-selling sequentially ordered products: An application to consumer banking services. *Journal of Marketing Research*, 42(2): 233-239.

Liebowitz, S. J., & Margolis, S. E. 1995. Path Dependence, Lock-In, and History. *Journal of Law, Economics, and Organization*, 11(1): 205 - 226.

Lu, L. 2018. Decoding Alipay: mobile payments, a cashless society and regulatory challenges. *Butterworths Journal of International Banking and Financial Law*: 40-43.

McEvily, B., Perrone, V., & Zaheer, A. 2003. Trust as an organizing principle. *Organization Science*, 14(1): 91-103.

Miles, I. 2008. Patterns of innovation in service industries. *IBM Systems Journal*, 47(1): 115-128.

Orlikowski, W. J. 2002. Knowing in practice: Enacting a collective capability in distributed organizing. *Organization Science*, 13(3): 249-273.

Patel, P., & Pavitt, K. 1997. The technological competencies of the world's largest firms: Complex and path-dependent, but not much variety. *Research Policy*, 26(2): 141-156.

Schreyögg, G., & Kliesch-Eberl, M. 2007. How Dynamic Can Organizational Capabilities Be? Towards a Dual-Process Model of Capability Dynamization. *Strategic Management Journal*, 28(9): 913-933.

Sebastian, I., Ross, J., Beath, C., Mocker, M., Moloney, K., & Fonstad, N. 2017. How big old companies navigate digital transformation.

Shapiro, C., & Varian, H. R. 1999. The art of standards war. *California Management Review*, 41(2): 8-32.

Stack, M., Gartland, M., & Keane, T. 2016. Path dependency, behavioral lock-in and the international market for beer. In *Brewing, Beer and Pubs* (pp. 54-73). Palgrave Macmillan, London.

Stack, M., & Gartland, M. P. 2003. Path creation, path dependency, and alternative theories of the firm. *Journal of Economic Issues, 37*(2), 487-494.

Teece, D. J. 1986. Profiting from technological innovation: Implications for integration, collaboration, licensing and public policy. *Research Policy*, 15(6): 285-305.

Williamson, O. E. 1975. *Markets and Hierarchies: Analysis and Antitrust Implications*. New York: Free Press.

Zander, I. 1998. The evolution of technological capabilities in the multinational corporation-dispersion, duplication and potential advantages from multinationality. *Research Policy*, 27(1): 17-35.

第八章　GQ&VOGUE：大小有別，社群體驗

　　「社群即內容」（community is content），是當前媒體面
對數位變革的重要實務轉換，背後則是媒體角色扮演的重新
定位，媒體創價邏輯的全新探索與取價機制的重新定義。

————

社群體驗的新舊商模融合脈絡

　　數位媒體時代，「內容即社群」（content is community）已成主流。
本章所要探討的商模創新觀念，乃是社群體驗。主要思辨企業如何經營小
眾、分眾、大眾等不同社群類型，以創新商業模式，並賦予舊商業模式新
生命。以下介紹新舊商模演化與社群體驗的重要概念。

一、重取價面之新舊互補觀點

　　所謂商業模式乃是組織從創價、傳價到定價之系列活動（Chesbrough
& Rosenbloom, 2002; Enkel, Bogers, & Chesbrough, 2020; Teece, 2010），
在數位資訊免費時代，如何定價成為首要之務，主要有以下作法。一是免
費與付費模式（freemium），一般大眾內容免費，但特殊內容收費（Singer
& Ashman, 2009; Teece, 2010），例如《聯合新聞網》以新聞免費，知識
庫收取年費，重新定義舊聞為「知識庫存」新價值，找到新舊互補之另類
商機。

　　作法二是本業與副業模式，例如以創新科技服務，在媒體報導本業
之外，經營科技服務。有些報業特別成立技術研發團隊，進一步提供創新
服務。如《紐約時報》（*The New York Times*）推出「出版引擎」（Press
Engine）應用平台，將 iPhone 和 iPad 樣本開放給其他缺乏研發技術的報
社或出版商使用，並收取執照費和維修費。

作法三是創舊與新生模式，架構平台以融合新舊服務。學者指出，數位科技帶來的重大變革，主要有兩大特性，一是匯流，二是創生（Cappetta, Cillo, & Ponti, 2006; Yoo, Boland Jr, Lyytinen, & Majchrzak, 2012）。所謂匯流，乃指數位科技可以匯合不同使用者體驗、匯集跨領域資源，並整合多功能服務於單一平台。至於創生，乃指數位科技常有持續甦醒變化的創新和衍生效益。例如聯合報系成立數位媒體平台，並開發新聞服務之外的知識庫會員、購物服務等。然隨著社群媒體發展，如何有效經營社群，成為另一類文獻關注焦點。而研究取向則由商模定價轉為商模創價基礎。

二、重創價面之產銷共創觀點

學者指出，數位媒體本質乃是社群經營，應該由社群體驗角度，重新設計媒體商業模式（Oestreicher-Singer & Zalmanson, 2013）。所謂「社群」乃指有特定認同度與參與度的一群人，經常有特殊身分識別與情感連結（Fleming & Waguespack, 2007; Oestreicher-Singer & Zalmanson, 2013）。因此，媒體應該扮演兩種角色，一種是內容提供者，一種是數位社群經營者，並有特殊創價機制。在社群媒體時代，創造內容的不僅是媒體，還有網友。學者特別提出「口碑行銷」（WOM, Word of Mouth）在網路媒體的重要性（Godes et al., 2005）：創新科技產品與服務的複雜性，讓專業高手較一般媒體更有發言權；而數位傳播的低成本效益，加速拓展這群新興網紅影響力。除專業網紅外，一般網友也經常發揮積沙成塔的傳播影響力（Weill & Vitale, 2001）。

學者進一步分析網友在數位社群的參與程度差異（Kim, 2000）。例如網站到訪者（visitor）僅是偶爾逛到某些媒體網站，並未有結構性參與；但初學見習者（novice）就會開始投入時間精力，努力成為一般正式會員（regular）；網站上的意見領袖（leader）更有深度參與，並由系統性發言與計畫性議題形塑，帶領輿論風向。另有學者分析「從讀者到領導者」的社群參與角色類型（Preece & Shneiderman, 2009）：一般讀者（reader），

僅是內容消費者；但貢獻者（contributor），則會開始貢獻部分內容或參與線上討論共創；合作者（collaborator）會投入專案類型合作；至於領導者（leader）則會領導社群發展，並調和管理社群中的不當發言。

另有研究提出，媒體的社群經營，要由社群成員的投入動機理解。一般而言，接觸數位媒體多是成本效益考量，亦即持續性承諾，當能持續取得有益資訊內容，使用者才會參與媒體內容經營。另有情感承諾，參與者對社群產生歸屬感與信任感，就會持續參與社群內容經營。更高階之規範承諾，參與成員對社群規範遵守與忠誠度有更高承諾投入，特別是社群意見領袖（Cummings, Butler, & Kraut, 2002; Nonnecke & Preece, 2000）。

由此可見，傳統媒體在數位社群經營的角色扮演，已由過去的主動發文者轉為社群內容經營者，進而改變媒體內容價值創造，由過去媒體自創到社群共創；它的定價機制也開始改變，有傳統廣告模式，還有內容免費與付費結合的免費增值模式，甚至還有平台貼文重新打包出版或交互授權等特殊收益（Oestreicher-Singer & Zalmanson, 2013）。

近年國內學者也特別由價值共創角度探討生產者、客戶、設計師、製造廠等不同利害關係人，在促成互動與資源整合進而共創價值之歷程（杜鵬、李慶芳、周慶輝、方世杰，2017）；或由集團內部母子公司資源流動思考價值共創機制（蕭瑞麟、歐素華，2017）；或由虛實整合角度探討社群經營實務（姚成彥，2015；陸定邦、黃思綾，2011；蔡政安、程雨萍，2019）；或分析不同分眾客群需求之體驗設計（許嘉霖、于立宸、趙心怡，2019）。不過這些討論並未區分不同類型社群在體驗價值創造與定價設計上的差異；尤其在社群媒體時代，媒體如何融入不同類型社群經營，又有何特殊角色扮演以創新價值，尚未有深入討論。此外，媒體在創新定價設計時，舊有定價機制又有何變化？也未有探討。總結來說，在社群媒體時代，媒體如何融入不同類型之社群經營以創新商業模式，是目前文獻上的重要議題，以下將說明本文如何由新舊融合觀點探討媒體社群經營與商模設計。

三、本文焦點：如何由社群體驗，設計新舊商模融合機制？

學者研究指出，社群媒體時代最重要的特色就是「以社群體驗為中心」的融合設計。所謂融合（fusion）乃是難分彼此，社群內容創造很難謂是生產者或使用者產製內容，並有全新價值特色，融合使用者內容的本質就是社群體驗（El Sawy, 2003; Oestreicher-Singer & Zalmanson, 2013）。過去其他產業也曾出現特殊跨域融合，以致原有資源出現異質變化。例如日本 Nippon 公司在 1960 年代就積極融合電話、電報、玻璃、電子科技、電纜等技術，並推出全新光纖科技；夏普（Sharp）則融合電子、電晶、光電科技等，成功推出第一個液晶顯示螢幕設備（Keen, 1993; Kodama, 2014）。

近年來，跨域融合概念則延伸到體驗經濟的價值呈現。學者 Pine & Gilmore（1999）在《體驗經濟時代》專書中倡議，商品和服務已不足以促成經濟成長，唯有體驗設計才能創新經濟產出。他們並以消費者的參與程度（participation）是積極的（active）或消極的（passive），主體與客體間的連結度（connection）是吸引使用者的（absorptive）或是沉浸的（immersion）來區分體驗境界。學者將體驗分為娛樂（entertainment）、教育（education）、逃避現實（escapist）與審美（esthetic）四個象限（Pine, & Gilmore, 1999）。其中娛樂是最古老的體驗型態，如笑話，屬於被動透過感覺吸收體驗；教育需要消費者更積極的主動參與；逃避現實體驗是完全沉溺其中，需要更積極參與投入；至於審美體驗則是沉浸於某一環境事物，但消費者對該環境事物影響很小或根本沒有影響。Pine & Gilmore（1999）進一步指出，為設計更豐富的體驗，越來越多體驗情境是融合多種型態的，例如融合教育與逃避（educapist），可以改變體驗背景；融合教育與審美（edusthetic）可以培養鑑賞力等。

體驗經濟在體驗情境與融合機制的豐富論述，給予本文重要立論基礎，並啟發本文進一步探討：在數位媒體時代，企業如何設計社群體驗，以融合新舊商模？這個問題有以下重要議題探討。

　　首先是由社群認同度差異（identity），定位媒體角色以融入社群。Pine & Gilmore（1999）提出，體驗依參與者的投入度與情境連結度而有所差異。不過這類研究並未就社群認同差異，而有類型化比較。本研究提出「社群認同度」象限，以分析社群認同如何引導社群投入與感受；媒體又該如何定位自己的角色，以建構連結關係，並策動特殊社群體驗。

　　其次是由社群互動設計（interaction），建構產銷融合之創價機制。近年媒體、金融或零售業也開始由線上通路經營或線下通路設計，強化與使用者互動並藉此提高黏著度；學者進一步分析，線上與線下服務之間，有可能是競爭關係、平行關係或可產生綜效整合（Kollmann, Kuckertz, & Kayser, 2012; Lieber & Syverson, 2012）。本研究則回歸通路經營本質在於社群互動，並應由不同社群類型策動互動體驗歷程，以建構產銷共創機制，創新媒體內容價值，這包括互動關係之建構、互動情境設計、與互動時間設計等。

　　一、在互動關係上，過去學者提出社會互動可區分為個人層面、組織層面與機構層面（Goffman, 1974; Turner, 1988），但若以社群經營言，互動關係則可因社群特質是小眾、分眾或大眾而有雙方互動、三方互動或多方互動可能。二、在互動情境上，誠如 Pine & Gilmore（1999）所言，不同類型社群在教育、娛樂、審美、逃避現實等情境，應有不同程度之融合設計。三、互動時間長短也會因社群類型而有投入度與感受度之差異設計（Atwal & Williams, 2017; Pine & Gilmore, 1998）。此外，線上與線下體驗情境不應完全區隔，而應思考如何引導社群成員由線上到線下進行體驗，再由線下體驗引導回線上社群之互動經營。

　　第三是由付費機制類型（income），設計新舊融合定價模式。傳統媒體以向企業戶收取廣告費、或向讀者直接收取訂閱費等方式擷取價值（Christopher, Lowson, & Peck, 2004; Collis, Olson, & Furey, 2009）；但在新舊媒體融合時代，使用者直接付費、間接付費或免費模式正在產生質量變化。以社群體驗為中心的付費機制，如何重新定義傳統媒體定價模

式，是本文另一分析重點。

四、個案背景

美國康泰納仕集團（Condé Nast Publications）於 1892 年創刊發行 VOGUE 雜誌，是全世界最早誕生的流行時尚雜誌。2000 年起，康泰納仕集團爲回應數位科技衝擊，開發 VOGUE 與 GQ（以男性爲主的時尚雜誌，以下介紹）的數位網站；2006 年則推出 GQ Mobile 新服務；2011 年 1 月，台灣區的 VOGUE 與 GQ 雜誌推出 iPad 版。相較於其他媒體數位化仍是「以生產者爲中心」的內容服務思維，VOGUE 與 GQ 卻開始朝「以社群爲中心」轉型，經營專屬服務內容。例如 GQ 在 2014 年經營專屬線上社群「西裝紳士同好會」（Suit Wear）；VOGUE 積極經營年輕時尚女性的美妝社群與大學生新創社群等。

而爲了有效經營社群，VOGUE 與 GQ 開始化被動爲主動，由社群體驗需求出發，設計一系列線上線下活動，並轉化爲報導內容。例如 GQ 在 2019 年 5 月 29 日發起爲期 1 個月的《肉食節》活動，鎖定都會肉食族群喜歡的特色餐廳進行訪查，並精選 23 家深具職人精神與時尚風格的餐廳共同舉辦《肉食節》，包括活動專屬菜單、禮物與職人報導等，都有精心規劃；2020 年則增爲 44 家主題餐廳。另有小衆《紳服節》，偏都會大衆的 VOGUE 風格野餐日與台北時裝週等，均有特殊線下體驗設計與線上活動連結。

在有效經營社群之際，VOGUE 與 GQ 也積極創新營收來源。相較於傳統媒體以訂閱和廣告爲主的營收模式，VOGUE 與 GQ 則以免費內容取代訂閱，但藉由特殊社群活動收費，改變使用者付費機制。例如 GQ 透過紳士遊行、紳士學堂與紳士改造計畫等系列活動，讓「紳服族」願意支付 300 ～ 1,299 元不等的活動收費；而除了傳統廣告置入收費外，時尚媒體也藉由專屬體驗活動，設計贊助與分潤機制，甚至有來自政府年度預算經費等，全然改變傳統營收模式，成爲本研究擇定對象。

五、個案分析架構

本個案主要分析 GQ 與 VOGUE 如何經營不同類型社群，以有效創新商業模式。主要有以下分析步驟。

步驟一，分析社群特質與需求（identity）。本研究選擇三種不同類型社群，作為類型化個案研究基礎。GQ「紳服族」有一個近萬名會員臉書社團「西裝紳士同好會」（Suit Wear），屬特定「小眾」社群，採會員申請制；尤其男性穿搭西裝紳服在台灣仍未居主流，僅少數人習慣穿搭紳服，而成為研究對象。GQ「肉食族」則屬有特殊消費習慣的「分眾」客群。資深編輯主管說明，近年台灣肉食人口明顯增多，展現在進口牛肉與豬肉數量、新興肉食餐廳與大量社群討論度上。VOGUE 舉辦「台北時裝週」則以一般都會時尚客群為主，和台北市政府合作，意在提高市民對時尚與設計之都認同感。

步驟二，分析社群互動機制（interaction）。確認目標族群需求特質後，本研究進一步分析時尚媒體針對小眾、分眾與大眾客群在活動設計上的特殊性。包括互動關係，又稱人間關係，如直接、間接或多方互動關係；互動情境，又稱空間情境，即融合教育、娛樂、審美、逃避現實等四種體驗情境之融合設計；以及互動時間與頻率，尤其就媒體經營觀點，如何由季節性之議題動員，將社群由線上引導到線下體驗，以強化社群認同度、感受度與投入度；又如何由週期性活動，將線下體驗轉化為線上社群之經常性連結，將是分析重點。

步驟三，重新定義營收模式（income）。時尚媒體針對特定社群體驗設計活動，最終目標則要落實為具體營收獲利。因此在分析社群體驗活動的創價與傳價過程中，也需同步分析營收獲利模式變化，以落實創新商業模式之最終目的。總之，以社群體驗為中心之商模設計和傳統以生產者為中心之商模呈現，有何本質上差異，則是本文另一個分析重點。

六、商模演化脈絡

（一）小眾社群體驗：雙方互動關係

1. 小眾社群特質：利基市場，專屬認同度高

GQ 在 2014 年首度與時尚達人 Brian 合作，設計 Suit Walk 活動，時間定在每年三月第二週的週六。活動設計起源乃是 GQ 編輯部在 2013 年看到一篇在台北忠孝東路街頭的 Suit Walk 活動報導，這是由知名 PTT 西裝版版主號召西裝愛好者聚會，相當契合 GQ 在男人穿西裝的主題報導，因此 GQ 主動聯繫 Brian，詢問該活動的主要發起緣由並分析紳服族的社群特質。

GQ 資深主管觀察 PTT 西裝版社群有以下特色。一是社群認同度高，他們經常分享西裝穿搭風格與最新戰利品，對流行時尚資訊與各種設計專業知識，有高度討論互動。其次是積極展現專屬審美觀，GQ 內部以「公孔雀的爭奇鬥豔」來比喻這群紳服族。這個族群願意將自己的穿搭風格上傳臉書等社群媒體，詳細分享不同設計元素，深具教育推廣價值。GQ 內部評估應深耕紳士西裝族群的主要原因，一是現有男士流行物品，如車子、手錶、相機、3C、遊艇等，都已有專業媒體報導，反而穿搭紳服時尚還沒有強勢品牌。二是願意經常穿著正裝紳服男士，多有一定財力，也是 GQ 廣告商鎖定的重要客群。若 GQ 能有效經營紳服客群，就能同步抓緊專業廠商。不過 GQ 品牌廣告及整合行銷資深主管也說明，大部分台灣男人對西裝穿搭存在偏差，認為只有重要場合才需要穿紳服，多未考量季節、配件等。

自 2014 年開始舉辦的 Suit Walk，針對以下族群設計。一是愛好西裝穿搭者的同好聚會，GQ 經營私密臉書社團「西裝紳士同好會」（Suit Wear），網羅多數台灣喜好西服者。二是開始重視西裝穿搭之潛在客群，透過 Suit Walk 提供適當場合與音樂表演、簡餐飲品等活動，吸引年輕族群投入。Suit Walk 參與年齡層主要為 28 ～ 45 歲間，至於剛投入職場工

作的社會新鮮人，他們一般較缺乏對西裝穿搭的教育與生活經驗。

2. 互動情境：教育審美爲主，逃避娛樂爲輔

小眾「紳服族」在臉書成立「西裝紳士同好會」，人數已達近萬人（截至 2020 年 8 月底統計），採申請制，社群成員參與度高，每天有 5 ～ 10 則新貼文分享紳士們的穿搭風格。GQ 小編由社群貼文探索重要議題作爲主題規劃。季節性的線下活動可以提高社群曝光度，讓新社群成員有參與管道。而訂在每年 3 月第二週舉辦，則考量適合穿西裝的季節，3 月春暖花開，又適逢農曆年節添購西裝行頭，時機適當。2020 年初適逢新冠肺炎期間，GQ 以「越不確定的時代，越要認眞穿好西裝！」爲訴求，強調在疫情期間，努力維持原本生活才是消除恐懼的最佳方法。

線下社群活動以兩大類爲主，一類是教育審美的學習體驗，有紳士學堂與名人改造計畫。紳士學堂邀請專業紳服達人舉辦西服基本功、配件、布料與訂製入門等講座，由淺入深，教導男士對西裝穿搭的專業知識。五場次單場售價 300 元，全套票 1,299 元。地點選在台北 101 的 39 樓 COBINHOOD。

例如第一堂課，商務西裝基本功，邀請專業講師教導如何將西裝穿得有型有款又不失專業風格。第二堂課，紳士鞋保養及搭配入門。第三堂課，紳士配件搭配實作，包括領結、袋巾、袖扣、領帶等。熟悉西服穿搭的專家直言：「配件應用才是進階玩家展現品味的決勝點！」第四堂課是西裝的日常搭配，包括時間、地點、場合的混搭巧思。第五堂課是西裝布料及訂製入門。主持人說明，布料是服裝的靈魂，從棉麻到毛料纖維，從手工紡織到大量製造，由紳裝達人負責解說布料內容。

「其實穿搭是要從小就開始學習的。但傳統台灣的爸媽不會特別教小男生打扮穿搭。我也是上了大學，才開始和同學學習怎麼抓頭髮做造型，怎麼穿搭才有型。紳士學堂不只是教你怎麼穿西裝，更重要的是認識自己的穿搭風格，這也是肯定自己的一種方式！」一位大學男生分享參加紳士

學堂經驗。

其次是名人改造計畫。GQ 邀請八位不同領域名人，搭配八位服飾品牌專家進行改造計畫。例如脫口秀網紅博恩就與 STYDER 高級手工訂製專家合作，共同展演歐洲進口布料、鈕扣、剪裁等工藝設計；時尚達人 Andy 與知名台灣品牌立瑩西服合作，以融合寧波紅幫與英國剪裁風格，展現全新義式風情等。名人改造計畫可具體展現不同紳士西服剪裁與穿搭風格，有跨界展演意涵，也帶動國內較少人關注的西服設計品牌，讓年輕客群重新認識傳統西服設計品味。

第二類活動為娛樂展現的劇場式體驗，紳士遊行。GQ 資深主管說明，紳士遊行定位為「公孔雀的爭奇鬥豔」就必須展現特殊表演風格，因此邀請具代表性主角出演，才能吸睛。例如 2019 年 3 月 9 日紳士遊行，特別邀請被喻為全世界最性感的超級男模 David Gandy、知名創意總監 Jim Moore、活動創辦人之一高梧集紳士服創辦人石煌傑（Brian）、GQ Taiwan 總編輯杜祖業（Blues）擔任評審，走在活動第一排擔任主秀角色。

參加走秀的其他配角或臨演，也有特殊角色定位。被選定的 400 位紳士，由品牌商以競賽機制，鼓勵穿搭特殊風格西裝，讓整個活動出色有型。例如 Prim Blue 就要求參加者在 Suit Walk 紳士遊行當天必須著藍色系西裝或具備藍色元素，上傳個人 IG 增加表演特色，也藉此提高品牌曝光度。紳士遊行採限量制，400 位活動參與者經過初步遴選，每位票價 500 元，若選擇兩日聯票，包括第一天紳士遊行與第二天國際紳士論壇，套票總額 1,299 元。紳士遊行後有限定紳士市集活動，讓紳服族能進階選購限量商品，化時尚運動為購物行動。

3. 互動時間：季節性主題搭配週期性小眾專屬活動

在互動時間上，由線上到線下的社群動員，創造季節性主題報導，GQ 特別精選 Suit Walk 內容製作 4 月專刊，同步發表紙本與數位版。對許多紳服族來說，除可記錄個人參與年度活動盛事外，還可觀摩學習他人

穿搭風格。對許多紳服族來說，活動專刊具有重要意義，除可記錄個人參與年度活動盛事外，還可觀摩學習他人穿搭風格。例如 2020 年 4 月號就以迷彩與流行帽式為主題，包括紳士帽、棒球帽、漁夫帽、頭巾、甚至斗笠與頭盔等，都能和西裝玩出跨界串聯趣味。

另由線下到線上社群動員，則有賴週期性主題連結。Suit Walk 活動不但豐富 GQ 報導內容，也豐富「西裝紳士同好會」社群連結。每一屆達 300 ～ 500 位 Suit Walk 成員轉化為 Suit Wear 線上會員，由持續性社群對話討論延伸熱度。GQ 鼓勵社群發起每週五「Formal Friday」主題活動，持續經營社群互動。

「Formal Friday 是鼓勵 Suit Wear 社群自發性的週五主題活動，讓體驗互動持續發酵，也讓品牌商有機會與消費者直接對話。至於 #MyGQLook 的個人穿搭風格刊登，則有傳播擴散效益。看到自己的穿搭美照刊登在雜誌上，多數人都會買下當期雜誌收藏，這樣就有機會接觸雜誌內其他特色單元。」GQ 編輯部主管說明。

總結來說，「由線上到線下」的季節性活動在由教育審美的學習體驗及娛樂展現的劇場式體驗，強化小眾社群互動並釐清特色需求；而「由線下回線上」的週期性主題活動，在持續增益社群認同感，透過 GQ 小編的社群參與及 Formal Friday 議題形塑，西裝紳士同好會有更緊密的互動，也逐步與 GQ 雜誌連結，建立訂閱關係。由此，「線上到線下」及「線下到線上」形成正向循環關係，也改變 GQ 取價獲利模式，以下說明。

4. 取價模式：重新定義直接付費模式

過去 GQ 以每期 200 元雜誌訂閱費向讀者收費，但紳士學堂與紳士遊行等「小眾」體驗活動，高度融合教育與娛樂，且採限量付費參與制，為 GQ 創造可行的直接付費模式。活動參加者除取得專業紳服穿搭與改造教育外，還能享受一場專屬走秀的頂級娛樂，有鎂光燈的名人關注感與媒體報導能見度，還有帶領時尚潮流的前衛感。

專屬紳服族的社群連結，也帶動相關贊助商參與投入，提供參加獎與選拔獎。例如 2019 年 Suit Walk 參加獎包括知名品牌聯名口袋巾、隨身酒壺、淡香精針管、風格指南手冊、創意布貼、3 月號雜誌等。選拔獎則有《經典紳士獎》、《GQ Taiwan 總編輯獎》、《品牌單項獎》等。提供單品獎的贊助廠商，除有品牌贊助露出效益，更透過獎項選拔，鼓勵更多時尚紳士將遊行當天的造型設計上傳個人臉書與 IG，並需標籤品牌名稱，才有機會獲選爲優勝者。由此，品牌商獲得紳服族商品展示，並可有效拓展品牌知名度。

GQ 主辦方亦有多項有形與無形效益。一是城市行銷的無形價值定位。GQ 在 2020 年擴大舉辦 Suit Walk 活動，與台北市政府文化局及台南市政府攜手合作，邀請全台紳士同好能於各種生活場景中，展現自我紳士西服風格。二是核心客群鞏固與拓展，除原有「西裝紳士同好會」外，另借助知名品牌活動舉辦，帶動其他潛在客群參與。

三是創造使用者直接付費等重要機制。參加活動的紳士們，需付出 300 ～ 1,299 元不等的單場或套裝費用，成爲 GQ 直接取價來源。另有台北市政府與知名品牌活動贊助，包括近千萬元的獨家贊助、百萬元的中型贊助、與 3 ～ 5 萬元的參與贊助。Suit Walk 的成功經驗，引起 GQ 總部關注，活動效益擴及馬來西亞西服公會，爭取主辦 Suit Walk。加拿大溫哥華的一位活動參與者也決定申請授權在溫哥華舉辦類似主題活動。

四是活動外溢效果。GQ 資深主管指出，在 Suit Walk 舉辦六年來，大台北地區已出現 20 多個西服訂製品牌。且近年來，西服學徒人數也增加近十倍。此外，爲鼓勵更多年輕族群參與西服穿搭美學活動，GQ 也特別與美感教科書計畫基金會合作，自 2019 年開始，每年 5 ～ 6 月間在台、政、清、交四所大學舉辦西裝文化教育，未來將持續擴增到其他學校。「紳服族」的成功經驗也讓 GQ 與 VOGUE 嘗試其他小眾經營，例如 VOGUE Beauty Club 以年輕女孩爲主，另邀集 100 位大學生組成的「可能研究所」以創新爲主，持續創造專屬內容價值。

（二）分衆客群體驗：三方互動關係

1.分衆社群特質：分群市場，非專屬認同

GQ 在 2019 年 5 月 29 日～6 月 29 日首度舉辦《GQ 肉食節》，針對都會人口中的「肉食男女」推出特色活動。資深編輯主管說明在 5 月 29 日啓動《肉食節》的原因。

「最早在日本就有肉食節，而 529 在日文就是『肉』的意思。肉食文化近年來緩緩吹起，我們發現，肉食類文章在網路上反映都不錯；而且肉品銷售數字極佳。根據統計，近十年來台灣肉品市場有近十倍增長！就有媒體報導，台灣本土肉品質量改良與近年來各國肉品與火腿進口，都在推升國内肉食市場。」

對 GQ 來說，「紳服族」如果是「小衆」市場，「肉食族」則是相對較大的「分衆」市場，經營上也較不容易，因「肉食族」並沒有長期經營的專屬社群，而屬分散式都會人口；要接觸這個族群的方法，必須借助專業肉食餐廳。換句話說，GQ 較無法掌握肉食人口，但肉食餐廳可以。

台灣肉食人口主要有以下類型，一是都會女性。GQ 編輯部主管在進行消費行爲分析發現，肉食人口中有六成以上爲女性，且已婚婦女比例高於單身女性。該主管分析，已婚婦女約三五好友聚會，頗有逃離現實生活放鬆心情的特殊意義。

「都會媽媽族群經常有定期聚餐習慣，對她們來說，姊妹淘聚會可以暫時擺脫柴米油鹽，回到少女時代！還可以交換孩子升學或生活情報，讓自己變得更美，生活更有質感。」

其次是運動健身人口。越來越多都會年輕人重視健身活動，甚至積極訓練體能與鍛錬肌肉，而肉類的適當取用，成爲健身人口的核心需求之一。越來越多餐廳推出健身美容餐。一位喜歡健身的女孩說道：「我只要做完 1 個小時的基礎訓練後，就一定要補充肉量。我可以不吃或少吃麵

包，但一定要吃肉類，這樣可以補充體能，也讓我的體態更爲健美！而且我會認眞計算卡路里。健身完吃頓肉食美味，是最幸福的事。」

三是大專生烤肉聚餐活動。一位資深媒體人指出，他發現越來越多大專生的 IG 打卡內容，就是一群人去吃火鍋或烤肉，尤其在重要運動比賽後，更是無肉不歡。這些運動型大專社團，也是肉食文化重要推動者。一位肉食餐廳業者提出：「每到週末假日晚上，你就會看到台北公館或大學城附近火鍋店或是韓式烤肉店，聚集一群又一群的大學生在排隊，大家組隊來吃肉，幾乎就是社團活動一部分。當然，年輕族群的消費能力不高，吃不起 500 元以上套餐，所以排隊餐廳一般都是百元火鍋或是 199 元～250 以內吃到飽餐廳。」

都會上班族群、運動健身族群與年輕健康族群，正是 GQ 極力爭取的潛在客群，他們具有一定消費能力，也追求某種都會時尚生活。反映在媒體議題創造上，《GQ 肉食節》成爲 GQ 與年輕族群對話的切入點，爲期 1 個月的《肉食節》活動，兼具逃避娛樂與審美教育體驗，以下說明。

2. 互動情境：逃避娛樂爲主，審美教育爲輔

《GQ 肉食節》第一年（2019 年）選定 23 家餐廳進行聯合行銷，第二年（2020 年）則增加到 44 個餐廳品牌，並有「厭世就吃頂級和牛」、「一個人吃肉：孤獨的美食家」等 15 條主題路線，貼近 Pine & Gilmore（1999）提出「搭配式劇場」類型，亦即使用者的表演穩定，但劇本有動態變化。在《GQ 肉食節》活動中，使用者表演主要展現在社交聚餐，而劇本則是 23 家餐廳的動態演繹。

整體活動設計必須能有效網羅都會「肉食族」，因此活動「劇本」設計有以下特點。一是逃避娛樂式的主題餐廳選定，以營造節慶特色。GQ 主管說明，都會「肉食族」不會只鎖定少數幾家餐廳，而會到處尋覓特色主題暫時逃離緊湊的生活節奏，因此《肉食節》活動特別導入 GQ 時尚品味與職人精神，並有以下條件。第一，餐廳經營者對餐飲有一定熱情投

入。第二，創意想法，在餐廳設計美感與肉品餐點創意上，必須有其特殊性。第三，經過市場檢驗，餐廳網路口碑必須在四顆星以上（滿分是五顆星）。

「參加《GQ 肉食節》的餐廳負責人必須讓人感受到所謂『職人精神』。他會反映在餐廳整體氣氛營造、菜單設計、餐點擺盤、服務設計，甚至飯後甜點上。像《肉大人》的餐後甜點之一是冰棒，而且做成肉紋花樣，相當具有巧思。整個餐廳經營充滿濃濃工藝風，結合都會酒吧放鬆體驗，讓肉食族有脫離現實的歡愉感，又能享受飲食美感。」GQ 主管分享。

另外如台畜公司延伸的新品牌 ROU by T-HAM，把肉鋪變成時尚有型的肉品購物店。除有職人特製手工肉品系列，另精選世界各國頂級生熟肉，請專業侍肉師悉心照顧，使店鋪成為「肉界明星」伸展台。又如台灣土產桂丁雞作為雞肉刺身料理品種，每隻送到燒物專賣店的雞，都需在三分鐘內快手分解以完整保鮮。又如老字號延齡堂，以自產酸白菜或番茄釀造為主，延伸為風格別具的特色湯頭。嚴選職人餐廳，成為《GQ 肉食節》連結「肉食族」重要關鍵。即使 2020 年 GQ 肉食節向下延伸到中低價位餐飲，如頂呱呱與台南阿霞等，也特別重視專業職人感與持續創新特色。

二是具審美教育之特殊菜單企劃。參加《GQ 肉食節》餐廳，必須為長達 1 個月的活動推出特殊體驗菜單。GQ 行銷企劃部人員逐一拜訪參與活動廠商，並從餐點吸引力、性價比、設計美感等角度，設計一份活動特製菜單，並說明菜色特質，活動元素與通路宣傳、立牌、相關宣傳物等進行一致性設計。餐廳主管說明，該餐廳原本就有一群忠實客戶，但參加《GQ 肉食節》有幾個好處，第一，增加變化性，讓老客戶感到新鮮有趣，提高回客率。第二，創造話題性，讓老客戶願意帶新客戶嘗鮮。第三，特殊體驗性，讓新食客可因活動宣傳慕名而來，成為忠實客戶。

「參加這類集體宣傳活動比自己單打獨鬥來得有效。GQ 雜誌的專版宣傳，等於幫我們做了一次品質保證。媒體的把關能力與影響力，對一般

消費者來說，還是能發揮關鍵口碑行銷效益。更重要的是，GQ 宣傳管道多元豐富，從臉書、IG、Line 到雜誌，都可以協助我們接觸到以前較不容易觸及的族群。」參與餐廳主管說明。

3. 互動時間：季節性主題搭配週期性分眾選物

在互動時間上，《肉食節》有效將肉食族群由線上動員到線下，並創造 GQ 季節性報導內容。在活動期間，每週有 #GQ 美食編輯採訪日記，系統性報導合作的 23 家職人餐廳。另外在週期性活動設計上，GQ 建立與職人餐廳連結，並在 GQSHOP 電子商務網站有延伸性品牌行銷活動。GQ 數位行銷主管說明：

「讓肉食族在活動過後能跟著職人餐廳到 GQSHOP 買東西，本質上是一項服務，但使用者會因此認識到 GQSHOP 的嚴選精神，幫使用者省去買到雷的壞心情。GQ 有一個四輪傳動哲學，運用社群、事件、內容與電子商務來強化我們的品牌競爭力。」

在 GQSHOP 電子商務網站，除有時尚配件、科技 3C、香氛理容、家具燈飾等專櫃外，品味生活、餐飲食器與主題企劃也成為熱門電商主題。GQ 並積極透過節慶活動建立與職人品牌連結關係，以聯名企劃經營電子商務，有效黏著分眾客群。

4. 取價模式：重新定義間接付費模式

過去企業客戶與 GQ 洽談廣告版面或置入報導，但透過《肉食節》舉辦，GQ 有效建立品牌商合作網絡，發展銷售分潤的間接付費機制。在活動期間，GQ 主要有以下獲益。一是有形收益，除參與廠商的「上架費」外，消費者用餐付費也由餐廳、Fun Now 與 GQ 均分，讓 GQ 有分潤收益。2020 年 GQ 則推出 Line 專屬宣傳帳號，並與蝦皮購物合作，推出《蝦皮 X GQ 肉食選物節》，擴大營收效益。二是無形宣傳與客群經營，過去 GQ 雖以時尚客群為主，但傳統上仍以流行服飾穿搭與配件為核心內容。為打破報導內容僵化性，GQ 積極經營流行時尚生活，《肉食節》成為創

新內容報導起點。

「紳服與美食美酒，將是 GQ 未來在客群經營上的重要定位；而 VOGUE 則是時尚、美食與美酒。我們認為需要針對特定分眾需求，進行核心與延伸服務探索，並藉此和其他時尚媒體做出區隔，深化我們原有的核心能力。」資深主管分析。

三是優質品牌經營。由分眾活動舉辦過程，GQ 不但開始有效連結特殊客群，更積極經營在分眾客群背後的品牌廠商，以優質選物經營電商平台，讓合作品牌商有另一個線上產品與服務銷售通路。此外，合作品牌商也有機會持續參與 GQ 其他分眾活動，如《城市野營》等，以拓展分眾客群。

至於參加者在為期 1 個月的《GQ 肉食節》中，享有美味折扣優惠與特殊活動禮品。《肉食節》推薦餐廳也讓肉食主義者降低搜尋成本，享受不同類型美味。此外，GQ 資深主管也不諱言，在 5 月底舉辦《肉食節》活動，也讓剛繳完稅的都會肉食族與即將迎接上市櫃公司半年報主管群稍微喘一口氣，紓解壓力，「藉美食逃離現實，犒賞自己」。至於 2020 年則因新冠肺炎延到 8 月 20 日～ 10 月 4 日舉辦，除拉長期間並擴大舉辦，以回應國人無法出國的在地消費需求。

而對參加《GQ 肉食節》的餐廳來說，主要獲益有以下數者。首先是無形品牌知名度提升，尤其 GQ 的專業媒體守門更成為餐廳品牌認證，大幅提高專業認同感。例如介紹鬍子餐酒（Baffi Italian Trattoria），GQ 編輯就以專業文案介紹餐酒特色：「經營將近七年的 Baffi 鬍子餐酒，絕對可以入列台北最受歡迎的義大利餐廳。鬍子餐酒的主廚許居廷（Xavier）擁有豐富完整的 Fine-dining 料理訓練，而最後卻選擇專注在義大利料理領域，用講求原味的烹調手法來直球對決。」

由這段文字可以發現，GQ 由主廚介紹餐廳特色，並貼上「最受歡迎的義大利餐廳」，這樣的短文推薦相當具有吸引力，形塑 GQ 專業認證之

品牌形象；且《肉食節》的聯合品牌行銷活動，也形塑流行話題，創造季節性營銷佳績。

其次是有形收益。參與餐廳直言，一般 5 ～ 6 月是餐飲服務業淡季，因適逢繳稅大季與上市公司財報旺季，許多都會上班族無心享用美食，而有餐飲業「五窮六絕」之稱。因此《GQ 肉食節》無疑是雪中送炭，讓參加餐廳可以紓解困境。

（三）大衆社群體驗：多方互動關係

1. 大衆社群特質：一般性市場，認同度較低

《全球購物夜》（Fashion Night Out, FNO）舉辦要追溯到 2009 年全球金融海嘯之際，全球經濟景氣大幅震盪，而時裝產業也深受影響。當時 VOGUE 時尚總編發起 Fashion Night Out 活動，鼓勵全球城市人口能夠走出來喝一杯香檳，體驗一份美食，讓生活更有美感，藉此提振都會消費景氣。由此，兼具時尚美感與娛樂享受的都會時尚族群，成爲 FNO 訴求對象。2016 年 FNO 則進一步發展爲《全球購物夜》時裝發表會。

《全球購物夜》在亞洲地區以日本和台灣最具指標意義。日本 FNO 特別在 2011 年 311 地震後，發展爲另一個特殊的表參道時尚活動。時尚大師春上龍，每年針對 311 推出紀念 T-Shirt 並在東京表參道上展演，所得捐給 311 受難戶。至於台灣則在 2009 年「八八水災」發起 101 義賣活動。2018 年與台北時裝週合作，推出 Taipei Fashion Week。對 VOGUE 而言，將時尚品牌精神結合都會時裝活動，深具指標意義，可以讓時尚與都會生活開始緊密結合。

《全球購物夜》一開始鎖定的族群是都會購物族，尤其過去每逢重大節慶活動就會瘋狂購物的時尚上班族、婆婆媽媽族群等，在金融海嘯衝擊下，出現消費緊縮現象，連帶影響百貨購物與民生消費市場。不過發展至今，《全球購物夜》在台北已演化爲《台北時裝週》，鎖定客群更延伸到年輕時尚族群，年度主題活動設計嘗試與年輕族群對話。例如 2018

「時尚，現在式怎樣？」2019 年主題「Next Gen（Generation），下一站台北」傳遞理念為：「呼籲下一個世代，你的夢想與希望實現的舞台在台北」與時裝週精神相呼應；而「Generate」也有「創造、產生」之意，希望在連結世代上有跨界合作，共同創造能邁進下一步的動力。2020 年則是「Re:CONNEXT 去＿你的時尚」順應新冠肺炎疫情，以重生的力量為主軸，匯聚時尚設計能量。由 2019 年《台北時裝週》客群結構分析，VOGUE 台北時尚總監說明：

「現在已經沒有時尚不時尚的說法，像文青也屬於 fashion 的一種。現今社會追尋的是風格，例如 39 元也能獲得好物；透過資訊傳播，讓多元風格呈現不同族群特色。VOGUE-TW 希望透過這個活動，在此平台上與不同風格族群溝通，包括文青、家庭、信義區人潮、學生、當代藝術團體等，也讓時裝週這件事變成全城動員的感覺。」

例如《首爾時裝週》已演變為首爾市民活動，父母會帶小孩參與打扮、看 show、逛市集。《台北時裝週》在 2018 年就與謝杰樺（參與世大運活動）導演做跨界合作，讓音樂表演與多媒體藝術等多元領域人才有跨界交流機會，並與都會年輕族群有效溝通。2020 年台北時裝週則深入探討人與自然的關係。主題館《懸日航站》再次邀請謝杰樺擔任「春夏時尚首航派對」總導演，以投影聲光和互動科技等數位藝術，讓模特兒融入觀眾群中自然演繹，豐富「Re-CONNEXT」演出內容。

2. 互動情境：娛樂審美為主，逃避教育為輔

《台北時裝週》、《白晝之夜》、《時尚國際論壇》等系列活動，因定位為台北市政府的城市行銷（2020 年擴大與文化部和經濟部合作），劇本與表演型態相對穩定，深具舞台式展演性質。因此在活動推廣上，VOGUE 積極結合台北市政府的媒體資源，包括大眾媒體報導與台北市長柯文哲個人 IG 帳號，以時尚行銷城市，動員市民參與。

「我經常 follow 柯文哲市長臉書與 IG，我覺得他越來越時尚。柯市

長還曾經入選 GQ 年度風格男人（Man of the Year, MOTY）大賞，以肯定他對世大運活動設計與對城市治理的熱情投入。」GQ 資深編輯說明 2020 年的時裝週貴賓還有文化部長、經濟部長與立法委員，共同倡議時尚新生活，也建構台灣時尚產業與全球的連結。

　　《台北時裝週》鎖定客群是時尚、文青、家庭、學生與當代藝術團體等各年齡層，以娛樂審美為主，逃避教育為輔。活動類型一，娛樂審美類如品牌快閃店活動，在台北信義計畫區，為期近 1 個月，主要有以下特色內容。特色一是最新時尚流行。VOGUE 與八位時尚設計師在 BELLAVITA 一樓中庭開設秋冬系列品牌快閃店，讓頂級時尚客群能掌握最新時尚資訊；另有知名品牌最新車款展示。2020 年 10 月的台北時裝週活動則特別設計《懸日航站》主題館，以「迎上未來，飛向外太空，擁抱新生活」為理念，設計「驅動市集」銷售商品；並有「地上基地」的走秀活動。

　　特色二是跨界流行資訊，與日本福岡知名巧克力店「LES TORIS CHOCOLATES」及人氣花藝家 Nicolai Bergmann 合作，傳遞日本「福岡・天神」的美食購物情趣等。特色三是 VOGUE SHOP，VOGUE 推出限定商品快閃小鋪，從韓誌到實用小物等時尚商品，可以感受 VOGUE 聯名嚴選標準。此外，VOGUE 結合新上檔電影與創作歌手，共同設計影音表演節目，以貼近年輕族群需求。

　　活動類型二，逃避教育類。《白晝之夜》（Nuit Blanche）發源於 2002 年的法國巴黎，在 10 月第一個週六夜晚舉行，活動緣起是巴黎市政府希望市民親近當代藝術，暫時逃離白天的世俗煩擾，同時對城市生活有更嶄新的深度認識。活動以當代藝術展演為主，邀請世界各地藝術家一起設計，展現都市創新和公共空間設計的前衛藝術展演。台北市則在 2016 年的《世界設計之都》活動，導入《白晝之夜》。

　　2019 年《白晝之夜》特別企劃《雙面芭蕾》主題，邀請胡朝聖擔任藝術總監，讓民眾重新探索具有兩面性、無法用單一特色概括的城市。

並藉由強調人在日常生活中有脈絡可循的身體動作，類似芭蕾舞的韻律與體操特質，持續發展成「地方芭蕾」學說，透過藝術文化滲透社區。45場次演出、22處夜間藝術裝置及超過18場串聯活動，整個城市裡的男女老少，都化身為城市藝術家。例如在「一分鐘雕塑」（One Minute Sculpture）活動中，不少年輕人與小朋友拿著生活中的衣服、橘子、洋娃娃，擺出特殊造型，相當可愛討喜。

「日出時，我們一起和世界安靜！大家在瑜伽老師帶領簡單修復姿勢下，一同圍坐，連結成一個更大的安靜體，一起浸泡在安靜裡迎接日光；在晨光下冥想，讓安靜滲透裡裡外外，將光與靜播送給這座城市、這座島嶼、這顆地球。」臉書粉絲頁上的圖說，讓台北市美堤河濱公園化身為瑜伽修練場。

時尚國際論壇則具審美教育性質。2019年《台北時裝週》以時尚新秩序（What's Next: The Next Fashion Order）為題，包括循環時尚、網紅經濟、電子商務等。除邀請VOGUE Business總編輯主講「2020時尚大趨勢」外，另有「如何利用數位媒體建立和發展品牌」、「時尚趨勢與時尚樣貌的轉變」、「一個設計師的自白」等特色主題。2020年則以永續為主題，由低碳、機能布料、結合AR、VR等影像處理，強化活動特色。

從時尚娛樂性、審美藝術性到教育知識性，《台北時裝週》、《白晝之夜》、《時尚國際論壇》嘗試融合娛樂審美與宛如世外桃源的教育體驗，進行跨世代時尚對話。所謂「世代差異」可能是年齡差距，也可能是不同專業領域差異、生活習慣差異、或是隱而未現的雙面落差，例如城市黑夜與白天的差異，文明生活與塑膠垃圾等；藉由這些跨世代對話，讓時尚成為城市生活底蘊的一部分，也藉此反思時尚的意義。

3. 互動時間：季節性主題搭配週期性品牌報導

《台北時裝週》、《白晝之夜》、《時尚國際論壇》等主題，也幫VOGUE建立季節性的品牌動員與週期性時尚報導。首先在季節性活動

上，《台北時裝週》讓 VOGUE 有效建立與大眾市民間的對話機制，而有時尚品牌多元詮釋可能。由此，VOGUE 品牌藉由城市行銷活動，有效融入多元媒體場域，跳脫 VOGUE 通路局限。一是市民自媒體。許多都會族群化身時尚文化場域主角，主動上傳臉書社群打卡，形成社群傳播效益。例如 2019 年《白晝之夜》活動，九件大型裝置藝術在台北內湖大直河濱公園展演，就引起許多市民主動拍照上傳。

「各種白兔與燈景相呼應，感覺很像是月亮上的白兔正在展演各種活動，非常有趣，也呼應中秋節的節慶感。這很適合一邊在大直河濱公園賞月、賞景、賞裝置藝術。天上與地上相互觀照。」一位參與活動的大專生指出。

主辦單位 VOGUE 則在臉書成立活動主題官網，定時分享活動當天成果，以圖文並茂設計，引發社群討論。另外專業雜誌如《台北畫刊》也由藝術角度詮釋「城市與藝術共舞」的《雙面芭蕾》等作品，作為畫刊剪影記錄。VOGUE 也在事後以週期性主題報導，介紹《台北時裝週》具體內容，以年度盛事做成活動記錄。

總結來說，從市民臉書分享、專業畫刊記載、台北市政府活動官網推播、VOGUE 報導記錄，到大眾傳播媒體主題報導，形塑多元傳播記錄，也建立 VOGUE 品牌的多元連結機制。市民也因為建立對 VOGUE 時尚品牌定位之專業信任，而開始追蹤 VOGUE IG，甚至購買雜誌，成為時尚生活的倡議者。

VOGUE 也由城市動員的品牌經營過程中，建立與城市大眾對話的多元模式，例如 2015 年開始以《風格野餐日》提倡時尚健康生活，就與台北市觀光傳播局共同主辦；2019 年 8 月，GQ 與桃園市政府共同打造全運會，以結合運動與流行時尚等。這類結合市政府的城市動員活動，吸引不同類型品牌廠商贊助參與，也形塑 VOGUE 與 GQ 的另類商業模式，以下說明。

4. 取價模式：重新定義免費模式

《台北時裝週》讓 VOGUE 重新定義「消費者免費」的取價機制。在無形效益上，VOGUE 成為時尚指標品牌與城市行銷優先品牌。許多年輕世代因《台北時裝週》或一年一會的《風格野餐日》（2015 年起），更認識 VOGUE 與 GQ 品牌。

在有形收益上，VOGUE 由《台北時裝週》建立與市政府和優質品牌的連結贊助關係。VOGUE 行銷部門主管直言，市政府的贊助資源也許尚不足以支應活動本身，但城市行銷的強力動員，卻能吸引許多優質品牌加入。尤其《台北時裝週》活動舉辦讓贊助廠商可以直接將產品、服務或體驗傳達給消費者，有溫度的互動感受，取代冰冷的文字想像。此外，VOGUE 也開始扮演城市行銷顧問角色，協助各地方政府經營專屬時尚活動。例如與桃園市政府共同打造全運會，以結合運動與流行時尚等。

《台北時裝週》讓 VOGUE 重新定義「消費者免費」的取價機制。VOGUE 資深主管指出，和市政府聯名合作所帶來的無形效益其實遠大於有形利益。在無形效益上，VOGUE 成為時尚指標品牌與城市行銷的優先品牌。許多年輕世代因《台北時裝週》或一年一會的《風格野餐日》（2015 年起），或 GQ 與桃園全運會（2019 年）等一系列主題活動更認識 VOGUE 與 GQ 品牌；也藉由活動參與，建立對風格時尚體驗。

「對許多城市來說，設計之都、風格野餐等城市行銷，不找 VOGUE 合作，是很奇怪的事！VOGUE 品牌價值，遠大於實質獲利，我們持續在都會各個年齡層生根，建立優質品牌的領先地位。」VOGUE 台灣區高階主管指出。

在有形收益上，VOGUE 由《台北時裝週》建立與市政府和優質品牌的連結贊助關係。VOGUE 行銷部門主管直言，市政府或文化部的贊助資源也許尚不足以支應活動本身，但城市行銷的強力動員，卻能吸引許多優質品牌加入。尤其，相較於傳統雜誌廣告的照片圖說，《台北時裝週》活

動舉辦讓贊助廠商可以直接將產品、服務或體驗傳達給消費者，有溫度的互動感受，取代冰冷的文字想像。

以城市行銷議題動員廠商投入，VOGUE 不但爭取到贊助經費，也豐富雜誌在平面與數位媒體的報導內容。尤其 VOGUE 資深編輯群對品牌贊助廠商的廣告內容也善盡守門責任，避免過於庸俗或直白的置入型態。

「例如我們要求某威士忌酒置入廠商照片，不能是單純的酒杯，而必須是酒壺；上面還要用雷射雕刻加上品牌 LOGO，讓與會者在會後可以帶走這份紀念品，深具特殊紀念價值。」VOGUE 品牌行銷主管指出。

總結來說，以城市為單位的大型時尚動員，背後不但是 VOGUE 雜誌本身在商業模式上的轉型與獲利來源的改變，更重要的是城市行銷所創造的外溢效應（spillover effect），包括培養年輕讀者、強化與優質時尚品牌的連結、建構跨領域對話平台等，進而提高 VOGUE 品牌的時尚影響力與未來延展性。此外，VOGUE 也開始扮演城市行銷顧問角色，協助各地方政府經營專屬時尚活動。

（四）社群體驗之類型化解讀

本研究提出三種類型的社群體驗，進而有融合新舊商業模式之特殊機制，主要有以下解讀。首先是融入社群，需有特殊身分定位，以強化社群認同感。小眾「紳服族」的線上會員社群與線下定期聚會如 Formal Friday，GQ 編輯化身社群參與者，與其他社群成員扮演議題發動者角色（member），相當於個人層次的直接互動。分眾「肉食族」經營，GQ 則扮演「肉食族」與職人餐廳的中介角色（broker），並將分眾「肉食族」在活動過後轉化為 GQSHOP 購物者（shopper），相當於組織層級的三方互動。在大眾都會族之經營上，時尚媒體與政府機構、時尚藝術團體、多元媒體與優質品牌合作，扮演連結者角色（connector），相當於機構層級互動；都會時尚族群則開始追蹤 VOGUE IG 或訂閱雜誌，成為時尚潮流的讀者（reader）。

其次是融合社群經營與專業報導，需釐清社群互動機制，以共創內容價值。過去大眾媒體經營內容多為事後報導；但本文之時尚媒體卻化被動為主動，針對不同類型社群，策動社群專屬活動，以共創獨家內容。小眾之雙方互動以高度社群認同感為主，分眾之三方互動需借助特色品牌商以黏著客戶，大眾之多方互動則仰賴城市行銷動員。釐清互動關係，才能有效建構互動情境與互動時空，進而有特色內容價值。

第三是創新營收機制，需同步轉化傳統營收模式，以融合新舊取價機制。傳統媒體以用戶訂閱和廣告置入收益為核心來源，但本研究發現，以社群體驗為基礎的新舊商模融合設計中，原有使用者付費與廣告置入並不一定會消失，而是需要重新定義。使用者不一定願意為一般性報導內容付費，卻願意為專屬而具特殊身分認同的小眾活動付費；企業組織不只在媒體上打廣告，更願意由特定議題連結分眾客群，並支付活動上架費與消費分潤。而具公共性的服務內容，使用者不需付費，但由機構或優質贊助商付費。媒體則進一步創新營收來源，包括活動授權、電子商務與行銷顧問等。由此可見，新舊營收融合的真諦在由新營收重新定義舊營收，並開展全新營收模式。

表：策動社群體驗與新舊商模融合

分析要素	小眾	分眾	大眾
社群特質	**小眾社群**：利基市場，採許可式會員制，社群認同度高	**分眾社群**：分群市場，社群認同度不若小眾	大眾社群：一般性市場，社群認同度最低
互動關係	**雙方互動關係**：生產者融入小眾社群，共同扮演意見領袖角色（opinion leader）	三方互動關係：生產者扮演中介角色（broker），分眾消費者轉化為購物者（shopper）	多方互動關係：生產者扮演機構、企業與多方利害關係人連結者角色（connector），大眾化身為讀者（reader）
互動情境	以教育審美為主，逃避娛樂為輔	以逃避娛樂為主，審美教育為輔	以娛樂審美為主，逃避教育為輔

分析要素	小眾	分眾	大眾
互動時間	較密集，定期性聚會互動 **線上到線下**：季節性議題動員，如紳服節 **線下到線上**：週期性主題連結。如每週定期聚會之專題報導	較彈性，搭配主題性互動 **線上到線下**：季節性議題動員，如肉食節 **線下到線上**：週期性主題連結，開發分眾多元主題需求，豐富購物網站內容	較不密集，月刊連結 **線上到線下**：季節性議題動員，如台北時裝週等 **線下到線上**：週期性主題連結，多元媒體報導
定價模式設計	**重新定義直接付費模式**：消費者由支付訂閱費到支付活動參與費 **新營收來源**：海外授權費與多種贊助	**重新定義間接付費模式**：企業由支付廣告費，到支付上架費與分潤 **新營收來源**：電商平台	**重新定義免費模式**：大眾不用付費，由政府計畫經費挹注。另有品牌廠商贊助等其他收益來源 **新營收來源**：顧問服務收費

資料來源：本研究整理

七、個案反思

（一）理論反思

相較於過去媒體創新論述提出替代、複合、互補等觀點（Oestreicher-Singer & Zalmanson, 2013; Weill & Vitale, 2001），本文提出新舊商模融合的創新思維，並展現在創價與定價機制的特殊歷程上。

首先，融合乃指兩種商業模式交融為一，並產生特殊質量變化，舊商模孕育新商模，而新商模則重新定義舊商模。至於「複合」乃是兩種商業模式相互獨立，但產生互賴關係，原有商模未變（Bonaccorsi, Giannangeli, & Rossi, 2006; Prasarnphanich & Gillenson, 2003）；「整合」乃是兩者合而為一，亦未必有質量變化（Balakrishnan & Wernerfelt, 1986; Björkdahl, 2009）。本文由媒體在商模創新歷程中的角色定位、價值創造與價值擷取之定價過程，提出新舊融合新見解。

首先是角色融合，尤其是新舊角色融合。媒體記者或編輯角色原在

報導，但「由內容到社群」的經營變革中，媒體記者除要扮演報導角色，也要在社群中扮演會員、中介者、或連結者角色；更重要的是，媒體記者被賦予「策展人」（curator）的特殊定位。「策展人」概念最常用於博物館與文創場域（Gilliland-Swetland & white, 2004; Zamani & Peponis, 2010），含有守護監管之意（guardian, oversee）。相較於一般社群的自主經營，媒體的社群經營負有特殊傳播教育與公民權益保障的守護責任，這反映在本文時尚媒體於經營特色活動與邀請職人廠商的嚴格標準上。

而在價值創造上，本文提出產銷共創之融合機制，強調由互動關係、互動情境、與互動時間分析價值共創歷程。過去文獻探討價值共創議題主要著重在不同利害關係人間的互動與創價歷程（杜鵬、李慶芳、周慶輝、方世杰，2017），本文則進一步由社群經營角度，探討產銷互動的特殊類型，亦即小眾社群的雙方互動，分眾社群的三方互動與大眾社群的多方互動。且在互動關係上的角色融合（已如上述，即生產者與社群經營者之雙重角色扮演）；互動體驗上巧妙融合教育、娛樂、美學與逃避現實之情境感受；互動時間上融合線上到線下的季節性動員，和線下到線上的議題性動員，具體而微闡釋社群經營之融合創價與產銷共創之差異。

在定價設計上，本文提出以新創舊，以舊育新的定價融合機制。媒體的直接取價、間接取價、與免費模式，乃被重新定義。這是本文對商模創新的另一項貢獻，相較於過去探討新舊營收模式間的替代關係或互補關係（Kollmann et al., 2012; Lieber & Syverson, 2012），本文提出新舊商模的互融與互榮關係，新舊營收不但相互融合，且相互增益，創造全新定價機制。

其次，本文也對體驗經濟文獻做出貢獻。過去體驗經濟提出，使用者有不同參與度與連結度，影響在體驗活動設計上的類型化差異（Atwal & Williams, 2017; Pine & Gilmore, 1998）。本研究指出，使用者的社群身分認同（identity），是影響其對社群活動參與度與連結度的主要原因。本文提出小眾、分眾、大眾因社群認同度差異，而需有不同的互動設計，包

括互動關係、互動情境與互動時間。

在互動關係上，本文特別提出小衆社群的雙方互動，分衆社群的三方互動，與大衆社群之多方互動機制，這是過去社群經營較少討論者。在互動情境設計上，過去研究指出，社群體驗內涵往往非單一面向而具有融合特質，例如頂級遊艇駕駛或高爾夫球俱樂部活動，兼具教育與娛樂價值；博物館策展設計則兼具美感與教育等（Atwal & Williams, 2017; Pine & Gilmore, 1998）。最主要原因就在於社群需求並非單一，因此如何融合兩種以上之體驗價值，才是社群體驗設計核心。

本文指出，社群互動情境必須依社群認同度，而有融合設計差異。小衆社群認同度高，自然在參與度與連結度較高，因此融合情境之體驗設計可以教育審美爲主，逃避娛樂爲輔；分衆認同度不若小衆，在融合情境之體驗設計可以逃避娛樂爲主，審美教育爲輔；大衆之認同度更不若分衆，融合情境設計可以娛樂審美爲主，逃避教育爲輔。總之，融合情境設計需依社群認同度而定。

在互動時間密度上，這是過去研究較少探討者。近期研究討論線上與線下的社群網路連結（Rayport & Sviokla, 1995; Subrahmanyam, Reich, Waechter, & Espinoza, 2008），但卻未說明虛擬與實體通路如何連結，才能有效滿足社群體驗需求，並對社群經營有所助益。本研究提出「線上到線下」的季節性互動在動員社群，提高認同度；「線下到線上」之週期性互動則在維繫社群。總結來說，由社群認同感策動社群的互動關係、互動情境與互動時間，是本文對體驗經濟的重要貢獻。

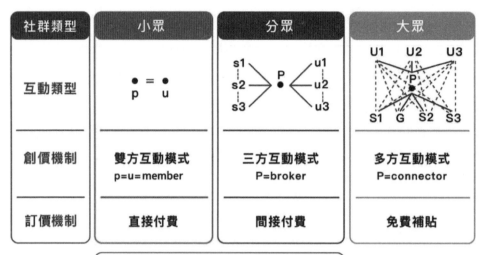

社群類型化之創價與定價機制
資料來源：本研究整理

（二）實務建議

就實務運用層面言，本文指出，在社群媒體時代，不論是媒體產業或一般企業，應由社群經營角度重新設計與使用者之互動，以創新商業模式。本文提出「融合商模五音全」（亦指「五要因」）之管理工具，以作為企業在融合新舊商模之決策依據。企業策動商模變革原本不易，若能巧妙融合新舊商模，當如演唱天籟般，五音俱全，引人入勝。以下說明之。

實務一：精準社群選擇──核心價值契合度。企業在選定社群之評估，應區分小眾、分眾與大眾之外，更應和本身核心價值與產品服務理念契合，才能有效聚焦。所謂小眾乃是特殊利基市場，如 Dyson 系列高端生活用品客群，在社群發展初期不容易被發現。分眾乃屬差異化市場，有一定客群基礎，對創新事物接受度相當高，如大學新創團隊，這類客群呈現一定消費成長性，容易引起市場關注。大眾如全聯鎖定的婆婆媽媽客群等。越能精準描繪社群樣貌，越能有效探索社群需求，以作為創新服務依據。

　　實務二：界定互動關係——角色扮演認同度。在確認小眾、分眾、大眾之核心客群後，企業可進一步設計主要互動關係，並重新定義自己的角色扮演。舉例來說，小眾客群經營上，國內知名遊戲網站巴哈姆特便邀請電玩族一起組團赴日本參加電玩展。分眾如小資美妝族群，就有《女人我最大》精選時尚美妝品牌置入行銷體驗活動。大眾如都會時尚族群，VOGUE就與台北市觀光傳播局合作，舉辦風格野餐日，連結美食、服飾、嬰幼兒時尚品牌、家電、精品咖啡等，以補貼贊助活動邀請市民共同參與。

　　實務三：擬定互動情境——參與吸收感受度。在確認社群類型後，需進一步擬定體驗融合機制。體驗依投入度是主動或被動而有高低區分，感受度依沉浸或吸收也有高低差異，由此可規劃出教育、娛樂、審美、逃避現實等四種體驗。本文則建議企業可依選定之小眾、分眾、大眾特質需求，提出上述四種體驗之融合機制，僅比重不同，主客有別，以作為設計線下體驗與線上社群經營之依據。

　　實務四：設計互動時間——動員節奏密度。線上到線下的季節性議題動員，線下到線上的週期性主題連結。本文建議，在社群經營上，企業必須有年度話題動員，與平日社群經營，並依社群特質而有經營頻率與機制上的差異。

　　實務五：調整營收模式——新舊營收機制融合。本文提出，當企業能有效經營社群實務後，就有機會逐步創新營收模式，包括直接取價、間接取價、或是補貼贊助模式等；並有創新其他營收機制可能，如活動品牌授權、電子商務、顧問服務等。

表：「融合商模五音（因）全」之管理決策工具

精準社群選擇：核心價值契合度	界定互動關係：角色扮演認同度
說明：精準設定核心目標客群類型	說明：融合生產者與社群經營者之雙重角色
小眾：利基市場　分眾：差異化市場	小眾：會員經營者　分眾：供需中介者
大眾：一般市場	大眾：多方連結者

舊營收：重新定義
新營收：全新獲益

擬定互動情境：參與吸收感受度	設計互動時間：動員節奏密度
說明：融合教育娛樂審美等情境體驗	說明：融合線上與線下活動
教育：投入高吸收高　娛樂：投入低吸收高	季節性議題動員：從線上到線下
審美：投入低吸收低　逃避現實：投入高吸收低	週期性主題動員：從線下到線上

資料來源：本研究整理

本章參考文獻

杜鵬、李慶芳、周信輝、方世杰，2017。〈「（創）串新」的服務模式：以價值共創觀點探索尚品宅配的服務流程與本質〉。**管理學報**，第 34 卷第 3 期：401 ～ 430。

何國華，2014。〈商業創新與媒體創新：國際通訊社轉型研究〉。**傳播與社會學刊**，第 30 期：191 ～ 226。

姚成彥，2015。〈虛實整合：特力屋電子商務的服務創新〉。**中山管理評論**，第 23 卷第 1 期：377 ～ 409。

許嘉霖、于立宸、趙心怡，2019。〈美容美妝線上品牌社群體驗如何增進使用者之體驗價值、態度及持續使用意圖〉。**管理評論**，第 38 卷第 4 期：1 ～ 14。

陸定邦、黃思綾，2011。〈博物館經營虛擬社群之調查研究—以藝術類博物館為例〉。**博物館學季刊**，第 25 卷第 3 期：65 ～ 81。

蔡政安、程雨萍，2019。〈探索大稻埕社區之虛實整合創新商業模式〉。**電子商務學報**，第 21 卷第 1 期：121 ～ 146。

蕭瑞麟、歐素華，2017。〈資源流：聯合報系複合商業模式的形成〉。**組織與管理**，第 10 卷第 1 期：1 ～ 55。

Atwal, G., & Williams, A. 2017. Luxury brand marketing-the experience is everything!, *Advances in Luxury Brand Management*: 43-57: Springer.

Balakrishnan, S., & Wernerfelt, B. 1986. Technical change, competition and vertical integration.

Strategic Management Journal, 7(3): 347-359.

Björkdahl, J. 2009. Technology cross-fertilization and the business model: The case of integrating ICTs in mechanical engineering products. *Research Policy*, 38(9): 1468-1477.

Bonaccorsi, A., Giannangeli, S., & Rossi, C. 2006. Entry strategies under competing standards: Hybrid business models in the open source software industry. *Management Science*, 52(7): 1085-1098.

Cappetta, R., Cillo, P., & Ponti, A. 2006. Convergent designs in fine fashion: An evolutionary model for stylistic innovation. *Research Policy*, 35(9): 1273-1290.

Chesbrough, H., & Rosenbloom, R. 2002. The role of the business model in capturing value from innovation: Evidence from Xerox Corporation's technology spinoff companies. *Industrial and Corporate Change*, 11(3): 529-555.

Christopher, M., Lowson, R., & Peck, H. 2004. Creating agile supply chains in the fashion industry. *International Journal of Retail & Distribution Management*, 32(8): 367-376.

Collis, D. J., Olson, P. W., & Furey, M. 2009. The newspaper industry in crisis. *HBS Case*(709-463).

Cummings, J. N., Butler, B., & Kraut, R. 2002. The quality of online social relationships. *Communications of the ACM*, 45(7): 103-108.

El Sawy, O. A. 2003. The IS Core IX: The 3 Faces of IS identity: connection, immersion, and fusion. *Communications of the Association for Information Systems*, 12(1): 588-598.

Enkel, E., Bogers, M., & Chesbrough, H. 2020. Exploring open innovation in the digital age: A maturity model and future research directions. *R&D Management*, 50(1): 161-168.

Fleming, L., & Waguespack, D. M. 2007. Brokerage, boundary spanning, and leadership in open innovation communities. *Organization Science*, 18(2): 165-180.

Gilliland-Swetland, A., & white, L. 2004. Museum Information Professionals as Providers and Users of Online Resources. *Bulletin of the American Society for Information Science & Technology*, 30(5): 23-26.

Godes, D., Mayzlin, D., Chen, Y., Das, S., Dellarocas, C., Pfeiffer, B., Libai, B., Sen, S., Shi, M., & Verlegh, P. 2005. The firm's management of social interactions. *Marketing Letters*, 16(3-4): 415-428.

Goffman, E. 1974. *Frame Analysis: An Essay on the Organization of Experience*: Harvard University Press.

Keen, P. G. W. 1993. Information Technology and the Management Difference: A Fusion Map. *IBM System Journal*, 32(1): 17-39.

Kim, A. J. 2000. *Community Building on the Web: Secret Strategies for Successful Online Communities*: Addison-Wesley Longman Publishing Co., Inc.

Kodama, F. 2014. MOT in transition: From technology fusion to technology-service convergence. *Technovation*, 34(9): 505-512.

Kollmann, T., Kuckertz, A., & Kayser, I. 2012. Cannibalization or synergy? Consumers' channel selection in online-offline multichannel systems. *Journal of Retailing and Consumer Services*, 19(2): 186-194.

Lieber, E., & Syverson, C. 2012. Online versus offline competition. *The Oxford Handbook of the Digital Economy*: 189-234.

Nonnecke, B., & Preece, J. 2000. *Lurker Demographics: Counting the Silent*. Paper presented at the Proceedings of the SIGCHI conference on Human Factors in Computing Systems.

Oestreicher-Singer, G., & Zalmanson, L. 2013. Content or community? A digital business strategy for content providers in the social age. *Mis Quarterly*: 591-616.

Pine, B. J., & Gilmore, J. H. 1998. Welcome to the experience economy. *Harvard Business Review*, 76: 97-105.

Pine, B. J., & Gilmore, J. H. 1999. *The Experience Economy: Work is Theatre & every Business a Stage*: Harvard Business Press.

Prasarnphanich, P., & Gillenson, M. L. 2003. The hybrid clicks and bricks business model. *Communications of the ACM*, 46(12): 178-185.

Preece, J., & Shneiderman, B. 2009. The reader-to-leader framework: Motivating technology-mediated social participation. *AIS Transactions on Human-computer Interaction*, 1(1): 13-32.

Rayport, J. F., & Sviokla, J. J. 1995. Exploiting the Virtual Value Chain. *Harvard Business Review*, Nov-Dec.: 75-85.

Singer, J. B., & Ashman, I. 2009. "Comment is free, but facts are sacred": User-generated content and ethical constructs at the Guardian. *Journal of Mass Media Ethics*, 24(1): 3-21.

Subrahmanyam, K., Reich, S. M., Waechter, N., & Espinoza, G. 2008. Online and offline social networks: Use of social networking sites by emerging adults. *Journal of Applied Developmental Psychology*, 29(6): 420-433.

Teece, D. 2010. Business models, business strategy and innovation. *Long Range Planning*, 43: 172-194.

Turner, J. H. 1988. *A Theory of Social Interaction*: Stanford University Press.

Weill, P., & Vitale, M. 2001. *Place to Space: Migrating to eBusiness Models*: Harvard Business Press.

Yoo, Y., Boland Jr, R. J., Lyytinen, K., & Majchrzak, A. 2012. Organizing for innovation in the digitized world. *Organization Science*, 23(5): 1398-1408.

Zamani, P., & Peponis, J. 2010. Co-visibility and pedagogy: innovation and challenge at the High Museum of Art. *Journal of Architecture*, 15(6): 853-879.

第三篇

複合商模演化

第九章　複合商模演化總論

> 複合組織最大的問題就在其本質是令人困惑的組織體，
> 內部充滿相互矛盾的壓力。這意味著組織內部運作體系很難
> 理解，而組織行為也很難預測。
>
> 經濟學人（2009）

―――――

　　所謂「複合」並非多重商模之組合；像是在同一家店中經營咖啡廳與彩券行，這並不能形成複合的概念。要構成複合，必須在兩個或多個商模之間有相輔相成之效果，類似汽車中的油電複合。在高速行駛中，用汽油發動時，會同時由動能產生儲備電力；在低速行駛時，系統會自動轉到備電系統，節省油耗。（Birkinshaw & Gibson, 2004; Tushman, Smith, Wood, Westerman, & O'Reilly, 2010）。

　　本單元首先要介紹常見的複合商業模式類型。類型一是兩個營利事業單位的複合機制如何形成，它最常出現在母子公司之間的複合型態，或產業中的上下游關係，強調互補性。類型二是營利事業與非營利事業的複合機制，如社會企業，經常充滿內部矛盾特性，因此強調相容性。類型三是開放系統與傳統企業組織的複合，微妙點出新舊組織思維間的差異性與合作可能性，強調的是互利性。不過事實上，互補性、相容性與互利性原是複合商業模式的基礎，只是重點略有差異。本章所要介紹的個案，分別是以產品創新為主的社會企業 d.light；以服務創新為主的東森購物；以體驗創新為主的金融新創。本章先介紹複合商模的基礎概念與類型特色。

一、類型一：營利事業複合

　　最常見的複合商模類型就是兩種營利事業單位的複合。零售通路商如 7-11 與無印良品、Pizza、網路書店、美妝、生鮮食品等多元複合類型；

無印良品也分別與全聯、7-11 有不同類型複合店經營；至於全聯除與無印良品合作外，本身則有 We Sweet 甜點、全火鍋（短期實驗）等複合經營，但全聯的複合店經營仍非該企業主流。

（一）營利事業的多元挑戰

複合商業模式近年漸受重視的原因之一是企業間的競爭邊界日益模糊。在數位化與全球化的推波助瀾下，科技業正在進入金融業、媒體產業、教育事業與傳統零售服務業等，這激發許多金融科技、數位媒體科技等全新複合企業類型出現。

原因之二，線上與線下場域的經營邊界也正在消融，線上電商平台開始經營傳統生鮮產品與農產市集，如東森購物台；而線下零售也開始積極經營所謂「實體電商」以有效擴展規模經濟效益。換句話說，「線上往線下走，線下往線上走」正成為新常態。

原因之三，追求下一條成長曲線與創新商模需求。在跨領域競爭漸成主流下，企業要創造第二條或第三條成長曲線，有時並未如想像中容易。少數中大型企業如 3M 可將微型複製技術應用在電腦螢幕的表面結構上，以數百萬個透鏡聚集光源，產生明亮的螢幕影像；後來 3M 還將此技術轉換應用到醫療手術的開刀布、道路反光標誌、尿布專用的機械式黏合技術等。

3M 每 5 ～ 10 年跨足新興領域以創造下一條成長曲線的作法，背後是豐沛的組織研發資源與長期的研發制度建置。但對許多企業來說，要跨足新興領域並不容易，而與其他企業合作或在內部催生子公司，成為可行的複合商模。不過事實上，要創造複合商模並不容易，組織間的資源交換與應用，如何產生「一加一大於二」的複合效益，就是一大挑戰。以下由聯合報系個案介紹母子企業複合機制，說明聯合報系如何引導資源流動，以進行跨域經營。分析重點在聯合報系發展複合商模之前所遭遇的挑戰、複合商模形成中的資源流動過程與最後的成果。

（二）營利事業間的資源流動

創立於 1951 年的聯合報系近年積極朝多元複合商業模式轉型。以下說明聯合報系如何與聯合知識庫發展新舊複合的商業模式，讓線上新聞變成資訊服務模式。至於聯合報系與其他子公司所發展出的文創策展模式，或電子商務變成智慧銷售模式等，則可參閱〈資源流〉一文（蕭瑞麟、歐素華，2017）。

1. 遭遇挑戰：網路新聞變成免費

1990 年代，全球報業面臨網際網路衝擊，有 60 年歷史的聯合報系也難倖免。衝擊之一是免費新聞網站興起，直接取代傳統紙媒發行。首家網路原生報《明日報》、首家上網的傳統大報《中時電子報》相繼推出 24 小時網路即時新聞。這讓傳統媒體引以為傲的獨家新聞，不再具有優勢。獨家新聞經常在三分鐘內變成網路通稿。網路新聞衝擊「內容為王」（Content is King）的新聞鐵律。

衝擊之二，雅虎奇摩等國際性入口網站享有的通路優勢，成為網友主要的資訊管道。相較於聯合報系當時高達 8,000 人的新聞部編制，入口網站不必投資龐大的新聞工作團隊，甚至不必取得傳統報紙或即時通訊社的新聞授權，就能重新編輯新聞發布。入口網站以內容整合取得成本優勢以及高吸睛度，成為網路時代的最大贏家。傳統報紙龐大的新聞資訊，反而成為各入口網站豐富的新聞素材。聯合報系自己成為自己最大的敵人。

衝擊之三，網路新聞免費特性，讓傳統紙媒找不到獲利模式。《中時電子報》與《明日報》等率先上網的新聞媒體，面臨營收窘境。傳統媒體以廣告和訂閱為主要收益來源；但網路新聞免費，多數廣告又以入口網站為首選。終於，《明日報》在兩年後關站（2001 年）；《中時電子報》則在報業集團支持下苦撐；聯合線上也不例外。傳統報業如何在網路新聞獲利，成為一大挑戰。

2. 資源轉化：將廢棄資源起死回生

聯合報系體認新聞上網的必要性，但要如何上網，內部卻意見分歧。報系下主要報紙如綜合性報紙《聯合報》、專業財經媒體《經濟日報》、消費生活資訊《民生報》都提議成立專業新聞網站。《民生報》更早在1995年與當時台灣省政府教育廳合作推出「民生天地區」；1997年，《民生報》與元碁資訊合作，改版推出「民生天地」生活資訊網。但網路流量都極為有限，更難以吸引網路廣告刊登，面臨關站危機。這讓聯合報系重新思考新聞上網方式，更苦思廣告以外的獲利模式。聯合線上發展出兩種回應方法。

作法一：舊聞變知識，整合內部新聞資源。聯合線上的方案是成立「聯合知識庫」。雖然新聞隔天就變成舊聞，變得毫無價值，但是，如果將舊聞變成知識庫的話卻可以產生新的價值。這個構想是結合《聯合報》紙本以及網路新聞，製作一個電子資料庫。這不僅可以保存珍貴史料，更可以提供檢索。畢竟，在台灣民眾與公家機關當時還是比較信賴紙本報紙。過去，聯合報系長達50多年的新聞史料一直放在林口印刷廠，毫無價值，甚至還擔心有火災之風險。與其讓這些舊報紙繼續躺在印刷廠裡，聯合線上決定將舊報紙電子化並放到網路上。

2001年7月，聯合線上著手整理過去50年的舊報紙。聯合線上認為，舊報紙的價值正在「回味」，於是決定還原報紙當年原貌。30多位排版人員，結合印務部門人力，先把每條不規則新聞逐一進行掃描，然後再重新編輯並輸入新聞標題。接著，編輯人員進行光學辨識作業，以人工逐字逐句校對，確保九成以上的正確率後，才能將舊新聞放上網路。總計77億字、1,000多萬條新聞和龐大的珍貴檔案照片，經過掃描、編輯、下標、校對後，聯合線上將一條條舊新聞重現。

其他同業則不看好，網路新聞最多只有7～8年保存價值，認為聯合線上白費心機。9個月內，聯合線上完成紙版新聞的電子化。不過，如何活化庫存新聞卻是另一道難題。聯合線上借鏡國外資料庫經營方式，結

合其軟體設計能力，研擬出三個方案。第一是呈現「報版瀏覽」。過去，聯合知識庫的「全文檢索」只能看到數位文字，但「報版瀏覽」卻可以看到原貌之證據，提高新聞事件的眞實度。報版瀏覽的功能成爲機構法人最愛。立法委員質詢，需要重現當年史實；大企業製作公司簡介，需要回顧組織成長軌跡；律師法官爭辯重要案件，需要完整證據。聯合知識庫因此成爲機構法人的必要參考資料。

第二是「專卷查詢」，這是從跑線記者身上找到的靈感。過去記者回到報社寫稿，除可與同事交換新聞線索外，還可以到報社資料庫查閱專卷，調閱相關新聞史料，以豐富新聞寫作。但在外出差時就無法查詢，是記者一大困擾。專卷查詢成爲專業知識工作者必備的「隨身百科」。除學校、研究單位等機構法人外，許多個人工作室，如作家、文創工作者等，也購買聯合知識庫以滿足自己「隨時隨地」的研究需求。「專卷查詢」依照專業知識分類，成爲各類分析人員可靠的資料庫。

第三項功能是「我的簡報」。專業人士除使用專卷查詢外，還需要依專題剪輯編排內容，以轉化爲專業報告。例如：許多企業祕書必須一早製作當日簡報。簡報內容除當日新聞外，還需要有細部評論。「我的簡報」功能提供客製化服務，滿足使用者彙整新聞的需求。如此，「全文檢索」與「報版瀏覽」提高眞實度，「專卷查詢」建置知識系統，「我的簡報」提供客製化資訊服務。2002 年 2 月 23 日，「聯合知識庫」以會員制度設計收費方式，以免費會員、菁英會員、企業會員等三類區隔招募會員。

作法二：讓敵人變夥伴，槓桿外部媒體資源。聯合線上營運後，豐富的新聞內容雖然引導新聞同業到站瀏覽，但一般年輕網友卻仍習慣在入口網站看即時資訊。當時，幾家入口網站爲豐富題材，直接剪輯聯合線上新聞。在聯合線上提出抗議後，雅虎奇摩主動向聯合線上提議，希望按月計費以取得新聞使用權。這也開啓聯合線上另一個橋接外部資源的作法。此外，聯合線上又發展出兩種作法。

　　第一，導流入口網站，以流量帶來廣告量。聯合線上向報系商議線上新聞授權之可行性，引起正反爭辯。正方擔心，將新聞提供給入口網站無疑是養虎為患；網路新聞最終會被入口網站取代。反方認為應該與入口網站合作，但需要思考如何將入口網站的流量引導到聯合線上。最後，報系做出化敵為友的決策。

　　聯合線上想出另一方案，當雅虎奇摩在引用聯合新聞網資訊時，必須加上聯合線上的商標，可以連結回到聯合線上。若網友想看到更多相關新聞，就可以回流聯合新聞網。此舉果然奏效，聯合線上不但善用入口網站的「免費品牌廣告」效益提高網路知名度，還引導回流讀者以提高到站率與瀏覽量。三年間，聯合線上躍居台灣網站前八名，是唯一入選前十名的新聞網站。有此流量灌注，聯合知識庫也隨之提升影響力。

　　聯合線上與雅虎奇摩這類入口網站合作，可以取得三項資源。一是新聞授權費用，雅虎奇摩等入口網站每月需給付授權金給聯合線上。二是品牌形象廣告。聯合線上要求雅虎奇摩在新聞引用時，必須加上聯合線上的品牌商標，並連結讀者回聯合線上。此舉相當於提供聯合線上免費廣告，提高網站知名度。三是流量帶來廣告收益。聯合線上利用雅虎奇摩的「新聞摘要」有效導流，越來越多廣告主除了在入口網站投放廣告外，也開始投放到聯合線上，以接觸到知識工作類型讀者。

　　第二，邀請同業聯盟，提高知識庫存。引導流量到聯合線上，不但增加廣告營收，也讓更多讀者注意到「聯合知識庫」的新聞編輯服務。媒體同業也思考開發知識庫的可能性。此時，聯合線上主動出擊，邀請其他媒體同業加入「聯合知識庫」平台，不但能提高資料量；其他同業更可以縮短開發成本，並分享既有的會員。2005 年起，「聯合知識庫」陸續邀請科普知識的《科學人雜誌》、廣告行銷專業的《動腦雜誌》、人文財經的《遠見雜誌》、《天下雜誌》和大英百科線上（台灣版）等加入。豐富聯合知識庫資料的深度與廣度，又不造成競爭。

3. 新商業模式之形成：新聞媒體與資訊服務之複合

由主企業到子企業：聯合線上將看似不利的挑戰，轉換爲引導資源的策略，改變原有資源價值，形成紙媒與資訊服務的複合商模。首先是重整過期新聞史料，轉變成線上知識庫。紙媒的新聞在「馬路」上雖然快速貶值，但在「網路」知識庫裡卻日益增值。

其次是導流入口網站，讓流量帶來廣告量。入口網站與新聞網站間原是對手，爭食網路流量與廣告。但聯合線上卻能透過新聞授權機制化敵爲友，創造資源互補。聯合新聞網可補雅虎奇摩缺乏原創新聞之不足；而雅虎奇摩則可以灌注流量給聯合線上。當讀者看到更多即時新聞，提高對入口網站的黏著度時；聯合新聞網則藉此提高網站知名度，並藉機引導流量以提高點閱率。流量提高帶來廣告量，同步提高雅虎奇摩與聯合線上的廣告營收。此外，聯合線上還有合縱聯盟的操作。其他媒體同業原是潛在競爭關係，但聯合知識庫卻透過技術授權，降低平台成本，將競爭同業轉化爲聯盟成員，提高雙方資源互補綜效。聯合線上提供資料庫技術，而媒體同業則加入聯合知識庫，提供數位內容，豐富聯合知識庫。

最後是以報系品牌協助吸收機構會員。除知識庫內容的逐步擴增外，聯合線上也規劃差別定價機制，以提供不同客群適當的知識搜尋服務。一般學生會員（後改稱「精點會員」）可以繳新台幣 200 元會費，檢索聯合報系全部資料，並進行專卷查詢與報版瀏覽。「行動會員」可以進階使用「我的剪報」、「影像圖庫」，會費爲 640 元。「菁英會員」會費則是 2,000元，除了「自動剪報系統」外，其他服務皆可使用。「企業會員」會費爲2 萬元，可以使用聯合知識庫的所有服務。聯合知識庫以會員制型態，幫傳統紙媒找回流失的讀者群，並開發新的機構讀者與企業客戶。

由子企業到主企業：聯合知識庫則爲報系本業帶來三項重要資源。一是結合軟體技術能力，設計全文檢索、報版瀏覽、專卷查詢、我的簡報等功能。過時的舊聞，透過數位化「整形」，再生爲具有證據保全與知識價值的電子知識庫。

其次是設計下拉式選單，匯報的即時新聞透過「選單」將新聞目錄化，有效縮短新聞搜尋時間。聯合新聞網將傳統報紙新聞重新分類爲即時新聞、國內要聞、社會新聞、兩岸台商、全球觀察等，以「母子」目錄概念，將同類新聞彙總，並依重要性（或網友點閱率）在子目錄下「拉出」層次分明的當日重要選題。下拉式選單設計提高讀者新聞選讀意願，同步提高廣告投放報酬率。例如：娛樂新聞版報導「來自星星的你」症候群，廣告就以浪漫的日韓旅遊情報爲主。下拉式選單提高廣告連結效果，讓廣告主更有效找到目標客群。

複合商模之創新結果：三年間，聯合知識庫成爲聯合線上的主要獲利來源。以 2011 年爲例，約 35% ～ 40% 營收來自於聯合知識庫，近 35% 是廣告收入，另外 20% 營收來自電子商務與其他新事業。聯合線上由新聞網站轉型爲知識平台。聯合線上將舊聞轉化爲聯合知識庫、用新聞交換入口網站流量、以資訊服務廣納同業知識庫存；進而帶來會員訂戶、廣告流量與跨媒體資源。聯合報系的目標客群由一般消費大眾轉變爲機構用戶，核心產品則由新聞延伸到知識庫，並發展出媒體與資訊服務的複合商業模式。

二、類型二：社會企業複合

類型二是一個組織內，同時含有兩種任務目標，一是社會公益，一是盈利成長；這兩種看似衝突的目標如何相融，如何產生複合效益，就是一大挑戰。先說明所謂社會企業和一般私營企業、政府機構或所謂非營利事業組織的差別，主要可由以下面向分析。由此也可反映出社會企業的複合治理特性（Haigh & Hoffman, 2011）。

（一）社企與營利事業、政府機構、非營利事業差別

首先在組織成員構成上，營利事業由各種利害關係人，尤其是股東所組成（shareholders），包括創辦人、經營團隊、員工、股東等；政府機

構主要由公民與不同層級機關代表與公務體系所組成（state, civils）；非營利事業則由追求環境永續的會員（members）所組成；至於社會企業則由不同機構邏輯者所組成，如社工、金融、心理學家、行為學家（hybrid logic members, stakeholders）。

其次在追求目標或收益來源上，營利事業組織以產品或服務銷售及費用收益為主，例如金融機構賺取利差、匯差、顧問服務收費、匯款手續費、跨行轉帳手續費等；政府機構則仰賴稅收作為收益來源。另外如非營利事業則有會費、捐款、組織遺產等來源。至於社會企業因同時追求經濟與社會公益目標，收益來源不全然是利潤最大化，還有環境、社會等中長期的穩定發展目標；「可持續的穩定收益來源」應是社會企業的存續基礎。

至於在治理機制上，營利事業仰賴內部管理機制與外部市場力量，以最大化財務報酬為治理邏輯。政府機構以公益為原則，奠定在集體治理或分權治理的基礎上。非營利事業不追求獲利，而由會員選擇代表，加上自願者與員工共同經營。

至於社會企業多為金字塔底層或社會上的弱勢者服務，雖有一定的管理機制，但過去研究顯示，所謂的師徒制（apprenticeship）或混合制（integration, mix-and-match）是較常見的組織治理型態。但也因為如此，社會企業在追求雙重任務—穩定永續的成長基礎，就有特殊的複合組織型態，而在經營上遭遇不小挑戰。過去機構文獻就指出，不同的機構邏輯會影響組織裡的個人思維與行為，而對於社會企業這類負有雙重任務的組織來說，要如何執行兩種不一樣的經營邏輯，就是極大挑戰。

（二）兩手論、妥協論、整合論

過去機構論學者曾討論複合組織的運作實務與治理機制，主有以下幾類觀點。第一類觀點是所謂「兩手策略論」（decoupling），認為組織可以「說一套，做一套」，在名目結構上（normative structure）有一套象徵性的說法，但在實作結構（operational structure）上則另有一套作業流程

（Meyer & Rowan, 1977; Bromley & Powell, 2012）。組織之所以會有兩手策略，經常基於生存本能，它一方面必須符合外部機構的期待與政策，一方面又必須讓組織內部有一套可以運作的管理機構。例如有社會企業表面上維持社會福利機構面貌，以爭取政府相關單位的政策支持與融通資金；但實則在內部運作上有一般企業維運的獎金制度、股權分配等。這種「安全閥機制」（safeguard mechanism）也許短期有效，但長期來看卻極可能有穿幫的一天，因爲要讓整個組織內部人員「共謀」執行一項任務而不讓外人知道，並不容易。

第二類觀點則是妥協論（compromising），認爲組織可以微調，或在公益與私利之間取得一定平衡（Oliver, 1991）。例如醫療院所在專業醫療照顧（professional）與政策金援支持中（political）如何求取平衡呢？學者研究就發現有機構以最低年度預算標準作爲財務績效指標（Scott, 1994）；不過度強調獲利能力，而是以達成財務預算指標爲能力衡量基礎。另外如微型貸款機構在面對銀行經營獲利邏輯（banking logic）與開發照顧中低族群的經營邏輯（development logic）上，嘗試取得中間值，將微型貸款利率調整到一般貸款利率之下，甚至僅有「微利」的情況下，實踐社會公益。

第三種觀點是整合論（combining competing logics），亦即嘗試整合盈利與公益兩種看似衝突的邏輯（Battilana & Dorado, 2010），而較可行的作法則是跳脫既有的用人與組織經營哲學，提出全新的經營之道。以下就以一篇國外知名的微型貸款組織之個案分析，說明整合論嘗試提出的解決之道。

（三）社企複合類型：整合制與學徒制

學者 Battilana, J., & Dorado, S.（2010）研究玻利維亞的兩家微型信貸企業 Banco Sol 與 Los Andes 的社企經營模式，這兩家企業都創辦於 1990 年代，均在首都拉巴斯（La Paz）設有總部，並有地方辦公室以進

行在地連結。這兩家新創企業並非經營的一帆風順，尤其是 Banco Sol。而兩位學者在田野調查中逐漸發現，兩家微型信貸的組織治理與經營邏輯有些差異，反映在用人哲學（hiring）與組織內部培訓、升遷、激勵制度等社會化過程（socialization）等，並整理為「整合制」（mix-and-match, integration）與「學徒制」（apprenticeship）這兩種不同類型。

在用人哲學上，Banco Sol（創辦於 1992 年）以能力為優先，他先從過去的非營利事業組織找到 96 名員工，包括社工、教師、畢業生等，另外還有不少人類學家與社會學家。另一類人則是傳統銀行體系出身。Banco Sol 曾自詡其成功經營之道，就在於「將社工轉為銀行家，將銀行家轉為社工。」（Converting social workers into bankers, and bankers into social workers.）

至於 Los Andes（創辦於 1995 年）則以僱用社會新鮮人為主，並以具有為社會企業奉獻的能力為優先（sacrifice capabilities for socializability）。這些社會新鮮人多具有基本的借貸評估能力，在稽核、會計、商業上有一定基礎；同時 Los Andes 也從非營利組織找到約 50 名員工。「你必須僱用你可以管理的員工。」（You need to hire people you can manage.）

在內部培訓上，Banco Sol 導入全面品質管理（TQM）、馬斯洛需求金字塔（pyramid of needs）等組織管理機制，並就新人進行為期二週培訓，第一週以技能培訓（technical training）和文化培訓（cultural training）為主。技能培訓著重在貸款的取得、評估、帳款回收等技能；文化培訓則以對組織任務之承諾為主，屬於組織文化之認同。第二週培訓則在相關工作場域實踐，例如內部有所謂「30 件銀行不做，但微型貸款有做的事」中，微貸企業會接待穿著不體面的人，也會嘗試說在地方言，到偏鄉地區拜訪農夫、零售攤販，且願意和街頭小販工作等；從這些傳統銀行不會做的事中，具體實踐其教育培訓內容。在之後的 5 年，Banco Sol 還有持續的年度內部培訓作業，以與時俱進增進員工技能。

　　至於 Los Andes 則有相當嚴格的遴選與培訓系統，包括有紙本測驗與競爭測試，許多人在第一週就受不了嚴格訓練，或發現自己不合適而退出，估計在第一週離職者約 3 ～ 4 成。之後則是爲期 1 個月的課程，包括貸款評估與催收等機制，還有和部門主管學習的特殊機制（shadow officer）。之後則是爲期 3 個月的實戰成績單，員工必須實際到村莊零售攤或農民處，評估貸款金額、抵押品與回收風險等。嚴格而透明的培訓及升遷制度，正是 Los Andes 的特色。

　　而在升遷制度上，Banco Sol 在 1992 年成立時有 7 位資深主管，其中有 2 位是從傳統銀行體系而來者，另外 5 位則是在微型貸款上有傑出表現。1993 年，Banco Sol 找來一位曾在花旗銀行有長達 20 年工作經驗的資深人員擔任總經理。而在中階主管升遷上，Banco Sol 對於銀行收銀員（cashier）提供兩種升遷管道，一是可以持續升職到擔任分行主管人員；一是依照三個等級劃分，逐步升遷到分行主管人員或是隨著組織擴充，**轉任到其他分行擔任主管人員**。

　　至於 Los Andes 因採取較爲緩慢的擴張策略，所以升遷制度不若 Banco Sol 以契合中階主管的職涯發展爲基礎；而是以書面測試和角色扮演爲主，這也和組織發展有關，Los Andes 希望能持續優化整個作業流程，降低違約率。因此在發展初期希望透過書面測驗與對各種特殊狀況的評估回應與角色扮演，讓中高階主管理解他們的任務特殊性，從而有優化組織放貸流程的可能。

　　在薪資等激勵制度上，Banco Sol 每個月 260 美元薪資，較玻利維亞的平均國民所得高，並且發展出特殊的團隊激勵制度（約在 1996 年），不過大約僅有 10% 員工可以獲得團隊績優獎勵。

　　然而，Banco Sol 偏向傳統營利事業組織的激勵措施也開始在組織內出現矛盾衝突，例如銀行派員工爲提高團體績效，就開始設計所謂控制流程，甚至不允許一般行政人員擔任出納工作；雙方對所謂制服設計也存有

歧異。至於社工派則認為銀行派的行政管理手段已遠離既定的社會企業核心價值。不過銀行派則稱社工派是「危險的理想主義者」，他們並不理解金融運作的本質。雙方對開發（development logic）與融資邏輯（banking logic）的歧異越來越深，關係日益惡化，而導致組織在 1996 年間出現離職潮，且當時的經營績效也出現衰退。

最後在 2001 年，Banco Sol 不得不找來在首都拉巴斯有銀行經驗的資深主管接手，才開始讓 Banco Sol 步上正軌。而新接任者之後採取僱用新人與相對透明合理的升遷制度，則和 Los Andes 有異曲同工之妙。

相較之下，Los Andes 的激勵制度就以提高員工個人的績效獎勵為主。在透明的績效制度評核上，Los Andes 以傑出的作業表現（operation excellence）作為加薪與升遷基礎。例如在加薪幅度上，一般員工可能剛進來時僅有月薪 1,500 美元，但一年後就有 1 倍以上的加薪獎勵，五年後甚至有 10 倍成長。以績效為基礎（merit-based system）的激勵制度，在裙帶關係猖獗的玻利維亞確實別樹一幟。

（四）社會企業的特殊挑戰：將企業社會化的過程

Banco Sol 與 Los Andes 這兩間微型貸款企業的經營之所以引起注意，就在其必須設法融合盈利與公益這兩種全然不同的經營邏輯。Banco Sol 早期採用的「整合制」，嘗試「將銀行家轉化為社會工作者，將社會工作者轉為銀行家」的努力，顯然相當吃力；相較之下，Los Andes 從一開始就找來新人培訓，並賦予社會企業永續經營的組織任務，由持續優化的經營績效，讓員工在社會工作中獲得認同感與成就感，則是「學徒制」的具體成果展現。只是一般學徒制的擴張較慢，這也因為社會企業所追求的目標並非成長，而是永續。

若回歸社會企業的特殊複合類型，可以發現其特殊的複合能力養成機制確實不易，主要有以下幾點。

一是人文與企業經營的複合能力，且重視敏感度訓練。社會企業因

重視對非主流族群進行貸放，尤其是偏鄉地區，因此如何建立優良的貸放機制，包括辦識可以貸放者（有還款能力者）就很考驗放款者對在地人文環境的敏感度。放款者不但要學習和市井小民聊天，從他們的謀生活動中辨別出每個月的營收基礎，還要學會對特殊擔保品評估，更考驗其回收技能。許多社企人員發現，一旦面臨債權回收，就很具挑戰，一則位處邊陲者的家庭處境原本不佳，「你就看到他們一家老小坐在沙發上看電視，或是看到小朋友在沙發上哇哇大哭，你要如何回收所謂的沙發、電視等擔保品？」此外，許多位處社會邊緣者也不在乎欠銀行債款，倒帳風險不低。

因此，社會企業這些年來也發展出幾種「討債機制」，一是利用社群壓力，在不願還債者的家門口釘上「橘色」銀行催繳通知單，讓他們感到不好意思，這是屬於無形的社會制約。一是利用公權力壓力，例如找來當地警察陪同一起做家戶拜訪，柔性討債，這是屬於有形的機構壓力。更多社會企業人員更已習慣「聯合」或「集體作戰」，以軟硬兼施作法，到債務人家中進行討債，這是屬於感性與理性訴求的複合式討債。這些特殊情況，都是傳統金融機構較不會面臨的。換句話說，對社會企業來說，工作人員不只要有企業經營思維，其實更要有敏銳的人文覺察與社會關懷，才能勝任特殊任務。

二是公益與營利的複合邏輯，且「以公領私」強化正向循環。從組織經營邏輯來看，社會企業因同時具有公益與營利的 DNA，因此要如何由做好事中來做好獲利經營，也就是所謂「Doing well by doing good」，就是一大挑戰。由上述案例來說，在社企成立初期以較長時間來奠定組織營運績效，包括適合的員工、合理的訓練與績效制度、微型貸款的催收機制等，而不求短期獲利，就是社企核心。此外，在中長期發展策略上，以穩健取代快速擴張，也是社會企業和營利機構不同之處。總結來說，以社會福利為靈魂，以企業經營為實務（且是改良版的企業經營管理）是社會企業特殊的複合機制。

三、類型三：開放軟體複合

「基於開放免費的軟體服務，如何為營利組織所用，並取得穩定收益來源？」是過去以來開放軟體聯盟一直構思的重要議題（Bonaccorsi, Giannangeli, & Rossi, 2006）。

在軟體的世界，所謂的產品或流程創新原本就是突破性創新基礎，而更重要的議題，反而是開放軟體如何獲利？甚至更多人關心的是，開放軟體如何在免費與收費之間，經營差異化與類型化的複合商業模式？在討論開放軟體的複合商業模式之前，先談談開放軟體社群特殊的創新動機、協作設計、與創新擴散模式。

（一）開放軟體的研發動機、協作、擴散

在 1984 年，Stallman 倡議發起「自由軟體基金會」（Free Software Foundation），揭示「任何人都可以不付代價地使用、修改與傳播軟體。」（Anyone should be able to use them, modify them, and circulate such modifications without having to pay anything.）

自此，自由開放的軟體聯盟組織以全新的開發模式，名為 bazaar（Raymond, 1999），強調開放軟體程式碼的工程師們可以自由開發、自我校正、自行調適，將軟體創新應用到不同的服務平台上。

從創新動機來說，開放軟體裡的創作核心是一群「頂級駭客」，他們就像一群科學家與藝術家般，享受創新研發歷程。他們擁有無可取代的軟體研發知識與編碼能力，在社群中享有很高的信譽，累積豐富的個人資產，並且由持續學習與研發中獲得「福樂」（flow）與成就感。一般以所謂「內部效用」（intrinsic utility）稱之。

在頂級駭客之外，還有一群關鍵多數（critical mass），當他們認為早點加入共同協作可以在日後帶來極大效益時，他們就會跟隨領先者腳步，持續參與研發。近年來流行的比特幣也是如此，除中本聰之外，早期

（2009年間）加入比特幣挖礦與區塊鏈研發者，就是相信未來比特幣所打造的全新數位貨幣世界將會帶來跨國境交易的全新機制。越早加入，越早取得比特幣，在未來獲利越大。

除了駭客與關鍵多數對軟體研發的熱情投入外，還有一些「不太性感」的軟體研發一樣有人投入協作，例如圖形介面（graphic interfaces）、技術手冊（compliance and technical manuals）。又如 Linux 的介面系統 KDE & Gnome 就提供使用者可以用滑鼠操作的簡易介面。

在軟體研發世界中，也適用所謂80/20法則。例如研究統計，有10%的軟體開發者寫了超過70%的軟體程式碼。光是前十名的軟體高手就寫了超過25%的程式碼。又如 Apache 前15名開發人員，就負責90%的 LOCs 軟體研發任務。

（二）複合商業模式：免費與收費

這些低科技價值的研發內容就開始發展出不同類型的複合商業模式與創新機制。最常見的作法就是開放免費軟體服務，但卻在軟體打包、顧問、維修、升級與培訓上收費。

開放軟體的新創企業中，例如知名的 Red Hat 在2000年間就提供 NASA 軟體顧問與專屬服務，讓其可執行太空任務。Red Hat 當時就比喻自己像是一家汽車公司，由不同的零件組裝中，提供客製化軟體服務，以每片不到100美元的 CD 提供軟體，但後續的維修、升級與顧問服務等，卻是更長線的商機。

客製化（customization）與互補性服務（complementary services）正是開放軟體新創企業的重要利基所在。常見的客製化軟體服務有安裝（installation）、支援（support）、維修（maintenance）等；而常見的互補服務則有顧問（consulting）、訓練（training）、研發（research & development）等。根據調查，這類新創企業在客製化服務與後續延伸服務上，幾乎占了營收七成以上；相較之下，標準化的程式碼等授權軟體，

反而獲益有限。

除軟體新創公司外，原有科技大廠如蘋果、昇揚等也開始經營複合商業模式，有的加入開放軟體研發聯盟，有的開放部分專屬原始碼給開放社群。例如 Apple 就開放 Mac Server OS X，Sun 開放 Star office 以和微軟的 Office 作業系統競爭。

大型企業加入開放軟體社群的利基點，有的在提高市場競爭力，有的在借助開放軟體高手優化原有軟體服務；尤其像 Linux 之下的 GPL（也是最嚴格者）就開放 80% 以上的軟體原始碼授權，讓其他企業或個人能學習軟體中「駭客級」高手的研發內涵。

而對於開放軟體聯盟而言，與既有軟體大廠合作可以善用大廠資源，提供使用者各種互補性資源，以提高軟體穩定度與好用度，進而延長軟體生命。並且與大廠合作，還可以拓展使用人口，達到創新擴散效益。

（三）複合因素：轉換成本、網路外部性、社群參與

過去研究指出，大型企業加入開放軟體聯盟，或開放軟體新創與既有企業合作的各種複合模式與複合程度，是有所差異的，且並非一成不變。而這和以下三個因素有關。

一是供給端的轉換成本（switching cost）。既有企業如蘋果電腦、IBM 或昇陽等，原已有提供一定的產品與服務內容，用戶也相當熟悉既有服務架構與系統介面；若要全數轉為開放軟體系統，會有一定的轉換成本。故許多企業往往由局部合作開始，透過開放軟體聯盟的合作研發專案，接觸最新軟體開發應用機制，且也由此取得軟體產品與服務之使用回饋等，打開全新市場利基。

二是需求端的網路外部性（network externality）。當越多人使用開放軟體平台，就越有助於彼此間或多方合作夥伴的資訊交換與程式共創等，這是屬於直接網路外部性。另外還有所謂間接網路外部性，這是指當越多

人使用開放軟體平台，就越能鼓勵更多程式開發人員加入新創行列，持續推動開放軟體研發。

三是社群參與價值（community learning）。開放軟體平台難免會有所謂搭便車者到此取得免費開放軟體。但實則如上所述，搭便車者通常很難接觸到開放社群的核心團隊，尤其是「駭客級」軟體高手；即使是與「關鍵多數」接觸，也需要一定的時間，才能由社群參與中學習軟體開發與客製化服務的隱性知識。這也是爲何許多傳統科技大廠也必須參與開放社群專案研發的原因。此亦印證學者提出開放軟體社群有所謂「知識黏性」（sticky knowledge）的內部能力建構挑戰（von Hippel, 1994），難以模仿複製且難以改變，正是開放軟體社群之所以迷人之處，也是社群參與學習的價值所在。

四、小結：複合商模的創價邏輯

本章所探討的三種複合商業模式類型只是起點，也是當代組織管理的重要議題。進一步分析其內核，可以發現其本質差異，說明如下。

首先在核心價值上，兩種營利事業的複合強調的是合則兩利，互補互利；因此分析重點必須在一開始就能辨別兩家營利事業間有沒有可以交換的資源，或至少沒有相衝突或相互競爭的資源。

至於社會企業的複合類型強調公私兩利，所謂「Doing well by doing good」，又要照顧弱勢族群，又要能有效獲利，本身就是一項不可能的任務，內部衝突與外部挑戰均不低。

至於開放組織與營利事業單位間的複合模式，本質乃在探討內部效益與外部獲利的連結機制，內部效益是開放組織能產生源源不絕創新的基礎，但外部效益則是將內部效益「客製化」或「網路化」的重要實踐，也是開放社群「無形價值 IP 化」（專利化）的基礎。

其次在價值創造歷程上，兩種營利事業本身多擁有一定的特殊資源稟

賦，只是隨著時間經過，有些資源被埋沒、被低估或被遺忘，但藉由與另一個營利事業間的資源交換，卻有機會喚醒沉睡資源價值，甚至賦予原有資源全新價值。

至於社會企業的創價基礎相當特殊，它奠定在組織人力資源的雙重特性上。過去研究多已指出，社會企業的內部衝突經常在盈利與公益的兩難，而它更展現在組織的用人哲學上，如何找到並培訓兼具公益與盈利專長的人力，就是組織能否有效創造價值的基礎。

而開放組織與營利事業的價值創造可謂各有千秋，開放組織的核心價值正在專業社群的自主研發與內部效用；營利事業單位的核心價值則經常反映在良善的組織管理能力上，進而能補開放組織之不足。

最後在取價機制設計上，兩種營利事業單位的複合類型，經常因資源的有效導流而能產生「一加一大於二」的複合綜效，不但創造新營收，也常賦予原有營收機制新生命。

至於社會企業的取價模式強調緩慢、穩定、社會公益性（slow, stable, and sociality），和傳統營利事業單位有極大的獲利機制差異。追求長期穩定財源，而不以追求短期盈利或所謂組織成長目標，正是社會企業的獨特價值所在。

開放與營利組織間的複合類型，則強調免費與付費機制的多元設計，透過免費機制吸引更多人加入開放社群，並開拓軟體研發知識；再透過營利事業的多元獲利機制創新，就有機會一邊創造網路效益，一邊實踐專屬獲利。

本章接下來所要介紹的個案內容，亦和這三種類型有異曲同工之妙。個案一，d.light 即是社會企業複合類型，屬於產品類的創新演化。

個案二，東森購物也屬於營利事業複合，但屬於中大型企業，而能凸顯營利事業的資源稟賦差異與所發展的複合經營策略差異。

　　個案三，金融科技的複合類型，較偏向開放社群與現有營利事業的複合開放類型。許多金融科技新創業者極具創新精神與研發實作能力，但卻缺乏管理與市場開拓能力，而需藉助傳統金融機構的市場網絡與營利績效的有力實踐。

表：三種複合商模的類型化比較

複合類型	營利事業複合	社會企業複合	開放與營利複合
核心價值	互補互利	公私兩利	內外效用
價值創造	創價：資源流動，回流、逆流、導流等	創價：角色扮演，雙重性或多重性	創價：研發社群（創作者的內部效用）
價值擷取	取價：新舊營收	取價：金字塔底層商機	獲利機制：免費與付費模式，網路效益（外部夥伴的外部效用）

本章參考文獻

蕭瑞麟、歐素華，2017。〈資源流：聯合報系複合商業模式的形成〉。組織與管理，第 10 卷第 1 期：1～55（TSSCI）。

Battilana, J., & Dorado, S. (2010). Building sustainable hybrid organizations: The case of commercial microfinance organizations. *Academy of Management Journal*, 53(6), 1419-1440.

Bonaccorsi, A., Giannangeli, S., & Rossi, C. (2006). Entry strategies under competing standards: Hybrid business models in the open source software industry. *Management Science*, 52(7), 1085-1098.

Birkinshaw, J., and Gibson, C. (2004), "Building Ambidexterity into an Organization," Sloan Management Review, 45(4), pp. 47-55.

Bromley, P., Hwang, H., & Powell, W. W. (2012). Decoupling revisited: Common pressures, divergent strategies in the US nonprofit sector. *Management*, 15(5), 469-501.

Economist. 2009. The rise of the hybrid company. December: 15.

Haigh, N., & Hoffman, A. J. (2011). Hybrid organizations: the next chapter in sustainable business. *Organizational Dynamics*, 41(2), 126-134.

Meyer, J. W., & Rowan, B. (1977). Institutionalized organizations: Formal structure as myth and ceremony. *American Journal of Sociology*, 83(2), 340-363.

Oliver, C. (1991). Strategic responses to institutional processes. *Academy of Management Review*, *16*(1), 145-179.

Raymond, E. 2001.The Cathedral and the Bazaar. Musings on Linux and Open Source by an Accidental Revolutionary. O'Reilly & Associates, Sebastopol, CA.

Scott, W. R. 1994. institutions and organizations: Toward a theoretical synthesis. In W. R. Scott & J. W. Meyer (Eds.), Institutional environments and organizations: Structural complexity and individualism: 55-80. Thousand Oaks, CA: Sage.

Tushman, M., Smith, W. K., Wood, R. C., Westerman, G., and O'Reilly, C. (2010), "Organizational Designs and Innovation Streams," Industrial and Corporate Change, 19(5), pp. 1331-1366.

von Hippel, E. 1994. Sticky information and the locus of problem solving: Implications for innovation. Management Sci. 40(4) 429-439.

第十章　d.light 個案：公益為本，盈利為用

「做好事，就是做有利的事！」

（Doing well by doing good!）

————

2010 年大英博物館與英國廣播公司（BBC）共同評選 100 件歷史文物（the History of the World in 100 objects），當中有一個當代文物引起廣大討論，那就是由 d.light 所開發的可攜式太陽能燈。

「當代製作，影響當代人生活」是這個創新提燈的獲獎原因，不過它的創新研發價值更在於兼顧人文關懷與商業利益，也就是社會企業（或 B 型企業）之代表。以下先以原文呈現其得獎理由，接著在逐步分析 d.light 的創新始末與所帶來的世界性變革，尤其是從「金字塔底層商機」到聯合國乾淨發展計畫的「全球碳排放」實務，d.light 確實正在為人類帶來更光明的未來（A Brighter Future）。

"Choose an object: could only have been made in our times and that is changing lives around the world now. ...the aspiration to make clean, affordable power available to the most remote communities through the natural power of the sun is a story worthy of this generation." (Cross, 2013)

一、以營利為燃料的燈（A lamp fueled by profit）

d.light 的起源和史丹佛大學設計學院的一堂「極端負擔的創業設計」（Entrepreneurial Design for Extreme Affordability）課程有關。兩位 MBA 學生 Sam Goldmans 與 Med Tozen，三位工程學院學生 Erica Estrada、Gabriel Risk 與 Xianyi Wu 同組團體，想要解決南亞、東非等 14 億人口面臨無電可用的難題。這門設計課和 CK Prahalad（2009）強調滿足「金字

塔底層」的需求有關，課堂目標在以可負擔得起的科技，以可行的商業模式，提供貧窮線以下人口創新解決方案。以營利的手段，而非僅仰賴慈善救濟或政府補助，正是這門課的重要價值。

當時這五位學生發現南亞或東非等地的貧窮人口多仰賴煤油燈照明，不過買煤油經費相當昂貴，估計占其月收入 3～4 成，且相當不環保，產生不少二氧化碳，更對人體健康有害。相較於過去 20 多年來主要已開發國家多仰賴政府建置發電基礎系統或是委由私人機構建置；近年來，包括國際貨幣基金會（IMF）等開始大力宣揚再生能源或太陽能發電的重要性。只是要如何降低成本，有效提高綠能效率就是一大挑戰。

這五位學生要如何讓在金字塔底層的窮人買得起乾淨又環保的照明產品呢？又要如何實踐所謂獲利的商業模式呢？本文整理了這個團隊的幾項創新作法，作為思辨的起點。

首先是研發設計：成熟技術。他們找了幾個從 1980 年代起就已廣泛使用的科技產品作為創新基礎，包括塑膠（plastics）、可充電電池（rechargeable batteries）、LED 燈（light emitting diodes，發光二極體）、矽基底的光伏電池（silicon-based photovoltaic cell，加入矽，可提高由光生電的效能）等。因為都是現有可得的科技品項，在取得成本上相對便宜，也不需再投入過多的研發資金。

除基礎科技取得便宜外，d.light 也致力於產品優化，包括設法提高可充電池壽命（battery life）、充電速度（recharge speed）、能源效率（energy efficiency）、與照明品質（light quality），以達到更乾淨（cleaner）、更便宜（cheaper）、與更有效率（more efficient）的創新目標。

d.light 最有名的產品之一，NOVA，較傳統煤油燈亮度提高 8～10%，照明時間可長達 40 個小時，可同時藉由太陽光或 AC 交流電充電。這款燈具主要在契合家庭用戶需求，平均 4 米見方的房間可以有長達 40 小時的照明，相當方便好用。

　　其次是量產成本：**低成本供應鏈**。d.light 後來在大陸深圳找到相對低成本的製造工廠，透過規模經濟的大量生產，有效降低生產成本。

　　第三是營運資金：**競賽與天使**。產品和服務定價的高低也和公司的經營成本有關。d.light 團隊 5 位創辦人一開始各拿出 1,200 美元資金當創業基金，並取得史丹佛商學院與教堂資金各 1,000 美元贊助。2007 年創辦人之一 Ned Tozun 參加史丹佛年度創業競賽，在 60 秒簡介中取得第一名佳績，再次獲得 2,000 美元。

　　這個競賽特別之處在於評審之一 Sam Jose 是知名創投 VentureBeat 天使投資人之一，他將 d.light 的創作放到科技部落格上而引起討論。雖然許多人提出批判，認為類似太陽能燈或防震、防水 LED 燈早就有人發明，並無新意，但 d.light 卻強調其創新經營模式，包括可獲利的機制與可負擔得起的產品售價。

　　事實上在 2007 年，d.light 就以兩支短片行銷感動投資人，他們參加 Always On Clean Technology Competition 競賽，並打敗 14 支隊伍，取得 25 萬美元創業基金。同時，d.light 也懂得申請商標與專利，尤其是 4 ～ 5 小時的快充專利（low cost circuitry that always a sealed lead acid battery，由低成本電路所組成的密閉式鉛酸電池）。2007 年下半年，d.light 獲得 150 萬美元天使基金；2008 年以股票選擇權獲得 450 萬美元資金，主要投資人包括印度領導創投 Nexus India 與 Acumen Fund，另有 Draper Fisher Jurvetson, Garage Technology Venture, Gray Matters Capital 等。豐沛的資金挹注讓 d.light 能穩定經營且降低不確定性，此外，他們更積極由碳排放交易中獲益，而對於初期營運資金有極大助益。

　　第四是業外收入：**碳權交易**。d.light 另一項獨特之處在爭取聯合國乾淨發展組織（UN's Clean Development Mechanism, CDM）的碳排放交易。他們特別以印度兩個高燃煤城市 Uttar Prudesh 與 Bihar 為試點，前者燃煤率 74.9%，後者更高達 89.4%，進行減排交易。d.light 特別邀請荷蘭顧問

公司 One Carbon International 以 18 週時間，花費 50 萬美元，取得所謂「第三方」專業評估與認證，並協助備齊相關文件與減排監測計畫等，最終獲得聯合國同意。事實上，碳排放交易乃是涉及自然科學、合作實務與衛星科技等綜合學科的複雜任務。

2009 年 11 月起，d.light 開始以一盞簡明太陽能燈具取代一個傳統煤油燈。在前兩年就有效減排 80,177 噸二氧化碳，並透過碳權交易以每噸 15 美元在 2009 ～ 2010 年間賺取 120 萬美元收益。也因為碳權的有效交易，讓 d.light 在印度等偏遠鄉村可以對每天低於 2 美元收入的家庭，提供 d.light 服務。「Keep NOVA S200 ultra affordable」成為其核心使命。一個 NOVA 產品售價約 10 美元，屬於相對可負擔的節能快充產品。

第五，通路成本：女力與好友零售。d.light 在銷售通路經營上也有其獨到之處，而能有效降低通路經營成本。除傳統 outlet 等在地賣場通路外，d.light 還特別經營所謂社區零售通路，並且與非營利事業組織與微型貸款單位合作，經營在地通路。

初期，d.light 乃與較知名的通路合作，並且以參加社會企業研討會等方式進行小規模擴散。之後，d.light 與好友零售（Sahki Retail，英文為 Friend Retail）合作，規劃低成本的零售通路解決方案。

他們訓練一批 14 ～ 15 歲的女性，多數是參加自助團體（self-help group）成員，每人須有約 1 萬盧比的資金（也可以向微型貸款組織申貸），然後向 d.light 在當地的經銷商買貨付款（稱為 cash & carry），再轉賣給朋友、親戚、或是其他人。值得注意的是，這群「女子尖兵」不但賣產品，也賣資訊服務與健康觀念，甚至傳播 d.light 太陽能充電的方法與減碳知識，可以說是 d.light 進入金字塔底層的「最後一哩路」。

第六，融資成本：微型互助。雖然 d.light 已積極降低製造成本，不過若要讓在貧窮線以下的居民負擔得起，仍須配合微型貸款與非營利事業組織的協助。過去曾有媒體報導，在南亞等國家，購買燃煤約占家庭月所得 3 ～ 4 成；因此若改以 d.light 照明，就可以大幅節省經費，約只占家

庭所得不到一成。d.light 目標就是要讓日所得不到 2 美元的家庭也能負擔得起。所以在微型互助貸款，比較是上述「好友零售」通路的女子尖兵所需，他們相當於擔任 d.light 的微型經銷商，且需先買貨交易，故有批量購貨的微型貸款需求。

除此之外，d.light 也在全球各地靈活運用「Pay as You Go」金融支付，讓中低收入家庭都能負擔得起可攜、可充、可潔能的太陽能照明。例如在肯亞採用行動支付，在印度採用儲值卡以及小額貸款、雇主資助計畫等。

二、打動人心的燈（A Light that touches people deeply）

d.light 以每盞 10 美元左右的價格，銷售給金字塔底層的人民，讓他們可以有 8 小時左右的持續照明，不但大幅改善了貧窮線人民的夜間生活，讓小孩可以讀書、讓夜間活動可以進行、甚至還有安全回家的路。從 2007 年創辦至今，估計已有超過 4,000 萬人獲得照明，超過 1,000 萬名孩童晚上有電可讀書，也為低收入家庭省下超過 15 億美元以上電力費用，並幫助民眾增加 180 億小時以上的工作時數（截至 2014 年統計）。d.light 在 2014 年被列為「B-Corp, "Best for the World"」企業。

d.light 點亮「金字塔底層」生活，積極實踐「Doing well by doing good」理念，不過更難能可貴的是他們在落實創新擴散過程中，有更多使用者參與並翻轉生命的動人故事。

首先在使用者參與方面，d.light 在一開始史丹佛設計學院的課程中，就已透過許多照片與影像探索金字塔底層人們的生活，以及他們的潛在需求。幾位創辦人在創業過程中更經常以角色扮演，由同理心角度思考在「沒有燈光或只有蠟燭生活」下的不方便情境。他們還在校園內以「印度式攤販」擺攤賣東西，體驗在簡易物資與缺乏照明設備下的銷售模式、人際互動、與所需要的創新特點。

幾位創辦人更在國際組織協助下，飛到緬甸等地進行田野調查。這也是為何創辦人 Sam Goldmans 可以在募資過程中，說出動人的故事。

「在距離奈及利亞主要城市的鄉村，有一位年輕人因不小心被煤油燒到雙腳，整整 3 個月沒有工作！」

「在一場婚禮中，突然大停電！這時候我們拿出 d.light 的產品，Nova S200，大小不到兩張 A4 紙張，卻讓婚禮現場大放光明。在那個時候，我發出 aha！原來這就是我們存在的意義！」

除了創辦人深入田野調查之外，d.light 更在 2007 年獲得天使投資人注資後，開始與印度市場調查公司 Drishtree Foundation 合作，以 6 個月的時間，在 36 個村落中了解不同家庭與商店的生活。他們共拜訪了 360 個家庭、72 個商店等，以了解不同類型客戶的需求、市場規模與定價策略。

這也幫助 d.light 在後來能推出不同款項類型的產品，尤其是燈具上面有提袋或把手的燈具。另外還有 D20 是針對家庭系統的產品；S300 是太陽能燈和手機充電器產品；S20 是單次充電可產生 8 小時光的產品；S2 則是目前世界上最經濟實惠的高品質太陽能燈。

之後，d.light 在印度新德里附近設置常設辦公室，以接近市場持續收集最新在地資訊，並作為創新產品研發基地。「Urban energy lab」正是 d.light 最接地氣的創新實驗基地。他們融入當地居民生活，進而可以察覺不同用戶的需求，例如有人把 d.light 放在腳踏車前的籃子裡照明，可以讓許多晚上回家的人感到安心。還有人把它當煤油燈，用手提方式隨身攜帶。這也印證所謂以使用者為中心的創新研發，不但要有同理心，更應該進入使用者的生活，以聽見在地的聲音，洞察創新的脈絡。

三、盈利與公益之複合商機

d.light 入選為大英博物館 100 件影響人類深遠的歷史性文物，而且深具當代性。在國外學者評價中，d.light 之所以「合格」（qualification）的理由，在於它善用科技賦予生活新的意義。它不但是活生生的科技（或稱為「生活科技」，life technology），更是具備人本思維的善良商品

（humanitarian goods）。若進一步分析 d.light 的創新內涵，主要反映在以下三項複合價值。

　　一是設計理念複合（conception of design），以營利為基礎的社會公益事業，也就是所謂「Doing well by doing good」。創辦人之一的 Sam Goldmans 之前就已特別提及 d.light 與過去太陽能發電等類似創新最大不同之處，在於其可行的商業模式，而且是奠定在照顧「金字塔底層」的商業模式。換句話說，d.light 不只是乾淨環保的能源，還是在貧窮線以下者可以負擔的能源。這也是他們一再宣示的創業基礎：

"Affordable technologies for the poor can be financed by sales rather than subsidies, charity, or philanthropy."

　　以可行的銷售為基礎的商業模式，結合社會企業與節能減碳的複合模式，確實在經濟價值與社會價值間創造合則兩利的複合商業模式。d.light 先導入專業的企業經營管理邏輯，包括合理設計、低成本製造、以使用者為中心的創新設計；並以動人的故事籌募創業基金。再以低價可負擔的 d.light 導入到印度、緬甸等社區，有效實踐社會企業精神，並讓上千萬人口能使用到乾淨可負擔之能源。然後以減碳排放為基礎，透過聯合國 CDM 機構爭取碳排放交易，創造更多營收，從而能以更低價格製造 d.light。當更多人使用 d.light，它就可以透過規模經濟進一步降低成本，甚至可以由不同分眾需求進行差異化設計。

　　低成本、低耗能滿足更多金字塔底層需求，進而得以規模經濟服務更多人口，進一步降低製造成本，並提高二氧化碳減排效益。在經濟價值、社會公益價值與環境保育價值間，形成正向循環。

　　二是使用情境複合（context of use）。d.light 的普及，也達到多項複合效益。包括取代昂貴又不環保的煤油，降低空氣汙染，並改善人民健康，這是經濟與環保的複合。同時也讓更多當地小孩有足夠的夜間照明可以學習，家庭與社交活動可以有多元發展，甚至婦女或夜間工作者可以更

安全，也創造夜間營業商機，這是教育與多元社會生活型態的複合。不同使用情境的複合是 d.light 的另一項貢獻，這也是其品牌價值「A Brighter Future」所宣示者。

三是消費型態複合（consumption of display）。過去人們購買產品或服務，往往著重在功能性價值，但 d.light 卻賦予產品更多人本產品與生活科技的意義，尤其是當代人對電力與能源使用的價值觀。多數生活在城市中的人，從出生以降早已相當習慣由政府提供基礎電力措施，或是委由民間電廠供電，因此只要多數人同時用電，導致電力負載過重，就會停電或跳電，台灣在 2021 年 5 月 13 日的停電事件就凸顯用電超載的問題。

相較之下，d.light 以太陽能的發光二極體光源設備，就跳脫仰賴政府或私人機構建置大規模電力基礎建設的邏輯，而以個人、家庭、企業為單位，自動自發透過太陽能充電取得所需電力。這樣的消費邏輯在過去十多年間已開始在金字塔底層實施，短期內似乎離已開發城市居民甚遠。但 d.light 的消費展示，卻不斷提醒城市居民，尤其在缺電危機逐漸成為常態，就能讓人反思取電用電的消費邏輯。

從這個角度來看，d.light 所建構者不僅是普惠式或去中心化的電網經營，更在建構全新的價值網絡，可攜、可充、可節能（潔能）的消費價值，背後是循環經濟與綠色能源的社會行動，也正是當代人所需要學習的重要課題。

四、複合商模的進化：從分期付款到應收帳款融資

d.light 結合公益與營利的複合模式，還成功表現在它特殊的商業模式設計上。隨著 d.light 太陽能照明成功，家戶用電的升級、手機充電服務、娛樂生活，乃至冷藏設備等需求就相繼出現，更多的太陽能用電需求，促使 d.light 必須發展出更具可行性的融資服務。而 PAYGO（Pay-as-you-go）這類行動支付服務提供肯亞等當地居民以週為單位的轉帳繳費機制，就成為 d.light 有效服務在地偏鄉居民的重要金融工具。相較於已開發國家居

民習慣使用信用卡分期等付費方式，行動支付的按週或按月分期付款，更是有效提高對清潔能源購買力的重要手段。

過去研究就已指出，PAYGO 這類行動支付工具相當簡便，不論是行動裝置科技本身、手機應用介面、或信用評分機制等，在美國加州、紐約等地，都已有成熟企業提供高性價比服務。因此，d.light 推動 PAYGO 行動支付的挑戰並不在於技術，而是在於費用帳款的準時入帳或應收帳款的融資可行性。

隨著肯亞等當地居民提高對太陽能燈具與相關設備需求，融資金額也開始水漲船高，但事實上，許多在貧窮線下的偏鄉居民要改善生活與支付能力，也需要一段時間（甚至更長的時間）。因此，應收帳款融資就成為 d.light 在推動太陽能計畫的新挑戰。

2021 年 1 月，d.light 宣布獲得「光明肯亞生活」（BLK1, Brighter Life Kenya 1），對應收帳款融資額度提高到 1 億 2,700 萬美元，以有效供給 d.light 對肯亞居民在 PAYGO 的融資資金。換句話說，當肯亞居民用 PAYGO 向 d.light 買燈具設備、取得定期服務或其他費用支出後，通常都無法一次付清，而是按週清償。這些中長期應收帳款的資金壓力，就可以透過 BLK1 的應收帳款融資，讓 d.light 取得相對豐沛的可運用資金，以服務更多肯亞居民。

當然，BLK1 也必須有自己的資金來源。美國的國家發展銀行 DFC（U.S. International Development Finance Corporation）與挪威投資基金（Norfund, Norwegian Investment fund）各提供 2,000 萬美元與 1,500 萬美元給 BLK1，以作為融資 d.light 在肯亞應收帳款融資的基礎。

由這些融資安排可以發現，在 d.lihght 照亮肯亞等偏鄉居民背後，不但是所謂「離網能源」（off-grid solar lighting）的普惠科技與行動支付如 PAYGO 這類普惠金融的結合，更有政府發展基金與聯合國等單位的融資資源挹注，是公私合作的另一種協力模式，也重新定義所謂社會企業價

值，並不是單純向政府機構取得資金補貼，而是以靈活彈性的多層次融資方案，讓在地居民能學會由生活品質的提升中，必須提高謀生能力與信用評價的承諾。

除應收帳款融資之外，d.light 另一個可能的商模演化路徑則是朝中高端客群推展產品服務。事實上，在肯亞就已經有太陽能服務供應商如 Mobisol、Lumos Global 等企業開始經營所謂的「富人階級」；提供有錢人清潔、好用、健康的能源已開始成為富人的新流行，也是 d.light 另一種「截富濟貧」的創新商模機會。d.light 讓人 delight（娛悅）的背後，是良善設計的商模啟蒙。

五、附錄

2015 年聯合國在 2015 年提出 17 項永續發展目標（SDGs, Sustainable Development Goals），包括消除貧窮、消除飢餓、健康與福祉、教育品質、性別平等、淨水與衛生、可負擔能源、就業與經濟成長、工業與創新基礎建設、減少不平等、永續城市、責任消費與生產、氣候行動、海洋生態、陸地生態、和平與正義制度、全球夥伴等。

聯合國永續發展目標（Sustainable Development Goals, SDGs）
資料來源：聯合國網站，2021.9.10 下載自維基百科。

ESG 是永續發展目標（SDGs）達成的指標

資料來源：聯合國網站，整理：Impact Hub Taipei，2021.9.10 下載自：https://npost.tw/
archives/24078

本章參考文獻

〈聯合國環境署 2017 年報告〉：https://wedocs.unep.org/bitstream/handle/20.500.11822/22268/
Frontiers_2017_CH5_CH.pdf?sequence=3&isAllowed=y

Bijker WE (1987) The social construction of Bakelite: Toward a theory of invention. InL Bijker
WE et al. (eds) *The Social Construction of Technological System,: New Directions in the
Sociology and History of Technology.* Boston, MA: MIT Press, 159-187.

Bijker WE (1997) *Of Bicycles, Bakelites, and Bulbs: Toward a Theory of Sociotechnical Change.*
Boston, MA: MIT Press.

Bijker WE (2009) How is technology made? That is the question! *Cambridge Journal of Economics*
34(1), 11 November: 63-76.

Cross, Jamie (2013). "The 100th object: Solar lighting technology and humanitarian goods."
Journal of Material Culture 18.4 (2013): 367-387.

Miller D (2009) *Selling Solar: The Diffusion of Renewable Energy in Emerging Markets.* London:
Earthscan.

Prahalad CK (2009) *The Fortune at the Bottom of the Pyramid: Eradicating Poverty through*

Profits. London: Prentice Hall.

http://www.haogongsi.org/2016/10/31/global-social-enterprise-case-selection-d-light/

Stanford Journalism (2011) d.light design: Starting small, thinking big. *Short Film*, available at: http://www.youtube.com/watch?v=DH_MDJ3OjmA (accessed 16 May 2021).

第十一章　東森購物：左右開弓，分進合擊

「當你覺得現在非常舒適的時候，就是成長曲線即將下墜的開始。」

英國當代管理大師 Charles Handy 提醒，企業平均壽命已從 40 年縮短爲 14 年，所有企業或個人都應該思考，如何在第一條成長曲線邁向高峰之際，開創第二條成長曲線。

― ― ― ― ―

一、東森購物背景

東森購物（ETMall）的創辦發展和台灣有線電視興衰息息相關。1999 年間，台灣各地有線電視台業者呈現群雄割據情況，各地方有線電視台除收取電視台上架費外，也開始自營廣告、銷售商品，出現「衛購」（衛星電視台購物）風潮。但當時有線電視系統的廣告經營與頻道內容良莠不齊，許多商品品質及服務出現消費糾紛，因此政府通過《健康食品管理法》（1999 年 2 月 3 日發布實施），對電視購物銷售商品進行管理。

東森購物便在「衛購」時代創立，主要有以下考量。一是透過東森集團整合有線電視台經營，東森成爲擁有最多有線電視系統覆蓋戶數業者；一則開始自製節目創造營收，並把關電視產品銷售。爲建立優質健康的電視購物環境，東森訪查美國及韓國等電視購物發展先進國家，學習先進的電視購物操作模式，並導入客服、結帳、品質管理、退換貨等服務系統。但直接導入國外系統卻常出現問題，後來東森總裁王令麟組織一個 30 人考察團到印度 TATA 集團調研，並決定自建系統，前後投入達 1 億美元。

東森購物旗下有東森購物網 ET Mall（以下簡稱東森購物，或 ET Mall）、Her 和她（以下簡稱 Her）、網連通、電視購物、電話行銷、手機購物、型錄、MOD 以及海外跨境美妝電商平台，香港草莓網等（參閱

附錄一），台灣會員總數超過 900 萬。

經過長達 22 年經營，2020 年東森集團（含媒體與購物）整體營收 329.82 億，獲利 17.2 億，較 2019 年成長率達 21%。尤其東森購物表現亮眼，合併草莓網年營收 247 億，每股盈餘（EPS）14.18 元，創歷史新高，更首度超越 momo 購物台的 13.87 元，成為新線上零售獲利王。

近年來，東森積極開發自營商品，根據統計，2020 年自營商品業績已占營收 30%，同時也占獲利 60%。東森並發行「東森幣」以有效經營會員，並建構集團生態系。統計至 2021 年 4 月，東森幣已發放 140 億，VIP 會員持有率高達 43%，東森幣在創造購物實績上有一定效果，並有效提升會員黏著度。

在疫情仍然嚴峻下，東森集團提出「後疫情新常態時代」6 大發展策略布局，總裁王令麟直言：「疫情過後，消費轉移到線上的行為已經回不去了。」2021 年營收預計可達 615 億元。以下分階段闡述東森購物的發展歷程，個案分析重點在核心客群特質、商業模式的價值創造（創價）、價值傳遞（傳價）與價值擷取（取價）設計，最後提出複合商業模式的演化歷程。

二、東森購物商模發展歷程

（一）電視購物時代

1. **核心客群：在家婆媽。**東森購物在一開始就鎖定女性消費族群，且以 25 ～ 50 歲女性為主，當時東森購物台是婆媽族在家養育小孩的最佳良伴，購物專家成為家喻戶曉的人物，如利菁、斯容等。東森購物是最早推出七天鑑賞期與信用卡 24 期分期服務者，這更消除婆媽族一次買太多的罪惡感。時至今日，信用卡分期仍被視為東森購物與各大百貨公司的「購物神器」，這項服務大幅提高使用者的購買力，刺激購買意願。

東森購物依累計消費金額、累計消費次數及毛利等會員消費貢獻，將

會員區分為 ABCD 等級，另有停滯會員與新會員。其中核心族群為 ABC 級黃金會員。黃金會員年貢獻度在 2016 年間約為 26,415 元，到 2020 年則增長到 33,972 元，大幅提高 7,557 元。

東森購物直言，A 級黃金會員有不少是 45 歲以上女性，若進一步分析其熱門購物時段，電視族群是晚上 8 點到 12 點。網路族的黃金時段則是晚上 11 點與下班通勤時段約晚上 6 ～ 8 點間。至於 C、D 級客戶則是低頻率消費者，年齡偏低，約 25 ～ 35 歲間，也是東森購物的潛力客群。以下說明東森購物特殊的創價、傳價與取價模式。

2. 價值創造：東森嚴選之品質確保。東森購物最為人稱道的是產品品質一致，東森購物總經理彭鴻斌直言，品質控管是「東森嚴選」的基本精神，他們必須確保在總公司端與物流端所出現的產品品質是一致的，所以東森特別派出一組品管人員在物流端，確認出貨給消費者的產品內容與總公司呈現在購物台上者一致。「我們精準到論斤論兩的秤重，確認產品品質無誤！」

除產品品質把關外，東森在產品特質描述上也開始發揮教育消費者功能，「寓教於樂，教導消費者過生活」是東森嚴選的使命。

「我們教消費者如何用洗衣粉來清理洗衣槽，還教他們如何擦玻璃！除此之外，我們賣 8 條 999 的飾品，不只物廉價美，重點在教育消費者如何穿搭。光是這檔飾品教學，我們就一口氣賣出 4 萬組。還有一檔掛在餐桌上的掛鉤，也是東森購物首推，深受會員喜愛。」總經理彭鴻斌如數家珍地說明東森購物特殊的創價歷程。

「教導消費者過好生活」確實是 2000 年間有線電視台的重要使命，同一時間 TVBS 女人我最大（2003 年 9 月開播）也趕上這股熱潮，達人老師教導小資女化妝、打扮自己，寓教於樂的生活節目成為主流。產品的使用價值較功能特質更具說服力與吸引力。東森購物總管理部企劃研發總處馮蘭英副總就直言：「我們是具有媒體性質的零售業！」一語道盡東森購物結合媒體與產品銷售的特殊利基。

3. **傳價機制：網購與電話行銷**。除有線電視台之外，東森購物在2002年因應網購趨勢推出「東森購物網 ET Mall」，開始競逐網購市場。2003年 SARS 風暴讓更多人不敢或不願出門，電視購物與網路購物漸成主流。2012年則發展電話行銷通路，並結合大數據與最新 AI 語音辨識科技分析每日達9萬通電話，了解會員的行為、特徵與興趣偏好。

東森購物主管直言，購物族同樣適用 80/20 法則，高貢獻度客群是東森必須積極經營的核心客群。時至今日，東森購物針對高產值、高頻成交的 A 級與 B 級客戶（合計年度貢獻營收達100億元），仍精選「1,000 席客戶」進行封閉型的專屬電話直銷，例如推出知名藝術品限量搶購（單價約在10萬元以上），確實能有效提高成交率，也由此提高重量級貴賓的專屬服務感。

2012年東森購物推出行動網站，2015年推出 EHS 東森購物 APP，目前（2021年）行動購物通路業績占整體電商通路已達八成。總裁王令麟就直言：「行動是未來唯一的解方！而且速度要快！」2017年，東森布局 MOD，並在同年9月於 MOD 開設五個頻道，一年營收達10億元。總管理部企劃研發總處馮蘭英副總分析，MOD 確實有效幫助東森購物開拓新客群。

「MOD 的收視族群較傳統有線電視年輕10歲！這群光世代客群對家庭消費用品與3C 產品等同樣有需求，而且出手購買也快，成為東森購物的新開發客群。」

4. **取價模式：購物上架費與交易手續費**。在有線電視台為主的東森購物時代，「頻效為王」，尤其是晚上8點～11點的熱門購物時段更是東森購物的主要獲益來源，每一檔熱門商品的上架分潤成為主要營收來源。「東森嚴選」的取價模式和傳統電商的最大差異有以下幾點。

一是高毛利商品獲利。「東森嚴選」僅會挑選毛利在50%左右商品，每年約僅5,000檔的精選商品，相較於傳統電商動輒10萬項商品，但毛

利率卻僅有 15% 左右（甚至更低者），有極大差異。東森購物主管直言，對產品品質的嚴格控管不僅有內部「商審會」把關，還有入庫品管、產品抽驗與毛利評估，相較於一般電商普遍低毛利現象，東森購物跳脫「比價」邏輯的低成本市場，而是「比產品」，專攻差異化之高毛利單品，成為電視購物的主要營收來源。

二是故事行銷之體驗經濟。東森購物培養一群購物專家教導大家如何使用商品、如何穿搭、如何過好生活，其背後邏輯正在於高單價商品需要精緻解說與有感情境才能打動客戶。高單價的差異化商品，需結合教育、娛樂、美感的體驗感受，甚至讓電視機前的婆婆媽媽暫時脫離現實生活，感受不一樣的穿搭品味，確實契合體驗行銷強調由故事演繹提高觀眾的參與感與投入度，進而提高銷售成交率。

（二）多元媒體時代

東森購物的第一條成長曲線乃奠定在有線電視的蓬勃發展基礎上，不過隨著網路電視與社群媒體興起，東森購物也遭遇成長趨緩困境，而企思轉型之道。東森集團主管說明，2020 年第 4 季的有線電視訂戶數為 487 萬戶，較最高峰 2017 年第 3 季 527 萬戶流失近 40 萬戶。東森購物不得不積極發展網路、型錄、MOD 及行動購物等多元媒體通路因應。

根據內部統計，電視購物營收占比在 10 年內由 76.7% 降至 2020 年 37.8%。網路購物營收占比 33.8% 為第二大通路，其中行動購物占比高達 79.8%，電話行銷通路營收占比 21.9% 則為第三大通路。另外近三成營收則仰賴社群行銷與其他實體通路經營。

在多元通路拓展背後，東森購物的整體經營更出現策略轉型。總裁王令麟特別提出「食品、美妝、保健」三大旗艦產品，其中生鮮食品含金量最低，但卻是開發新客群（尤其是年輕客群）的「帶路雞」，屬即時性產品；美妝產品含金量高，且具有全球市場開拓利基，回購率高，屬週期性產品；保健產品含金量最高，屬定時定量產品，回購率與客單價均高，也

是東森購物持續建構的差異化產品。這三者在商模創價、傳價與取價邏輯上，也有全然不同的創新機制，以下介紹。

（三）即時性產品：生鮮、食品、用品

1. **核心客群：自煮群**。東森購物原本鎖定客群就是婆媽族，年齡層偏高在 45 歲以上，這個族群在 2020 年新冠肺炎期間不但擴增，而且客群還延展到無法出門的「自煮群」。東森購物發現，新的網購族與行動客群也開始對生鮮食品有感，更開始習慣上網買衛生紙等日常生活用品。除此之外，還有一個新興的 MOD 客群同樣有日常用品採購需求，這個族群更較傳統電視台客群年輕 10 歲，而成為東森購物鎖定對象。

東森購物由此轉向力攻食品與生活用品，並與各大廠合作開發東森購物自營產品，除由此開發新客源外，也由多元生活用品服務資深會員，打造物超所值的便利生活。

2. **價值創造：高性價比商品**。在新冠肺炎期間，東森購物積極研發幾類生活用品。一是高回購民生必需品，例如衛生紙、家庭清潔用品、個人清潔用品等，以回應新冠肺炎期間無法出門選購日常用品需求。二是生鮮產品，並發展東森農場，併購熊媽媽。三是開發優質熟食（或稱即時）產品。

在民生必需品開發上，延續「東森嚴選」精神，以商品市占率排行、代工廠知名度、商品特殊性等，將自營產品定位為與知名大廠相同品質，但更高性價比（CP 值）者。東森購物特別與正隆、毛寶、台塑生醫、康那香、台鹽等 GMP（Good Manufacturing Practice，良好作業規範）領導品牌，合作開發自營商品，並以龍頭廠商定價打 7 ～ 8 折為基礎，讓會員享受物超所值的購物實惠。

總經理彭鴻斌則分享東森購物與正隆紙業合作推出「蒲公英環保衛生紙」計畫，除以環保訴求創新商品研發外，東森也積極由「不要砍伐，要愛心早餐」的行動方案與故事行銷，將環保衛生紙的品牌理念價值傳遞給

消費者。

在生鮮食品上，東森購物則在 2020 年 11 月投資生鮮快配電商「熊媽媽買菜網」，藉由掌握熊媽媽經營權及既有優勢條件，快速切入冷凍生鮮網購市場，以有效經營生鮮商品線、物流、會員、及供應商關係等。東森購物並在網站上設置熊媽媽旗艦館，透過每日特殺商品增加生鮮商品銷售，並以滿額贈送熊媽媽買菜金與東森幣，提高回購意願。

東森購物主管直言，生鮮產品直達到府的「最後一哩路」是所有電商想要搶攻線下商機的重要基礎工程，而且所費不貲。直接投資「熊媽媽買菜網」是東森購物建置生鮮直達的起點，在大台北地區可以做到 2 小時內到府服務。

生鮮產品屬於高回購、低毛利產品，對開發年輕客群有一定效益。東森購物進一步經營「東森農場」，並分為「由下往上」與「自上而下」兩種途徑開發。早期東森農場逐一拜訪農友挑選農產品，在確認生產條件、產品品質和產能都無虞後，再請農友向當地農會申請相關資源協助。例如在 2021 年，東森購物賣了一批芒果，乃是和產銷班簽約合作。由東森購物定期回報銷售量，再由產銷班或農會控管採收數量。除產能控管更精準外，農會或產銷班也會嚴格把關品質，以確保產銷履歷的專業品質。

另一種「自上而下」途徑則是與縣市政府或行政院農業委員會農糧署（簡稱農糧署）合作。例如：每年 6 月分的高麗菜、7 月分的紅龍果，農糧署會提前和東森購物溝通銷售內容，再委請農會推薦適合的在地農民推銷當季農產或水果。2020 年起則由各地方政府縣市首長親自上購物台推薦在地農產，引起不小討論話題。除低毛利農產品外，東森購物也積極開發高性價比的季節性產品。東森購物總裁王令麟就分享道：「東森購物目前在好吃食品類營收占比高達 35%，例如最近（2021 年 4 月）我們進口 1,800 箱澳洲生蠔龍蝦。生鮮產品一年可有 1～3 億元營業額；另外還有料理包和年菜。例如今年我們就賣出 3 萬份年菜。」

在食品上，東森購物則開始與頂級美食進行異業結盟。東森購物看準「宅食商機」，強打產品差異化策略，攜手五星級晶華酒店、港澳米其林三星阿一鮑魚、鼎泰豐、長榮空廚等，推出「東森嚴選頂級美味」。尤其東森嚴選晶華酒店紅燒牛肉麵組自 2020 年 5 月推出，2 個月內就銷售逾 1 萬 5 千組。

生鮮食品、熟食精品、與日常用品是東森開創新客群的關鍵策略實務，不少年輕客群因為毛寶洗衣精、耐斯洗髮精、蒲公英衛生紙等聯名品牌，開始接觸東森購物，並逐漸成為會員常客。「我們希望東森品牌能逐漸進入年輕客群的日常生活中！」這是東森購物投資生活用品初衷，也是東森購物競逐線下商機的基礎。

3. **價值傳遞：線上為主，線下多元場景**。東森購物在生鮮、食品、與日常生活用品的通路經營以線上為主，線下多元場景為輔。尤其線下多元場景也是線上直播的另類場域，而讓線上平台經營更具生活體驗價值。相較於有線電視時代的購物專家，社群媒體時代則由「網紅」扮演產品展演者與創新擴散者角色。

第一類網紅是和日常生活用品有關的料理之王或具話題性藝人，如廚佛瑞德、料理之王、聲林之王等新星，由網紅自帶流量結合東森購物原有會員基礎，提高帶貨率。東森購物經常針對節慶活動推出大型專案，例如在雙 11、春節、母親節、端午、中秋及年終慶等，並在 LINE、YouTube、FB、東森新聞雲等社群媒體平台同步串流直播，藉此經營年輕客群，有效提高銷售業績。另外，東森購物與 LINE 官方嚴選帳號合作網紅直播，透過 LINE 的高流量推播，提高銷售。LINE 直播新系統在 2021年 5 月另推出「直播直購」，可進一步提升業績。

「東森購物與線上直播主合作，除負責提供商品及金流、物流外，另加上東森嚴選之品管機制及十天免費鑑賞期，讓消費者在直播平台亦能享受到東森購物頂級服務。」東森購物主管說明。

　　第二類網紅是縣市長，親自上節目促銷當地農產品。東森購物總經理彭鴻斌就直言，請縣市長直接銷售當地農作物產不但有信任感與話題性，在節目促銷活動過後，東森購物還會與縣市長聯名發送簡訊感謝會員支持小農，提高會員的認同感與尊榮感。

　　「相較於過去其他媒體電商平台也曾推銷台灣『一鄉一特色』物產，東森購物請縣市長代言、請小農說故事、發簡訊感謝的細緻規劃，顯然更為有感！」一位行銷專家指出。

　　東森購物總經理彭鴻斌進一步分析電視購物在農產品推銷上確實有一定利基，尤其「有故事性」的自然呈現更是基礎。例如雲林縣北港鎮的焙炒黑金剛花生就是例子。

　　「大家覺得花生沒什麼，但農友來上節目，觀眾就會發現，他們的手是不會完整的，為什麼？因為採花生的手會流血。」

　　真實的故事有效打動消費者，並創下一天銷售 2 萬多包佳績。又如台南市長黃偉哲親自上節目推銷芒果，一整盤芒果嗑個精光，以樸實行動取代華麗銷售詞彙，創造驚人業績。

　　東森購物也善用不同類型網紅特性，經營多元場景以創造更豐富的購物體驗。主要有以下作法。作法一是海外連線。例如因疫情難以出國的消費者，東森購物在 2020 年「雙 11」檔期導入海外直播代購方式，計有日本、韓國、美國及秘魯等海外原廠共襄盛舉連線開賣，讓消費者在家中一樣可透過電視節目買到日韓等熱銷海外商品。

　　作法二是導入直播情境。例如在 2020 年「雙 11」購物節期間，東森購物將場景搬至桃園物流倉庫，請藝人加入與購物專家共同在倉庫銷售，帶給會員不同體驗及畫面感受。

　　作法三是年貨戶外開賣。2021 年因疫情考量，台北市政府取消年貨大街活動。為幫助年貨業者，也讓民眾方便採辦年貨，東森購物在 2021

年2月4日於台北市迪化商圈首開節目直播，邀請台北市副市長黃珊珊與3位購物專家一起逛街辦年貨，讓會員坐在家裡一邊看電視節目，一邊安心辦年貨。

4. **價值擷取：自產自銷為主，品牌加值為輔**。快速即時的生鮮、知名美食、與日常生活用品等，成為東森購物開啟「自產自銷」模式基礎。跳脫以往賺取上架費與收益分潤，東森購物與 GMP 大廠合作的「自產自銷」模式，從產品規劃到行銷設計均高度參與，主要營收來源有以下內涵。

一是有形的產品售價。東森購物與 GMP 大廠合作研發產品，可以直接定價，賺取從工廠到市場的直接收益，省去中間商分潤，而最有價值的方式是「五五分」。二是無形的品牌價值。過去東森購物銷售產品都是知名品牌，但會員購買後其實是認同品牌，未必認同東森購物。與 GMP 大廠合作研發，可以讓東森購物與優質品牌聯名，進入會員的日常生活中。

「我們從教會員過生活，到融入會員生活，這是很大跨步。會員對東森的品牌認同度提高，也更容易聯想到東森購物採購其他商品！」總經理彭鴻斌說明。

除自產自銷外，東森也積極透過和知名品牌合作銷售即食商品，如晶華酒店紅燒牛肉麵組等，創造產品上架分潤收益，並開發高單價熟食商品以創造更高分潤。東森資深主管直言，高單價高分潤的差異化產品，一直是東森嚴選的經營核心，即使是生鮮、日常生活用品或頂級美味，東森仍嚴守差異化策略，以有效創造獲利。

（四）週期性產品：美妝、保養

1. **核心客群：愛美族**。女性購物族群一直是東森購物核心，占會員總數達六成；而購物平台每月不重複訪客數約 1,400 萬人次，日平均流量為600 萬人次。另根據鴻海旗下的富盈數據統計，台灣女性美妝保養市場每年平均約有 1,000 億到 1,200 億規模，皮膚保養品約占 50% 以上，每名台灣女性平均擁有 5-9 瓶的臉部保養品，顯示肌膚保養是台灣女性最重要的

消費需求。

近年東森購物積極經營女性美妝保養市場，尤其是台灣自營品牌，目前已進駐多達 1,450 個以上美妝品牌。2018 年 11 月東森集團併購自然美，跨足保養品生產及線下美容服務，並在 2019 年 7 月成立全台第一家線上《東森自然美旗艦館》。線上平台順利為東森自然美導入 30% 新客，有效拓展虛擬通路市場。

2018 年 5 月，東森購物收購香港知名美妝跨境電商草莓網後，草莓網便成為東森購物進入全球市場主力。2018 年 1 到 6 月，草莓網累積營收約為 4.4 億元；而在東森正式入主後，2019 年 1 ～ 6 月累積營收則成長 227%，達 14.4 億元，約占東森購物總營收 15%。

集團關係企業搜賣傳媒另於 2020 年 8 月引進高科技 AI 魔鏡技術，打造全台首家「AI 美髮沙龍」。以下分析東森購物在美妝與保養品之商業模式。

2. 價值創造：高毛利商品。在美妝商品經營上，東森購物有三個差異化品牌經營不同年齡層的愛美族。第一個族群是年齡在 25 ～ 34 歲的小資女，這個族群是東森新聞雲的核心客群，因此東森購物在 2019 年成立 Her 和她（以下簡稱 Her）網購平台，主打平價商品。東森購物主管分析，Her 的選品相當重要，文字描述與版面編排更重要，因為它相當於變相新聞，常以新聞的「文末連結」方式呈現。

年輕人喜歡的「小黑裙」嬌蘭香水、粉紅色的鍋子、3C 品牌等，都是 Her 的熱門商品。東森內部統計，2020 年的年度五大熱銷品牌，依序是 SK-II、Kiehl's 契爾氏、Lancome 蘭蔻、凱薩大飯店、Shiseido 資生堂。

第二個品牌是跨境電商草莓網，以銷售國際知名品牌為主，因此年齡層與含金量略高，需有一定購買力族群才是常客。草莓網也盤點 2020 年台灣市場年度五大最受歡迎品牌，依序是：Clarins 克蘭詩、Shiseido 資生堂、Kiehl's 契爾氏、Sisley 希思黎、Lancome 蘭蔻；而銷售金額最高商

品則是「資生堂百優精純乳霜」，單品貢獻全通路 4% 業績。東森購物總管理部企劃研發總處馮蘭英副總分享，未來台灣美妝品牌也有機會透過草莓網拓展到國際市場，目前評估仍以面膜為主力。

第三個品牌東森自然美則是含金量最高族群，年齡也多在 45 歲以上。自然美在 2018 年 11 月加入東森集團後，年營業額出現大幅成長，2018 年營業額是 2.8 億，2019 年是 5.2 億，2020 年是 7.3 億，2021 年估計有 12 億。東森購物評估，在自然美線下門市並未有巨幅成長下，顯然東森集團的線上導購發揮影響力。東森自然美 2020 年前十大商品中，前三名依序為「超效保濕按摩卸妝膏」、「NB-1 晶鑽彈力潤采凝萃」、「NB-1 晶鑽肽彈力亮眼精華」，合計貢獻 12% 業績。

東森自然美是三個品牌中最具「自產自銷」價值者，除多項得獎商品外，近年更開發精油等新產品線，並開始由美甲、美足等複合服務，創新服務內容，也藉此吸引年輕客群。

3. 價值傳遞：線下線上同步拓展。東森美妝品牌中，含量金最高的東森自然美主要以線下通路經營為主，近年更積極與知名星級飯店合作，加速展店。東森自然美成立自然美生技美容中心提供會員線下美容服務，2023 年展店目標 300 店。

2020 年 9 月起則推出飯店型新店，陸續進駐台北甲山林湯旅、台中金典酒店、新板希爾頓酒店、林口喜來登大飯店、南港老爺酒店及新竹喜來登大飯店等。東森資深主管分析，實體通路的選點相當重要，而星級飯店的裝潢高檔時尚，又具安全隱密性，成為東森自然美重要的策略合作夥伴。

東森自然美也開展與美容相關事業之策略聯盟，拓展客群規模。例如東森自然美與名留等異業合作，開創美容、美髮、美甲、美睫四合一新商模，於東森購物中和總部開辦示範店。並以 AI 魔鏡串聯全台 5 萬家美髮店，店內除銷售東森購物商品，也積極促成東森幣流通、會員相互導客、

東森農場取貨等。

　　線上通路經營中，東森自然美旗艦店的線上導客逐漸發揮成效，線上營收甚至已超越線下營收。另一個品牌草莓網更是以線上通路經營為主。東森購物電子商務事業部及全球商貿中心執行長楊俊元，同時兼任草莓網執行長。他分析草莓網在國外業務分為三種，第一是國外買家大量採購草莓網商品到自己的通路做銷售的傳統 B2B 業務。第二是讓各地消費者上草莓網購物的一般 B2C 跨境電商。第三則是與當地電商合作，把草莓網商品上架到當地電商的策略聯盟合作。

　　第三種合作方式正是目前草莓網的核心主力。草莓網的商品力，成為其與各國電商策略聯盟基礎。成立於 1997 年的草莓網，架上不僅能找到超過 800 個國際品牌，更擁有近 3 萬 3 千個 SKU（stock keeping unit，庫存量單位），涵蓋全球主要一線高價品牌，這對於東森購物在進行跨國策略聯盟深具價值。

　　以韓國為例，雖然韓國以美妝產品聞名，但韓國的強項其實是當地國產品牌，缺乏國際一線品牌。為補齊產品線，許多韓國一線電商選擇跟草莓網合作。草莓網自 2018 年 7 月起已與三間知名韓國電商 GS、Gmarket 和 11 街展開合作。2019 年間，草莓網在韓國營業額每月約 150 萬港幣左右（約新台幣 600 萬元），在韓國電商排名第六，其中約 40% 業績是當地合作電商帶來的，60% 則是草莓網自行經營有成。楊俊元分享，這在高度競爭的韓國電商圈已是難得成績。

　　策略聯盟的合作方式也在其他市場得到驗證。以草莓網總部所在地香港來說，東森入主前草莓網與香港其他當地電商，較處於競爭關係。2019 年開始與當地電商合作後，出現顯著改善。草莓網 2019 年 1 ～ 5 月的累計營收中，香港就以約 1.78 億新台幣竄升到第二名，贏過美國、韓國、日本等大市場，排名僅次於 2.46 億的澳洲。相較於過去香港在地區市場銷售額總排不進前十名，有顯著成長。

　　至於 Her 這個年輕品牌也以線上通路爲主，並「寄生」在東森新聞雲與東森寵物雲內，以「變相新聞」型態附生，讓年輕網友一邊讀新聞，一邊選購商品。

　　4. **價值擷取：套裝組合爲主，限量單品爲輔**。東森購物在美妝品牌經營上以自然美的美妝組合爲主，且借助美容師的體驗行銷，讓會員由單品到周邊商品，帶動買氣。東森主管不諱言，美妝品屬含金量極高產品，且會員會有週期性購買習慣，例如近年相當流行的「水光保養」，一次要價1 萬元，且每 2 個月要回頭保養一次，但效果佳回購率高，連集團總裁王令麟都是常客。搭售套裝組合的取價模式也延伸到東森與美甲美足的關聯性產品組合。在美容保養品上，東森購物買下自然美，也開始確立「美妝自產包銷」的經營模式。2018 年接手前，自然美已有 2.8 億營收；接手後在 2019 年營收成長到 5.2 億，2020 年度 7.3 億，逾 40% 成長，其中東森購物貢獻高達 41% 業績。

　　除自產包銷外，東森購物也透過跨境電商草莓網經營全球知名品牌的高單價商品。東森購物主管分享，草莓網創辦人原是任職屈臣氏的英國人，相當熟悉精品市場的供需調節，而能以較低成本取得庫存商品，創造高毛利營收。至於 Her 上架商品屬網路小資女的輕奢品牌，含金量不若自然美，接近草莓網客群。取價模式以「限量搶購」爲主。總結來說，美妝保養產品含金量較生鮮食品高，且週期性回購穩定，加上套裝組合與限量搶購，爲東森購物創造穩定營收。

（五）定時長期性產品：保健食品

　　1. **核心客群：保健族**。保健族群亦是東森購物的重要客群，含金量相當高。東森購物主管分析，過去保健商品平均客單價高達 2 ～ 3 萬元，屬高端會員，回購率穩定，是東森購物積極經營的頂級客群。

　　「每年我們會有電話行銷部隊經營核心客群，其中 outbound 電話營銷主力就是近千位保健客群。這個族群重視養生，也懂藝術，常常能有效提

高帶貨率。透過電話營銷，也能讓這群頂級顧客感受到 VIP 服務。」

近年來，保健食品則開始朝中低階客群延伸，主要有幾個重要背景。一是健康養生意識逐年抬頭，不但反映在健身市場的結構變化上，也反映在保健食品的持續熱銷上。二是高齡化社會來臨，讓「銀髮族」商機更具續航力。三是 2020 年新冠肺炎加速擴展健康保健商機。東森購物主管直言，連年輕上班族都相當重視養生，「萬歲牌綜合堅果從大包裝到小包裝，成為年輕上班族群的隨身美食。」

反映在銷售成績上，2020 年上半年 1 ～ 6 月，東森購物保健食品有效訂單突破 130 萬件，與去年同期相比成長 31%，其中如華陀鴕鳥龜鹿精、妍美會葉黃素與鈣片等商品頗受消費者青睞。2020 年底，東森購物發布年度財報指出，受疫情影響，消費者更重視安全與健康，銷售金額前十大排行榜，幾乎由保健品包辦。在可預見未來，保健族群仍會持續穩定成長。

2. **價值創造：高回購率商品**。在價值創造上，保健食品開始由高單價與高回購率定位，朝中低單價與定期採購發展。以下分析幾類保健商品的創價模式。

第一類是定期回購的中低價位商品。例如益生菌這項長銷商品，在 2019 年疫情爆發前就已是東森購物的核心商品。東森購物向知名品牌提案以「委託製造模式」開始銷售益生菌，同時也與其他知名品牌益生菌聯合上架，形成網路專櫃。近年來，益生菌商品日益多樣化，價格由 1,000 元以內到 3,500 ～ 5,500 元間，且開始結合紅麴、美顏、抗敏等不同元素，以契合不同客群需求。

另一個中低價位的高回購率商品是堅果類，例如萬歲牌堅果，以「一天一包，或一日三餐」為訴求，讓上班族可以隨身攜帶享用，有效滿足每天所需營養素，年營收達上億元。

第二類是防疫商品，屬話題性產品。自 2020 年起，東森購物持續推出各款台灣製造（MIT）醫療口罩，搭配面膜、護手霜、眼霜、保健食品等推出精選保養口罩組合，並以「限時 1 折起」優惠促銷，帶動其他周邊產品熱賣。

第三類是複合美容美型的果膠，如藝人吳宗憲自行研發的紅藜果膠PLUS，以蘋果果丁與果膠結合，提高飽足感，加上穀類紅寶石紅藜，強調「40 億好菌」幫助消化順暢。自 2021 年在東森直消電商預購，在 1 個月內就創下破億商機。這類商品強調健康美味與瘦身美顏，經銷價 4,280元（2021 年 5 月）但仍引起搶購熱潮。

第四類是特殊保健品如鹿胎盤。這類商品以細胞再生和可抗老化等為訴求，在醫學界引發熱議。東森購物則積極與知名研究機構合作，期由一定的功效驗證解除疑慮。

3. 價值傳遞：電商與直消並進。 保健食品過去即是東森購物的長期熱銷商品，也是東森購物經營高端客群的關鍵產品，除網站上經常位居熱銷排行榜外，東森購物也以幾種模式持續經營。

第一種是結合議題行銷。除 COVID-19 防疫期間，讓保健商品持續熱銷外，東森購物也善用季節性議題推銷熱門商品。例如 2021 年母親節期間，東森購物就以「寵愛媽咪，滿額送好禮」為訴求，推出燕窩、珍珠粉、紅蔘精等多種品項，以搶攻母親節商機。

第二種是電話行銷。東森購物長期經營含金量高的高端會員，並派出「電話部隊」依客人需求銷售相關商品，其中保健品就是電話行銷主力。尤其保健品不能在媒體上宣傳療效，透過電話行銷解說與分享，反而能打動人心。

第三種是直消模式。東森開始經營直銷市場，鼓勵年輕人銷售東森購物產品。東森購物主管分析，近年來傳統直銷市場正在萎縮，除產品品項少，較不具吸引力之外，動輒上萬元的入會費也讓不少年輕人望而卻步。

相較之下，行動社群媒體的興盛，反而給了東森購物另一個「社群直消」契機。目前東森直消會員約 30 萬人（截至 2021 年 5 月統計），其中活躍會員約 6 萬人；而在 2021 年第一季，東森直消就新增 3 位千萬直消主。由此，東森購物也重新定義「直銷」為「直消」，強調日常生活消費用品的直接導購模式，成為新興直消通路。

第四種是結合自然美等線下門市直銷。保健食品需要專人解說與一定體驗感受，原本就適合以線下門市經營。東森購物嘗試善用自然美門市，選定含金量較高門市，開始導入保健食品專櫃，請美容師協助說明銷售。

「不過這並不容易，因為美容師熟悉自己的美容商品，並不一定熟悉保健商品。即使有提供分潤機制，美容師也不一定買單！除非是話題性高的熱門商品，否則其他保健商品仍須思考線下體驗的突破性作法。」東森購物資深主管分析。

總結來說，保健食品需要專人解說與一定的體驗行銷，在過去東森購物時代乃以電話部隊為銷售核心，電視購物與網路購物的季節性議題行銷為輔；2020 年以後則進階以直消電商模式透過社群行銷部隊銷售，輔以自然美等門市體驗說明。

4. **價值擷取：電話直消為主，網台購物為輔**。東森購物的保健食品屬於高含金量商品，且定時回購率高，東森購物以「直銷取價模式」為主，過去的電話行銷或 2020 年以後的社群直消，縮短產品從工廠到市場的距離；尤其東森購物近年積極發展「代工委託製造商品」更能確保最大營收獲利來源。

至於網路上架或電視購物頻道則以銷售其他知名品牌的保健商品為主，以抽取上架費和一定銷售分潤，也由此豐富消費者的購物體驗。總結來說，保健食品是東森購物中長期穩定獲利來源，甚至常有淡季不淡與逆勢成長佳績；例如 2020 年上半年的保健食品就因 COVID-19 而有 30% 以上的成長佳績。

三、複合商模演化分析

東森購物由傳統有線電視台到近年多元媒體通路，開始經營不同類型的差異化產品，並積極發展創新商業模式。尤其東森購物由產品開發到上市推廣，開啓「從工廠到市場」的特殊複合模式，以「自產自銷」跳脫傳統電子商務「他產經銷」的中介平台經營。以下分析兩個階段的複合商模特色。

第一階段：頻道與系統複合。垂直整合上下游，水平整合系統台。

在第一階段的有線電視購物台時代，東森購物在「東森嚴選」的基礎上，積極整合上游產品與下游通路資源，由垂直整合建構上下游的依賴關係。在上游產品取得與品質把關上，東森開始協調上游產品供應商，以推出品質一致的產品與服務。

總經理彭鴻斌就說明，東森曾經銷售一檔高達 69,990 元的床墊，並創下 1 個小時內完售 3,000 床記錄。當時床墊一般市場行情價多在 2 ～ 3 萬元，東森教導使用者如何辨別優質床墊的行銷能力展現無遺。也因為床墊銷售績效良好，為了延續床墊購買力並確保廠商品質，東森購物開始協調上游工廠出貨，並進行嚴格品管，以落實東森嚴選精神。

又如東森推出「人生第一顆鑽石」搶購活動，也以透明的鑽石報價、國際證書的辨識與清楚的分析過程，教導消費者選購，並創下 1 個小時達 1,000 萬元的銷售佳績。揭開鑽石的神祕面紗，加上 24 期分期零利率與七天鑑賞期，以及「人生第一顆鑽石」的動人訴求，確實讓消費者化心動為行動。而東森也由此確立與上游產品供應商更緊密的合作夥伴關係，確保產品來源與品質，甚至主動介入工廠的生產調度，成為東森購物的重要利基。

除上游供應商的緊密夥伴關係外，下游的出廠運送則須確保產品入庫與出貨品質一致。這是東森嚴選的價值核心，經常性抽驗與出廠品管，是確保消費者拿到高品質產品的基礎，如此才能提高消費者信任感與會員回

購率。

在水平整合上，東森購物主要在整合有線電視系統，並積極爲東森購物台爭取較佳的家戶分拆收費。熟悉有線電視經營的主管分享，過去有線電視時代，HBO 等國際大品牌的議價能力最高，能爭取到最大的分拆金額；相較之下，國內電視台的議價能力薄弱。東森購物台當時爲提高集體議價能力，積極開發洋片台與 YOYO 兒童台等，以向各地方有線電視系統爭取「頻道團購」付費。最終，HBO 等國際品牌降價，而國內自製節目頻道爭取到相對合理收費，也成爲東森購物在水平整合頻道資源以提高集體議價力的代表作。

總結來說，在第一階段的複合商模建構上，東森購物以垂直整合的品質控管建立媒體零售業的核心商模，取價基礎便是零售商品的上架費、顧問費、銷售分潤。甚至東森購物的商模邏輯還應用到後來的東森 YOYO 台與東森洋片台。至於水平整合系統台，並聯合東森 YOYO 台與東森洋片台的創價基礎則在提高集體議價能力，取價方式則是提高頻道付費比例，亦即系統台向使用者收費的分拆金額。東森集團一方面經營系統台直接向使用者收費，一方面經營多個頻道以爭取使用者購物分潤；最終目的則是要爭取使用者付費的利潤最大化。

第二階段：直銷與經銷複合。垂直整合上下游，水平整合多元通路。

相較於第一階段的複合商模主要以零售電商爲基模，以垂直整合上下游商品，以水平整合系統經營，提高議價能力；第二階段則以直銷和經銷模式的複合經營爲主。

在上下游垂直整合經營上，東森購物建立「自產自銷」模式，不論是東森農場的生活用品、海鮮、蔬菜、水果、茶葉等；或是自然美的美妝直營；或是保健食品的委託自製，目的都在突破過去的零售電商經銷模式，以產地直銷創造自營價值。不過東森購物仍積極經營知名品牌的經銷服務，以豐富電商平台產品內容，並學習知名品牌的創價與取價模式，建立

合作夥伴關係，甚至爭取聯名品牌或委託製造商機。

在水平整合經營上，東森購物在這個階段則以多元通路整合為主，線上線下同步進行。在預見電視購物市場將逐漸萎縮的現實下，東森購物積極開發網路購物、MOD 購物、行動購物、社群直消購物等多元線上模式；並以自然美的美妝事業經營線下服務，同時與知名飯店展開策略聯盟，將自然美融為飯店經營的一部分，並有美甲美足等服務，以複合式體驗滿足客群需求。另外，東森購物也積極開發企業團購客戶，以工廠直營模式不定期到企業端銷售，如科技大廠等，以滿足不同類型客戶之直銷需求。

東森購物更開發「東森幣」以串聯不同通路服務。東森主管直言，東森幣的性質類似折價券，且有不同的折抵上限，以鼓勵會員購物。截至 2021 年 4 月底統計，東森幣已發行 140 億元，透過「大樂透」等線上遊戲機制讓會員搶購，並以東森幣折抵東森購物的上架商品，創造良性循環。

產品端的垂直整合結合多元通路端的水平整合，東森購物的策略定位乃是以高中低客群為基礎，並以相契合的通路連結，以縮短溝通互動的交易成本，進而從媒體零售商轉型到直銷電商品牌。

四、新零售複合新媒體之創新挑戰

東森購物是台灣第一家電視購物業者，至今已發展為多媒體電商平台，更自許為新媒體與新零售的複合平台，相當具有特色（東森新媒體與新零售雙核心內涵，詳見附錄一）。不過近年來，東森購物也開始面對零售市場的全新變局，而有不同挑戰。

挑戰一是傳統零售業自營電子商務平台，如以即時生鮮經營為主的全聯，就以 PX Go! 結合行動支付搶占行動商機。經營日常生活用品者如家樂福等賣場也開始思考創新轉型之道。還有來自異業的競爭者如台灣大車隊等也開始經營專屬電商平台服務。面對不同類型的挑戰者，東森如何堅

持差異化特色，拓展東森嚴選利基，就是一大挑戰。

挑戰二是新媒體的創新轉型。東森購物結合東森新聞雲的創新經營模式創造一定的複合效應。不過面對行動媒體如 Line Today 等全新新聞入口的崛起，東森新聞雲如何由網路社群媒體轉進到行動媒體，也是一大挑戰；這亦連動到未來在新媒體與新零售的複合商機形成。

挑戰三是生態系的自主擴張與聯盟建構。近年在金融科技與網銀的驅動下，不少金融業者開始由場景金融思維拓展服務生態系。例如日本樂天集團就積極與台灣 PChome 集團有定期交流活動，雙方並在 2021 年 5 月由台灣樂天國際銀行與 Pi 拍錢包合作，讓百萬 Pi 錢包用戶的日常生活服務，有更便利優惠的行動支付與其他金融服務連結。更重要的是，PChome 除導入日本樂天集團在生態系建構的經營思維外，也有機會加入日本樂天生態系，形成跨國生態系聯盟的一分子。

因此，東森購物除善用集團力量建構專屬生態系服務外，未來是否要與金融業或跨境電商平台建立聯盟關係，以提供更多元便利服務，進而創新商業模式，也是值得關注之議題。

附錄一：東森集團雙核心圖（參考資料：東森集團）

整合綜效

新媒體	新零售
1. ETtoday 2. 量子娛樂 3. IM 短影 4. 分眾傳媒	1. 東森購物 2. 草莓網 3. 票券平台 4. 東森社交電商、東森全球新連鎖 5. 東森自然美 6. 台灣禮物卡

附錄二：東森購物三項核心產品之創價、傳價與取價機制

主力產品	食品：即時（食）性	美妝：週期性	保健：定時長期性
核心客群	**搶鮮族**：婆媽族，平均客單價 700 元，高頻回購	**愛美族**：資深美女，30～60 歲，一次消費 1,500～3,000 元	**養生族**：中高齡，45 歲以上，月單價 3,000 元
價值創造	**高 CP 值商品**：高回購民生必需品、食品、生鮮，經營東森農場	**高毛利商品**：自然美的保養品與美容服務香港草莓網的跨境美妝電商，另有 Her 平價品牌	**定期回購商品**：益生菌、堅果、果膠等 **客戶直銷商品**：鹿胎盤等
價值傳遞	**線上爲主**：從東森農場到熊媽媽、ecKare 直消電商 **線下多元場景**：年貨大街、工廠直營、國外購物	**線下爲主**：自然美體驗館，並融入星級飯店與多元體驗打包 **線上爲輔**：東森自然美旗艦店、草莓網、Her「類新聞模式」	**線上爲主**：電商與直消並進。開創社群直消 **線下爲輔**：善用自然美等實體店面設專櫃
價值擷取	搶購，多元情境 自產自銷爲主，品牌加值爲輔	搭購，套餐組合 套裝組合爲主，限量單品爲輔	團購，定時定量 電話直消爲主，網台購物爲輔

第十二章　金融科技：以新創舊，以舊輔新

「回到根本，效用才是王道！」
（In first principles, utility is king.）

Brett King (2018)

————

本章將介紹金融科技新創如何與傳統金融機構展開複合商模之旅。一開始將介紹基本概念與知名新創肯亞 M-Pesa 如何創新金融服務，又如何與傳統金融機構合作。接著介紹國內知名金融新創湊伙、好好投資、永豐證「豐存股」等與傳統金融機構的複合機制。

一、傳統與新創的距離：類比設計與原創設計

《Bank 4.0：金融常在，銀行不再？》作者 Brett King 在專書中特別比較傳統金融機構與金融科技新創間的差別。傳統上，金融機構的創新乃是「類比設計」（design by analogy），奠定在特定基礎上，反覆設計以創新，但如此多屬於漸進式創新，難有破壞性突破。

至於破壞式創新者，以原創設計為基礎，強調「第一原則」（first principles），即回到問題的本質（getting back to basics），解決使用者最根本的問題。在 20 世紀初汽車工業的發達，就是解決「運輸」這項根本問題。當 1885 年發明可以有兩個座位的摩托車時，它並不是來幫助馬車有更好的駕駛速度，或是讓馬車上的車伕坐得更舒服或跑得更快，而是要根本取代馬車。

如果回到金融服務，就要回到使用者需求，從根本談起。多數使用者關心的是「我如何更安心地存錢？」「我如何更快地轉帳給爸媽或客戶？」「我如何讓老闆準時入帳？」

　　現在銀行業的原型可以回溯到 15 世紀義大利梅迪奇家族，他們設立銀行金融服務基礎，也樹立當代金融服務的三項使用效用：儲存價值（a value store）、金錢移動（money movement）、信用貸款（access to credit）。

　　不過若回到 21 世紀的金融服務產業會發現，銀行的根本價值並沒有改變，只是服務提供方式有所不同，銀行更融入到各個生活場域（immersive），它更加無所不在（ubiquitous），也更具場域服務特性（contextual）。

　　當今金融服務的創新者不是在已開發國家，而是在新興國家，如中國大陸與肯亞。例如由 Safaricom 創辦的 M-Pesa（2007 年推出）就在短短幾年內讓肯亞 4,500 萬人口中的半數，即 2,200 萬人（幾乎涵蓋所有肯亞成年人）取得點對點的匯款服務。M-Pesa 所建構的行動服務網路，更讓肯亞商業銀行（Kenya Commercial Bank）與非洲商業銀行（CBA）等傳統庫快速取得爆發性的存款帳戶成長。

　　例如肯亞商業銀行足足花了 122 年，才有了第一個 200 萬客戶基礎，但之後卻僅花了兩年，就多增加 600 萬客戶。肯亞商業銀行在 M-Pesa 的行動網路基礎上提供基本的存款與信用放款服務。至於非洲商業銀行（CBA）的數位品牌 M-Shwari 客戶也由過去的 1 萬名快速成長到 120 萬。M-Shwari 是非洲商業銀行與 Safaricom 合作，於 2012 年 11 月推出的銀行數字貸款產品，為用戶提供週期 30 天，月費率 7.5%，最高額度為 100 萬先令（約折合台幣 259,536 元，以 2021 年 7 月匯率換算）的信貸產品，用戶可在 M-Pesa 頁面直接申請貸款。

　　在 M-Pesa 出現前，肯亞只有 27% 民眾取得金融服務。但 M-Pesa 出現後，則幾乎所有肯亞人都有銀行帳戶，落實普惠金融價值。因此，越來越多人說，所謂的銀行家，他們是一群科技人，他們透過數位科技在數位場域上，提供金融服務。

二、傳統銀行為何要與新創合作？

（一）傳統金融的柯達時刻

有學者以「柯達時刻」（Kodak moment）來提醒傳統銀行在面對數位金融科技的挑戰（Munir & Phillips, 2005）。過去柯達在軟片市場獨占鰲頭，輕忽數位相機，甚至是智慧型手機的影響力；即使後來柯達急起直追，也趕不上數位時代。同樣的故事是否會在金融機構發生？傳統金融機構要如何因應金融科技的攻城掠地？值得密切注意。

先談談傳統金融機構的「柯達」現象。現有大型金融機構長期受到金融法規的嚴格監管，也因此得到某些政策保護，讓新創業者不容易攻城掠地。此外，相較於快速消費品，金融產品與服務的客戶黏著度較高，背後則是客戶與銀行體系間長期信任機制的建構。

更且，金融服務有所謂「網路效應」（network effect），當我們購買商品、支付帳單、轉帳給好友、或是支付房租等，都涉及交易雙方或多方。當交易對象位於相同網路時，可以有效降低交易成本，完成交易。最常見的就是同行或跨行交易免手續費。「使用者越多，價值越高」是網路效應的最佳詮釋（Uzzi, 1996）。網路效應在金融服務產業相當明顯，尤其金融機構本身原就扮演支付雙方的中介角色。

多數使用者和金融機構的日常互動中，有 80% 就是支付，所以一旦支付這項服務出現變化，它可能會連帶影響其他信用取得、存款、金融商品購買等服務。一旦使用者開始改變支付行為，將會引起一連串骨牌效應。而事實上，在許多國家，新創公司已經開始分食傳統金融大餅，並且出現大者恆大的網路效應。

（二）新創正在分食「金融乳酪」

從美國到中國大陸，金融科技新創早已攻城掠地。例如美國信用貸款市場，早就有直接電郵、外部客服銷售、租賃分期等服務。但金融新創

如 SoFi、CommonBond、Lending Club 等更以方便、簡易、低成本服務，觸及傳統金融機構忽略的學生族群、青創族群或上班族等。根據統計，Lending Club 的經營成本遠低於傳統金融，甚至不到傳統金融的一半。不論是在科技導入、零分行成本、防止詐欺與風險控管成本上，Lending Club 都因有效成本節省，而能將更多優惠回饋給客戶。

除信用貸款市場，匯款服務也有很大變化。根據統計，金融科技新創業者提供匯款服務已從 2015 年的 18%，成長到 2017 年的 50%，甚至在幾年後提高到 65%。而根據麥肯錫調查統計，金融科技的匯款服務成本不到傳統金融機構的一成。

另外還有科技新創玩家，也開始由非金融領域進軍金融服務，讓傳統金融業者措手不及。例如韓國最大社群媒體 Kakao 就在 2017 年 7 月提供 Kakao Taxi 服務，類似 Uber 的叫車平台；之後則成立專屬網路銀行 Kaoka Bank，並創下在短短五天內就有高達百萬開戶數記錄，存款金額則高達 10 億美元以上。又如知名網路電商 Amazon 在 2011 年開始貸款給中小型企業，截至 2017 年就已貸放 30 億美元；甚至 2017 年單一年度就放貸 10 億美元。大陸知名電商阿里巴巴更是驚人，在 2017 年就已貸放 75 億美元給中小企業，並在「雙十一節」提供信貸給超過 1 億名客戶。

科技業者奠定在既有網路服務上提供金融服務，包括小額貸款或存款服務等，乃是善用其原有網路效應（network effect）的明顯成效，進而形成所謂「網路效用」（network utility）。科技服務與金融科技新創正在顛覆自 1400 年到 1950 年以來的金融服務模式；傳統上，銀行分行、電話服務、或自動提款機（ATM）就是創造營收與經營客戶關係的主要平台，並由分行等服務體系形成所謂網路效應。但 2007 行動支付興起後，非銀行通路才是交易平台，包括手機 App、網路、語音服務等。

Brett King（2018）等人所編著的《Bank 4.0：金融常在，銀行不再？》專書更分析現有金融服務將會由所謂「場景金融」或「場景體驗」

（embedded experience）所取代。信用卡，將由預設的場景信用所取代，例如「雙十一」起跑，支付寶可由個人網路消費習慣與芝麻信用，直接核撥信用貸款額度；汽車貸款或租借，將被訂閱制服務所取代；投資理財則將被機器人理財服務取代等。

2017 年，北京知名媒體就報導 70% 以上的城市居民已相當習慣不帶錢包或信用卡出門，只帶手機就能走遍天下。2017 年 8 月，新加坡總理更因為大陸觀光客需要行動支付，而決定由政府支持並創建無現金的行動支付平台。

即時交易、最低摩擦體驗、網路效用，是行動支付與金融科技新創業者的全新利基。即時交易（real-time delivery）讓消費者想購物、想租車、想搭計程車、想匯款時，就能透過手機即時取得需要的金融服務，如購物信貸、租車分期、計程車資、或點對點轉帳。而上述交易可以完全跳過傳統金融中介服務，或者化被動為主動，不再需要等待金融中介審核，降低「摩擦體驗」（frictionless experience）等交易成本；最終則在使用者眾多的直接交易平台上，形成網路效用（network utility）。

面對新興科技公司與科技金融新創的來勢洶洶，傳統金融業者也不得不思考雙方之間究竟「是敵是友」？並且開始作出回應，主要有以下幾種類型的回應作法。

（三）傳統對新創的回應：模仿競爭或合作互利？

作法一是學習模仿，反向逆襲。例如大陸最大金融機構中國工商銀行（ICBC）在近年就成立電商平台「融 e 購」，並在 2016 年有上萬名店家透過平台銷售產品服務，銷售額達 1,840 億美元。光是在 2015 年，融 e 購就賣出 10 萬支 iPhone 手機，並提供相關融資服務。除大陸的中國工商銀行外，阿聯酋杜拜國家銀行（Emirates NDB）也在 2017 年 5 月間推出 SkyShopper 平台。

顯然，傳統金融機構朝電子商務平台發展的原因，正在回應新興金融

科技業者的創新實務；當金融科技業者從行動服務發展金融服務時，傳統金融機構也必須學習全新獲客之道。

作法二是投資新創，納爲己用。正所謂「識時務者爲俊傑」，許多傳統金融機構已開始與科技金融新創合作，例如知名巴克萊銀行（Barclays）就投入至少 40 家以上金融區塊鏈應用的新創公司，以加速跟上數位金融時代。

作法三是相互合作，創造綜效。事實上，傳統金融機構與金融科技新創各有優勢，兩者確實有合作機會，先評比新舊兩造的優勢基礎。由以下表格中可以發現，金融科技善用數位科技服務，不但在「前台」的使用者互動介面提供創新體驗，也在「後台」的資料分析提供更多情報回饋，作爲精準行銷基礎；由此，金融科技新創的獲益來源不但有原來金融服務的利差、匯差、服務費等收益，還有其他數位服務的收益來源，例如精準客服行銷資訊、技術輸出與顧問服務等。

表：傳統銀行與金融科技新創之差異比較

評比項目	傳統銀行優勢	金融科技新創優勢	金融科技的差異化特色
客戶	客戶面：廣大的現有客戶基礎	潛在客戶：新思維／創新點子	對特定族群的客製經驗與服務
產品	產品面：較多元的金融產品線	潛力產品：敏捷產品開發與導入	較大的服務彈性設計
資產	資本財：較低的資金成本	智慧財：先端的分析與資料管理	新商業模式改變金融服務
法規	法規保護：如信託制度、存款準備等	數位服務跳脫法規局限：線上客戶取得	普惠金融以服務過去被銀行低估的潛力客群
收益	收入來源：利差、匯差、同拆（銀行同業拆放）、服務手續費等	體驗來源：行動服務與數位服務體驗的最適化與持續優化	由金融產品思維轉爲差異化與客製化的體驗服務思維

而根據法律顧問公司 Mayer Brown（2020）調查，傳統金融機構與新創合作，至少有以下三項優點。

　　一是成本節省：87% 受訪者回應他們與金融科技新創合作可有效節省成本，尤其是在科技導入效益與數位體驗設計上。金融科技新創帶來彈性的開發流程、敏捷的營運結構、與最新科技應用等。

　　二是品牌創新：83% 受訪者回應與金融科技新創合作，確實有助於品牌形象改造。另外，金融產品的上市速度、低成本的開發投入，都讓他們可以重新定位自己的產品與服務利基，並有全新市場開拓。

　　三是收入增加：54% 受訪者直言與金融科技新創合作，確實有助於營業收入提升。

　　不過新舊合作也非想像中容易，包括「內製優先」邏輯、新舊文化調適、科技創新導入、法規調適等，都非一蹴可幾。但至少，化敵為友的合作關係，讓傳統金融機構開始伸開雙手與金融科技新創合作。以下介紹台灣金融新創業者與傳統金融機構的合作機遇與複合商機。

三、個案一：好好投資

　　好好投資科技股份有限公司（以下簡稱「好好投資」）在 2019 年底攜手遠銀數位金融子品牌 Bankee 社群銀行，推出基金交換監理沙盒案「新型態網路基金交換平台 FundSwap」，並可望成為前幾家「出沙盒」的代表性個案公司，成為台灣「首例」科技業變成金融機構的「純網路證券商」，首波將專注在基金交易業務。

　　好好投資科技由全球最大私人銀行 UBS 前任副總裁楊少銘（Fionn Yang） 與麥格理資本證券前總經理張博淇（Daniel Chang） 共同創辦。是一家專注解決「共同基金投資交易」痛點，運用科技把傳統高門檻人力財富管理，搬到網路的智慧理財平台；也是台灣唯一擁有「AI 投資分析演算系統」發明專利的 Fintech 公司；更是首家取得「區塊鏈基金交易系統與方法」發明專利的創新公司。以下分析好好投資所洞察的使用者痛點，和合作夥伴的資源交換機制，以及特殊的複合商模機制。

（一）痛點與創新點

「我們看到傳統財富管理，比較偏向服務高資產客戶，對一般人尤其是經濟正在起飛的千禧世代，所提供的服務有很大缺口，因此，我們試著將傳統的人力財富管理，搬到網路上，期待藉由金融科技的力量，為客戶帶來升級版的金融服務場景與體驗。」好好投資共同創辦人楊少銘表示。

好好投資在 2019 年底攜手遠銀數位金融子品牌 Bankee 社群銀行，推出基金交換監理沙盒案「新型態網路基金交換平台 FundSwap」，主要在解決以下痛點。

一是基金申購的進入障礙。好好投資總經理楊少銘表示，傳統財富管理主要服務高資產客戶，專業理專會提供專屬客製理財建議。相較之下，正值經濟起飛的千禧世代就顯得弱勢，對投資市場缺乏專業知識，也對基金申購手續與費用等缺乏經驗值。因此，如何提供年輕世代簡單有效率的基金申購服務，成為首務。

二是基金贖回的退場障礙。一般基金自購買到贖回常有不少隱性成本。一是時間成本，過去基金交易贖回約 3 ～ 7 天，費時頗長。二是交易成本，常見基金交易費用包括手續費（信託金額的 3% 左右）、贖回費、管理年費（信託金額的 1.8%）、與保管費（信託金額約 0.26%）等。

投資人贖回基金需要等上約一週才能拿到錢，且當天尚無法確認交易金額，還須付出手續費，不僅交易成本高，贖回期間資金也難以運用。對基金公司來說，如果投資人頻繁贖回，也會造成管理資產的不穩定。

楊少銘總經理過去在銀行任職時，曾處理過基金遺產過戶，「受益憑證是可以在投資人之間買賣，實務上做得到，就是需要帶很多文件到基金公司，很麻煩。」楊少銘一直想做的，就是以 P2P（Peer to Peer，點對點交易）方式，讓投資人在不經過基金公司的情況下，直接交換受益憑證。

為解決上述基金購買與贖回痛點，有效降低交易成本，提高交易效率，達到普惠金融目的，好好投資提出以下解決方案。

一是客製化、智慧化的基金選購服務。好好投資發明專利演算法「AI投資分析演算系統」幫助投資人根據自己的風險屬性選基金、配權重。然後將區塊鏈智慧合約技術應用在基金的申購與贖回流程，以降低交易成本。

二是基金交換平台。相較於過去投資人常常先贖回已選購基金再選購其他基金的作法，好好投資以「交換」基金服務取代「贖回」，如此可有效降低交易成本並節省時間。至於基金交換比率換算則是公司的技術專長，也是新創公司的核心能力。

截至 2021 年 3 月，好好投資參與人數 250 人、管理規模 580 萬元，與遠東銀行合作以實驗基金互易、或類似這樣平台運作，目前帳列在遠東銀之下，並沒有簽銷售契約，若改制成功（已在 2021 年 8 月改制爲「好好證券」，改制成功），就可成爲銷售機構，基金檔數則以好好投資的簽約基金數目爲主。

（二）資源交換

1. 好好投資取得資源

好好投資與遠銀數位金融子品牌 Bankee 合作，主要各有以下考量。就好好投資而言，有效合規的風險控制機制是科技新創公司所缺乏者，這包括幾個層面。一是洗錢防制的法規遵循，例如銀行對開戶的認識客戶（KYC, Know Your Customer）把關等。換句話說，好好投資的基金購買人必須在遠銀 Bankee 開戶，並選購在遠銀平台上架的基金。

二是投資人保護，好好投資的投資人乃是開立「銀行信託帳戶」，以有效進行風險隔離，若好好投資面臨債權追繳壓力，投資人資產便可有效確保，不會被質押或追抵債權。

2. 遠銀 Bankee 取得資源

對遠銀數位金融子品牌 Bankee 而言，與好好投資合作主要有以下效

益：品牌知名度、獲客與創新商品。首先是品牌知名度提升，有效連結年輕社群平台。遠銀在 2018 年推出首家 Bankee **社群銀行**，設計核心是要打造一個開放性金融平台（Bank as a Platform）。所謂 Bankee 的概念就是主打社群擴散、利潤共享，要讓手機就是分行，每位參與的用戶都是分行經理，「銀行都自認是 Banker（銀行家），英文裡 er、ee 都有人的意思，所以我們才取名為 Bankee。」遠銀數位金融事業群副總經理戴松志說明。透過與好好投資合作，可以有效接觸年輕客群，積極提高數位銀行的品牌知名度。

楊少銘接受媒體訪問時指出，當時找了許多家不同的銀行洽談都沒有下文，直到在金融科技創新園區（FinTech Space）碰上遠銀數位金融事業群副總戴松志，談了一次後，雙方一拍即合，當場答應要合作，負責信託保管基金與現金款項。

其次是創新金融商品，拓展社群分享圈。Bankee 的產品概念，是讓客戶透過推薦碼或推薦連結方式，邀請親友加入 Bankee 會員，客戶本身就成了圈主，親友成為圈友，以此構成社群圈。戴松志解釋，用戶透過社群銀行可以自己經營社群，銀行則提供平台。

Bankee 主要鎖定千禧世代小資族。初期專攻信用卡、存款戶，以信用卡產品為例，傳統刷卡回饋僅限本人消費金額，社群銀行則是可以和朋友的刷卡消費，累積現金點數回饋；當社群圈擴大時，用戶本身的回饋也會增加，如同「社群變現」概念。

遠銀數位行銷部部長周昕妤強調，遠銀的目標並非鎖定既有客戶群，而是要透過 Bankee 爭取全新的年輕用戶。「以前都是銀行給客戶補貼，沒有補貼客戶就走了。」周昕妤說，社群銀行的形式是強調長期經營、注重社群成員間的互動，「大家一起經營銀行，有獲利大家一起共享利潤。」Bankee 拿出產品本身毛利的四成，作為成員間的回饋，未來 Bankee 的營利模式，主要是靠規模經濟來賺錢，「他行是一次性給回饋金，我們是每

個月都會給。」

Bankee 要能夠替遠銀帶來獲益，需要一定程度的用戶規模才能夠撐起，周昕妤預估，樂觀的話大約三年、保守來看大約五年，才可以達到內部所訂的規模經濟標準。她強調遠銀著眼的是長久經營，「所以我們前期不撒錢，要把基礎先做好。」

因此，除信用卡產品服務外，與好好投資合作的基金交換服務，則在拓展親友圈以外的基金同好。好好投資以 API 的方式嵌入在遠銀 Bankee 的 APP 中，豐富 Bankee 的金融服務內容，而基金交換概念更契合 Bankee 的社群金融概念。目前在好好投資平台上可交換的基金約有 30 檔。會員只要在系統輸入基金交換需求，就會顯示出有哪些會員想要等價跟你交換基金。但為什麼不直接讓系統用撮合的方式交易呢？

楊少銘解釋，不是每個人在換基金時想法都很具體，可能投資人持有的能源基金想賣出，但不知道可以換什麼，好好投資的角色是金融證券商、投資人之間媒合的平台，讓投資人自己做選擇，過程中基金受益憑證都不會回到基金公司，「他們可以安心做好績效，管理好資產。」最重要的是，交換基金時是以當日公告的基金淨值，不像傳統贖回基金需要隔日才能知道賣出價格，買賣雙方只要願意，就能即時交換基金，不需要手續費。

總結來說，好好投資與遠銀 Bankee 的合作有幾層意義。一是以技術創新交換金融法遵與合規等專業領域知識，也就是「以技術換金融」。二是以技術結合金融，兩者攜手共同經營年輕社群，以創新金融商品拓展年輕客群的金融生態圈。

四、複合綜效：技術創新、商模創新、機構創新

根據 2018 年 1 月 31 日頒布實施的《金融科技發展與創新實驗條例》第七條規定，金融科技創新實驗必須具有創新性、可有效提升金融服務之

效率、降低經營及使用成本或提升金融消費者及企業之權益。進駐金融監理沙盒的業者必須有技術創新或是商業模式創新特色。除此之外，金融科技因涉及金融法規之制度性調整，因此本節也將特別探討金融科技在機構創新上的特殊機遇。

（一）技術創新

在技術創新上，好好投資的核心技術是自動化投資分析與區塊鏈基金交易，提出方案名為「新型態網路基金交換平台 FundSwap（好好換）」，可以讓民眾在平台上互換基金，可即時交割、確認成交價且免手續費；運用區塊鏈技術來記錄交易，透明度高。

楊少銘指出，**基金受益憑證**就像是數位資產，投資人在意的是資料準確性，未來基金交換的資料不會存在好好投資的資料庫，而會存在以太坊的公有鏈上，楊少銘透露目前正在著手開發自己的公有鏈，「大家不見得信任好好投資，但可以相信區塊鏈技術。」

（二）商模創新

在商業模式創新上，好好投資改變基金交易流程，以 P2P（Peer to Peer）交易模式創造多贏。「FundSwap 以 P2P 概念出發，能達到五贏！」好好投資創辦人楊少銘接受媒體專訪時指出，除了民眾，基金公司、基金銷售機構（銀行）、好好投資與政府都能獲益。

第一贏是千禧世代小資族，可因此降低交易成本，包括基金交易時間與手續費等。楊少銘接受媒體採訪時指出，過去金融財管界長期存在兩大結構性問題，導致理專與客戶利益衝突，無法坐在同一條船上。

首先，理專是按照金融商品的銷售額來收取手續費，交易越頻繁，收的越多，但卻可能因此讓客戶投資績效打折，也墊高交易成本。第二，理專有高度業績壓力，一位資深理專 1 個月平均背負 400 萬元的淨手續費收入業績，如果手續費 1%，等於 1 個月要做到 4 億交易額。於是，理專引

導客戶頻繁交易，做出不當銷售的機率自然攀高。

第二贏是基金公司的操作績效。楊少銘解釋，基金是互換而非單向贖回，交易基金的整體資產規模（AUM）可以維持穩定，基金公司的操作績效就不會因此打折。

第三贏是以銀行為首的基金銷售機構，過去賺的是基金交易手續費，現在由好好投資購進基金，讓銀行多了 B2B（企業對企業）的商業模式，也啟動了數金用戶。加上使用區塊鏈技術，交易記錄透明。

第四贏是好好投資，除以金融科技創新成為證券市場的參與者外，未來也將以類似「交換平台機制」延伸到其他上櫃公司股票的場外交易等。核心客群則有機會由千禧小資族進一步延伸到退休人士等。

此外，好好投資的金融創新實務，也提高其他業者的進入門檻，尤其是相關法規調適的**「特許門檻」**。擔任金融監理沙盒新創團隊法律顧問的國際通商法律事務所合夥律師邱佩冠指出，當初好好投資要取得有限制證券商經營執照過程，就有一連串法律通關程序要走，包括取得證券商特許經營執照；加入集保；加入證券商同業公會以遵守相關證券交易之函示規範；海外基金交易涉及外匯兌換，須經央行核准並遵循相關外匯法規；與基金公司簽約等。一路走來，這些特許門檻並不是一般新創團隊能在短期內就能學習模仿的。

（三）機構創新

第五贏是主管機關。國際通商法律事務所邱佩冠律師指出，好好投資與其他新創團隊在進駐沙盒之後，如何「出沙盒」的挑戰更大，因為原本會進入沙盒的新創團隊就是「違法」的破壞式創新團隊。在好好投資擬於 2021 年 6 月 28 日離開沙盒並「落地」為有限制牌照的券商之際，主管機關也同步做出調適，積極創新。

首先是法規修訂，由新創到改制。金管會在 2021 年 3 月 24 日宣布擬

修法開放券商辦理基金居間業務，以及在沙盒實驗金融創新證券業務者，將可申請改制許可為券商，好好投資已在 2021 年 6 月完成沙盒實驗，並正式申請改制為證券商，並改名為好好證券。

申請改制的重大變革，乃是跳脫過去新設證券商必須「發起設立」的規範。若依過去規定，在金融監理沙盒的新創團隊若「出沙盒」而需另外新設券商，原有新創團隊的投資人與客戶權益勢必受到影響。

「總不能原來的新創企業先走完清算程序，再新創申請證券執照。如此難以保障原有股東與客戶權益，也會影響未來新創團隊進沙盒的意願。」一位資深律師說明。因此，由新創券商修訂為新創改制，乃屬重大突破。

金管會亦同步規劃修正證券商設置標準、證券商管理規則及證券商負責人與業務人員管理規則等 3 項法規，並配合將於 2021 年 6 月底實施的**「股票造市者制度」**研議修正證券商管理規則，放寬股票造市者借券賣出價格限制，以符合實務運作需求。

證期局副局長蔡麗玲接受媒體訪問表示，基金居間業務為券商建立資訊平台，提供會員間基金互易或買賣等交易服務，但不提供報價、不參與應買或應賣，以交易日公告的基金淨值作為雙方交易價格，可交易的基金不包括指數股票型基金（ETF）等上市櫃基金受益憑證。

針對未來規劃僅經營基金居間業務的證券經紀商，金管會此次修法增訂設置標準、設立 4 大條件，包括資本額須達 5,000 萬元、籌設保證金 1,000 萬元、營業保證金 1,000 萬元，且內控制度應依櫃買中心規定辦理。

而金融科技創新實驗申請人欲改制為券商，必須符合創新實驗具創新性、提升金融服務效率、降低經營成本或提升金融消費者權益等成效，且必須為股份有限公司、實收資本額達 5,000 萬元，以及公司淨值不低於實收資本額、未經營券商不得辦理業務等。

蔡麗玲在 3 月 24 日記者會表示，好好投資沙盒實驗案有 250 位投資

人參與、管理規模 587 萬元，目前已是股份有限公司、實收資本額近 9,017 萬元，但淨值僅 4,000 多萬元（截至 2021 年 3 月 24 日統計），因此必須再拉高淨值才能依新規定申請改制為券商。

　　其次是法規調適時間，由事後到同步。原本按照金融監理沙盒的精神，新創企業在經過一段時間的經營實驗（最長 1.5 年），提出需要修訂調整的法規內容後，主管機關就會展開相關法規修訂。但如此一來將會影響新創企業「出沙盒」的時程，難以做到無縫接軌。尤其一般法規修訂有 6 個月的「金融逾越調適期」，加上修法後的預告期和公告期，又至少要 3 ～ 6 個月的時間。

　　以好好投資案例來說，即使金管會確定新創改制有限制牌照券商的修法方向，但若在沙盒期滿仍無法完成法規公告，將會讓新創團隊無所適從，也影響其出沙盒時程。因此，如何改變過去「先實驗，後調適修法」的歷程，讓法規修訂與新創實驗同步進行，建立所謂「金融逾越調適機制」，以降低修法適用的不確定性，也是一大創新之處。

五、個案二：湊伙

　　湊伙股份有限公司是 2018 年進駐資策會 Finetech Space 金融創新基地的一支新創團隊。創辦人林蔚、陳頎典過去都曾任職金融業，也因此洞察傳統金融服務中尚未有效滿足的市場需求。在 1111 人力銀行上的公司簡介中特別提到：「當今社會現象是有錢人因為口袋深，可以接觸很多高收益的非典型投資標的，例如商業不動產、私募基金、海外高收益債等，但是正常人因為資金有限，往往只能選擇傳統投資工具如定存、保險、股票及基金。團隊的願景是透過金融創新將投資變成人人平等，以**小額團購**方式將有錢人的投資機會分享給普羅大眾。」

　　2021 年 1 月，湊伙推出「**小額團購債券模式**」是金管會監理沙盒第八案，以下將分析湊伙所洞察到的使用者需求與創新服務特色，並分析湊伙與傳統金融機構間的複合創新機制。

（一）痛點與創新點

債券也被稱為固定收益型商品（fixed income），特色是低波動、固定收益，比起銀行定存收益更好，而且安全；債券有固定日期，到期後可以拿回本金跟利息。

購買債券主要有以下幾種作法。

一是特定金融機構的信託基金，一般多有購買下限規定。湊伙創辦人林蔚、陳頎典過去都曾任職金融業，當時銀行提供的債券購買價格動輒100萬美元。林蔚觀察，就算銀行推出價格較為親民的債券，至少也要1萬美元，對一般小資族來說，不是一筆容易負擔的價格。「有時候看到自己想投資的好標的，也只能感嘆口袋不夠深。」

二是證券商複委託，同樣有債券購買金額下限規範，且要洽購國外債券基金不但額度高，手續費也不低。例如單筆債券金額是100萬元。

三是透過海外券商開戶，一般都以零手續費宣傳。但透過海外券商投資交易卻隱藏不小成本，尤其是當遭遇遺產或繼承等相關稅法議題時，更會暴露在法規不明確的風險下。

除了債券投資的不方便與不親民外，透過購買海外債券的 ETF 基金（Exchange Traded Fund，指數型基金），也會有基金與實際債券連動的時間差，當看到 ETF 價格而想要贖回時，可能因時間差導致贖回金額打折扣。尤其多數債券型基金並不鼓勵贖回，而是以配息優惠鼓勵投資人長期投資，「故實際上能賺到殖利率收益的不多！」此外，多數基金收取手續費與管理費約達 1.5%，因此實際上投資人獲益率並不如原本所宣稱的基金收益高。

因此，如何有效投資國外「大單位」的績優債券，並享受即時交易優惠，就是湊伙與第一銀行合作的重要方向。2021 年，湊伙推出「**小額團購債券模式**」是金管會監理沙盒第八案，主要創新作法有以下幾點。

　　一是團購集資，小額投資。國外知名績優債券如蘋果、Amazon 門檻都高達 100 萬元，一般投資人根本無法購買，進入門檻太高。湊伙讓小資族得以用「$100 新台幣」或「$10 美元」就能夠投資海內外債券，並運用區塊鏈技術建立交易平台。

　　金融總會祕書長吳當傑接受媒體訪問時指出，債券市場是具有高門檻的進入障礙，未來如果散戶也可以進入到債券市場，如同目前股票市場開放高價位股可以零股交易，將提供民眾更多元的理財機會，是很好的金融科技創新理念。

　　湊伙共同創辦人林蔚表示，過往民眾較不易直接投資債券，主要的進入障礙在於通常債券的最低投資金額較高，因而讓許多投資人望之卻步。即使有銀行推出較為親民的 1 萬元美元就能投資海外債券，但對大多數人來說仍是一大門檻；因此，為了實現普惠金融這個願景，湊伙推出小額團購債券。

　　二是費用減省，手續免費。在金融科技創新實驗期間，信託保管費 0.2%，平台管理費最高只收 0.5%，手續費則全免，參與會員可運用小額集資方式團購投資門檻較高的國外債券，享有與高資產族群相同的投資機會，落實普惠金融理念。

　　三是快速贖回。透過湊伙的機制，一般小額投資人可以淨值價格快速贖回原有債券部位。湊伙提供投資人在有資金上需求時，可透過轉讓機制將持有的債券部位變現。投資人甚至可享有債券到期的殖利率收益。

　　四是學習機制。平台上也提供各檔團購債券的相關資訊供大眾參考，如果想要對債券有更多認識，更可透過湊伙學習專區，深入了解債券商品。

　　在 2021 年 1 月下旬正式上線的「債券團購平台」預計有 1 年的沙盒實驗，期間每人最高能買的債券團購總額是新台幣 25 萬元或等值美元，非專業投資人只能購買信評 A- 以上等級債券。

　　湊伙選擇債券標準，除最基本的信用評等、流動性外，湊伙還會針對債券發行人的營運與財務狀況分析，整理成報告放在網站上供投資人下載。首波上架開放團購的債券包括華納媒體、澳洲國民銀行等國際知名企業所發行債券。以下說明湊伙與第一銀行的合作關係，先分析資源交換機制，再分析複合效益。

（二）資源交換

1. 湊伙取得資源

　　一是金流。也就是由第一銀行針對投資海外債券部分來做團購價金保管，以及後續的債券交割等事宜。湊伙採用金錢信託模式，把投資人的錢跟湊伙的錢做出區隔，在實驗期間，湊伙也會在第一銀行信託帳戶存入400萬保證金；未來若湊伙營運上有疏失，就會透過這筆保證金賠償。

　　二是金融監理法規遵循。相關債券投資規範與稅務規定，以及防制金融詐騙等。湊伙創辦人林蔚就指出，2021年農曆春節期間有詐騙集團以更改網路銀行帳戶密碼方式詐取客戶帳戶密碼，「綁定行動裝置與電話」的防盜確認機制竟然被詐騙集團破解，因此銀行改以電話確認帳戶密碼變更的身分確認，這些金融實務就必須仰賴銀行端的協助。

　　湊伙在一年期間的實驗目標是要綁定500個會員數，截至2021年3月已有300多個開戶數，銀行線上開戶、綁定到湊伙湊團購買APP的機制與介面設計仍需優化，以提高購買便利性。

2. 第一金控取得資源

　　一是數位開戶。第一銀行總經理鄭美玲接受媒體訪問時說明，配合主管機關信託2.0政策，第一銀行在沙盒實驗的個案裡，以數位帳戶iLEO與湊伙合作，湊伙的會員需要新開立數位帳戶，或是透過綁定既有的一銀帳戶作為授權扣款帳戶，來參與湊伙的債券團購。所有投資人的「認識客戶」（KYC）將由第一銀行執行。

　　湊伙創辦人林蔚也分享，近一年來 Dcard 上討論金融商品的熱點已不再局限於台新、永豐大戶通或王道銀行，第一銀行 iLEO 的討論度也不低，因除了 5 次跨行提款、10 次跨行轉帳免手續費外，還有新台幣活存利率 1.2% 的優惠，相當吸引人。這也充分顯示第一銀行 iLEO 帳戶積極推廣以吸引年輕人的創新實務。

　　二是信託與購買海外債券費用。年輕客戶在 iLEO 開戶並存入高利率活存原本對一銀是項負擔，但湊伙的投資人是將帳戶裡的錢用來買海外基金，如此就不是支付客戶存款利息，而是收取購買海外基金手續費，「由利息支出變手續費收益」正是一銀的利基所在。

　　其次是信託保管費用。湊伙在湊集投資人的海外債券「團費」，這些錢必須存在一銀的特殊信託保管帳戶，一般維持在 300 萬元以上資金水位，以作為湊伙接洽海外券商購買海外債券的基礎。因此，信託保管費的收取也是一筆收益。

　　三是產品多元化。熟悉金融科技實驗區的金融圈主管指出，原本大家對金融科技實驗仍保持觀望態度，但在好好投資獲准後，大家開始正視新興金融新創的發展契機，這也鼓勵身為公股行庫的第一銀行要積極投入金融新創，以提高金融產品多樣性，並能提供年輕客群「一條龍」的創新產品服務，包括開戶享高活動利率、購買海外基金、結匯享低手續費服務等。

　　四是區塊鏈技術，降低查核成本。藉由區塊鏈技術，湊伙把平台上所有客戶的交易記錄、團購標的、客戶團購持分等資訊，全部記錄在區塊鏈上，並同步分享給第一銀行的區塊鏈節點。如此一來，一銀就可以隨時以數位化方式，查核點上的所有資訊，並確保交易對象、金額、目的，是否符合信託目的，這可以讓第一銀行降低查核成本，也讓過程更有效率。此外，第一銀行也會在實驗中訂定退場機制，明定客戶資產返回的作業方式。

五是品牌年輕化形象。金融圈常言，公股行庫客戶的平均年齡是 40 歲以上，主要是戰後嬰兒潮世代。「當這群資深客戶退休或離開後，他們的二代多數不會是公股的客戶，他們會轉向年輕的銀行！」因此如何讓客群年輕化，成為公股行庫的重要任務。與湊伙的合作不但是爭取年輕客群的重要策略行動，也是公股行庫投入創新的重要宣示。

（三）複合綜效：技術創新、商模創新、機構創新

1. 技術創新

湊伙運用區塊鏈的技術方便投資人團購與銀行進行保管管理，所運用的區塊鏈技術並不困難，「我們以 hyper ledger 方式連結，原有自己的技術人員，目前則和資策會合作。」

藉由區塊鏈技術，湊伙把平台上所有客戶的交易記錄、團購標的、客戶團購持份等資訊，全部記錄在區塊鏈上，並同步分享給第一銀行的區塊鏈節點。如此一來，一銀就可以隨時以數位化方式，查核點上的所有資訊，並確保交易對象、金額、目的，是否符合信託目的，這可以讓第一銀行降低查核成本，也讓過程更有效率。

2. 商模創新

(1) 產品多元化創新：保本結構債等。湊伙在監理沙盒的實驗主要以海外債券團購為主，但未來可能瞄準以下市場。一是保本結構債，這是目前銀行已在販售的熱銷商品之一，只是相關產品設計必須經主管機關審核。「我們希望將銀行現有服務高端客群的金融創新商品，也能以團購設計讓更多年輕客群購買。金融應該更普惠才對！」林蔚說明。

產品二是取代儲蓄定存的相關商品設計。目前台灣有 26 兆定存戶、2 兆儲蓄險市場（截至 2021 年 5 月統計），投資人購買 8 ～ 10 年的儲蓄險可享有較定存優惠的收益與保險保障效益，且有 300 萬存款保險。但湊伙認為，在儲蓄險與 ETF 基金之間，應該有其他報酬穩健且可隨時贖回變現的選擇。

「國內儲蓄險市場很大，但投資人要花 8 ～ 10 年時間才能取得一定收益，年化利率一般不會高於 3%。至於 ETF 基金則有手續費與管理費，且一般不鼓勵贖回。介於兩者之間的團購債券，主要能享有較高的收益率，扣完手續費後約 3% 年報酬率，且能隨時贖回，債券到期還能享有殖利率的配息。」林蔚說明未來各種創新金融商品的可能。

(2) 多方金融機構合作：提高成團可能性。湊伙目前主要與第一銀行合作，未來（監理沙盒實驗成功後）則希望尋求 2 ～ 3 家金融機構參與湊團購債的創新服務，一則可以提高湊團成功的機率，再則可以持續創新金融商品，讓投資人選擇更多元彈性。

目前要克服的挑戰有幾項。挑戰一是其他金融機構要求擔任保管行的可能性，但如此一來會增加湊伙在湊團服務投資人的困難度。挑戰二是主管機關的態度。在技術上，湊伙只要設計簡單的 API 連結就可以做到團購與公開透明的交易機制，銀行端只會看到購買特定海外債券的資訊，並不會看到客戶其他個人資料，沒有個資保護問題。挑戰三是其他銀行要求薪資戶或新開戶的績效指標壓力。

3. 機構創新

湊伙在與主管機關溝通的過程中，主要有幾項議題討論。一是「委託」與「信託」關係釐清。站在主管機關立場，要求開立銀行信託帳戶以確保投資人權益乃是首務，如此也可以做到「債權保護的防火牆」避免湊伙公司的經營良窳影響投資人權益。

二是賦稅議題，亦即購買海外基金在稅法上的定位問題。若湊伙給投資人受益憑證，就會有稅賦負擔；但若納入多方複委託的海外投資所得，就可以構成「海外所得屬於最低稅負制中的六大項稅基，不需併入綜合所得稅計算」。而最低稅負的基本稅額等於「綜合所得淨額＋最低稅負六大項稅基－免稅額 670 萬元」乘上 20%。故海外所得可納入 670 萬免稅額計算。

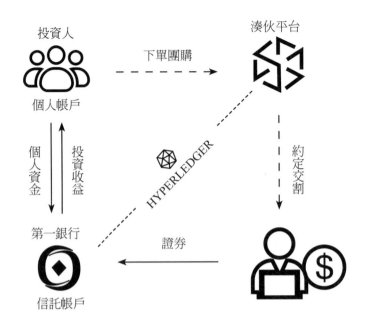

六、個案三：永豐豐存股

相較於好好投資、湊伙等金融新創業者必須與原有大型金融機構如遠東銀行、第一金控合作，本章將介紹另一個新創數位服務──永豐豐存股，它較偏向「內部創業」，並能有效善用原本永豐證券與永豐金控的內部資源。此外，本章分析重點在永豐豐存股的多元服務；奠定在核心客群的需求演化上，永豐豐存股特別由功能面與社會心理層面的服務價值，有效黏著數位客群，值得金融新創業者借鏡。

（一）個案簡介

永豐豐存股有以下特色。一是創新服務設計引起市場高度回應。豐存股平台在 2019 年開辦，第一年就有 15.6 億元成交金額，有近 2.5 萬人加入存股行列；在社群平台經營全新 AI 智慧服務也吸引包括 LINE 及臉書好友突破 24 萬人。目前永豐證券在定期定額存股市占約為 8% ～ 9%。

二是數位服務創新價值顯著。永豐證券說明，過去在傳統券商開戶買賣股票，即便已是同一個金控下的銀行客戶，仍需經過繁複的資料填

寫、身分認證程序，過程中有許多斷點；永豐證券透過 API（Application Programming Interface，應用程式介面）串接永豐銀行的身分認證系統；客戶只需花 3 到 5 分鐘時間填寫基本資料，就能透過 API 直接完成身分認證，數位帳戶就能作為股票交割帳戶。永豐金證券總經理江偉源形容：「早上開戶，下午就能開始交易。」這比起一般券商開戶需要 2 ～ 3 天，速度快上許多。數金處長蘇威嘉說明，永豐證優勢在於同時提供台股、美股存股選擇，只需要經過簡單設定，在不需要看盤的情況下，系統每月都會自動扣款買進，讓投資人有紀律地達成買賣目標。

三是數位服務的持續創新演化。永豐證自推出豐存股後，數位服務正由定期定額演化到智慧投資與客製化服務等，近年更開始建構「360 度圖譜分析」，由客戶的交易資料、平台使用習慣、社群互動狀態、外部開放資料等各種數據，整合為一套預測模型，目標在客戶發現自己需求前「超前客製化」。不過永豐證也坦承，「360 度圖譜分析」需要時間累積，永豐證須持續收集資料，以更精準服務客戶。目前「豐存股」的核心客群以 25 ～ 34 歲年齡層居多。以下分析永豐證券針對核心客群的需求層次，在投資理財上的服務設計有何創新實務，尤其是在選股與賣股的設計邏輯，進而分析其背後的服務設計原則。最後則詮釋服務創新背後的價值內涵，包括功能價值與社會價值。

（二）豐存股：小白族

1. 客群需求：低進入門檻

永豐證券推出豐存股的初衷原是要讓一般年輕人，尤其是缺乏投資經驗的學生族群與初入職場的新鮮人（以下稱「小白族」），可以有參與台股投資的機會。豐存股更在 2021 年 5 月大幅降低投資門檻，由台股每筆最低投資金額 3,000 元降至 100 元，主要有以下兩大背景因素。

一是台灣證券交易所自 2020 年 10 月 26 日推出零股交易後，成交值達過去三倍以上，成交戶數由 21.8 萬擴增至 61.6 萬。其中又以 21 ～ 30

歲年輕族群增加 3.1 倍最多。二是投資人以定期定額方式購買股票與 ETF（Exchanged Traded Fund，指數股票型基金）的需求強勁。根據證交所統計，在 2020 年 4 月到 2021 年 3 月間，台股定期定額買股交易額由 10 億元增加到每月 30 億元。定期定額與零股交易，成為年輕人參與台股投資的重要基礎。除降低投資門檻外，永豐金也觀察到年輕族群，尤其是大學生經常喜歡上網買衣服與用品的特殊需求。

「如果買股票可以像到電商網購衣服一樣方便又便宜，那麼即使有時不小心踩到雷，買到不好的產品，也因為便宜沒負擔，不會太心痛！坦白說，我常一次在 Lativ 買 3 件 T 恤，即使有一件樣式或質感不如預期，但只要另外兩件達標，就算賺到！」

永豐證由此提出低門檻的投資服務，並以「電商化」的設計原則作為服務投資小白的創新實務，以下說明。

2. 服務設計原則與實務：電商化

電商化的設計原則，主要呈現在選股與賣股的服務設計上。在選股設計上，主要有以下設計實務。一是動線分流。消費者只要打開豐存股網頁即可瀏覽台股與美股商品，有別於其他券商必須先開戶、輸入帳號密碼才可登入的限制。至於個人交易記錄、存股設定、交易明細等，則在「會員中心」網頁呈現。

二是櫥窗式設計，以說明每檔個案的每股收益（EPS）、一年績效、殖利率等，更可點入「商品概覽」，方便投資人進階讀取更詳盡的個股資訊。投資人可以先比較幾檔熱門股的基本資料，如每股收益等，再決定適合進場的時機。「這很像是買衣服，先在櫥窗上逛一遍，在不同價位等級挑好商品後，再決定適當的尺寸、顏色等。」

三是排行榜與篩選機制。為提高選股成交率，永豐證積極幫投資新手把關，以 MSCI 指數（由摩根士丹利資本公司所為）成分股作為選股投資

依據。永豐證數金處蘇威嘉處長表示：「很多年輕投資人常常第一次進場就燙到手，然後要 3 ～ 5 年以後才會再回到台股。但我們希望以事先篩選個股和少量多餐的存股方式，引導年輕人學習交易股票、個股知識等。只要不是賠到要出場，應該都會留下來！」

　　永豐證並以「Top10」排行榜協助投資人尋找適合個股，同時在熱門股上依據其過去一年投資報酬率的高中低，標示積極型、穩健型、保守型等，作為投資人更進階的選股依據。例如積極型有元大台灣 50、台積電、永豐台灣 ESG 等；穩健型有富邦公司治理 100、永豐金等；保守型有兆豐金、台泥等。目前永豐豐存股所推薦的存股商品有 139 檔台股。至於美股則僅有 21 檔國人較熟悉的個股推薦，如 Apple、Google、Disney 等個股。

　　至於在賣股設計上，豐存股除每日會主動計算「即時損益表」幫投資人掌握投資組合現值，也以「少量多餐」的選股設計，降低波動幅度。數金處蘇威嘉處長就說明，過去最低 3,000 元的投資額度限制，讓手頭緊的小資族只能買 5 ～ 6 檔優質個股；但降低門檻到 100 元後，投資人可以在每個月 6 日、16 日、26 日分批進場投資，選擇個股則增加到 9 ～ 11 檔，大幅提高投資組合的多元性，也因此可有效降低投資風險，進而降低被迫出場的機率。一位小資族就表示：「每個月 6、16、26 日定期扣款方式很有感，6 日領薪水，16 日準備信用卡帳款，26 日經常是獎金入帳日。這會不斷提醒我，要先把錢存到定期定額的股票投資，才不會亂花錢。就像巴菲特說的，買股票就像滾雪球，只要買到對的股票，長期投資下來，雪球就會越滾越大！」

3. 服務價值解讀：組合價值與安全感

　　解讀豐存股的服務設計背後除有功能面的「組合價值」外，更有社會面與心理面的安全感設計。首先是組合價值設計，每月三次的進場投資，佐以電商櫥窗式的選股設計，目的就在幫助小白族以風險分散機制降低股價波動影響。永豐證分析，其他同業推出「連續五日的下單機制」背後在鼓勵多次交易，從長期來看，多次交易獲利價值不若投資組合機制。

「交易越頻繁，越會吃掉投資獲利。尤其台股千分之三的交易手續費累積起來金額不小。而且經常頻繁交易也容易讓人心神不寧。」永豐證主管說明。

其次是安全感設計，具體反映在電子商務的櫥窗式選股設計上。如積極型、穩健型、保守型的類型化標籤，數字化的個股績效表現，與排行榜的個股精選等，提供小白族簡單易懂的決策參考點，大幅提高投資安全感。相較之下，另一家券商雖推出手機選股、試算、約定等機制，看似很方便，但實則需要投資人自己做功課、做投資決策，「缺少選股參考依據，反而讓人很沒有安全感。」

（三）智慧選股：智慧小資族

1. 客群需求：可預測性之投資消費

永豐證主管人員分析，當小白族穩健存股到 3 ～ 5 年後，相對熟悉違約交割的市場風險、股票圈存機制、個股表現、產業動態；加上資產累積到一定規模，手中可運用資金提高後，就會晉升為更積極的理財族。這個族群屬「智慧小資族」，他們相對有主見，但因正處於事業起飛期，不太可能每天操盤或投資股市，因此對所謂「條件式」投資與智慧型投資有較高的需求。

「智慧小資族比小白族的可運用資金更多，以前薪水 3 萬元要每個月投資 3,000 ～ 5,000 元是很不容易的；不過一旦在職場打滾 3 ～ 5 年後，一般薪水會提高到 4 萬元以上，可投資股市資金就可以到 1 萬元左右。在這個階段，他們對於投資美股也相對較有信心。智慧小資族與投資小白的最大差別就在於對投資可控性的信心與需求。他們希望能有效掌控自己的投資組合。」

而在消費行為上，重視 CP 值、多方比較與理性消費是這個族群的特色。永豐證主管也分享他們對「智慧小資」在消費行為上的觀察，主要有

以下特色。一是多方比價，多看評價。例如一位小資也分享道：「我只要想買一樣東西，就會瘋狂爬文、看評價、比價，家人都覺得很奇怪，不就是買個東西，怎麼要收集那麼多資訊。但對我來說，如果不這麼做就會不安心，既然都要買了，應該要用最實惠合理的價格，買到最合適百搭的、最耐用的商品或服務，這樣才會對得起花出去的錢！」

特色二是轉化購買慾為努力目標。這類族群常會不分價格地關注各類主題，如各種流行單品、化妝保養品、公仔等。而目標方向定位清楚，正是智慧小資族特色。

「有購物慾是一件再正常不過的事情了，反而是可以當作努力的目標，但絕對不能購買超過自己能力所及的東西。買東西不分期不借錢，因為如果無法全額付款表示目前還沒有能力得到那件商品，那就得再繼續加油。不是想要的都要得到，得不到的反而要當作動力。」

2. 服務設計原則與實務：智慧化

精準購物是智慧小資的消費特性，結合可預測性或目標具體明確的投資理財需求，可以總結為智慧化的服務設計原則。永豐證主管說明，相較於自己投資需投入較多時間，請理財顧問又需有一定門檻，交易成本不低；所謂智慧理財是相對適合智慧小資的作法，可以兼顧專業理財投顧與交易成本。展現在具體的選股與賣股實務上，則有以下設計。

在選股設計上，豐存股主要有主題式智慧組合與條件單。在主題式智慧組合上，永豐證提出三個核心工作實務，一是選配置，透過模型的運算，提供最佳投資配置。二是挑標的，以費用率、日均量、規模等條件，篩選最佳投資標的。三是顧績效，依據客戶不同的投資績效與投資期間，提供資產調整建議。其中，選配置的模型運算邏輯是智慧化服務核心。永豐證主管說明這幾年最有名就屬「巴菲特價值投資術」以及在投顧界耳熟能詳的通用投資邏輯。

「巴菲特價值投資術就是買入好公司股票並長期持有。所謂好公司股票，如果以美國標準普爾 S&P 500 指數來看，就是市值在 53 億美元以上（2020 年）、股票交易量大於總市值、連續四季的利潤爲正數等。因此，如何把這些選股指標轉化爲智慧投資的運算邏輯，結合波段操作、精品選股等，其實才是我們要討論的重點。」永豐證主管說明。

除了巴菲特價值投資術外，近期永豐證內部也持續討論其他在證券投顧業流行而穩健的「通用邏輯」，以作爲智慧選股依據。以「智慧穩健組合 1 號」爲例，乃是穩健累積資產的股債配置，股票投資以具有成長潛力的大型股爲主；債券則著重於美債和高評等債券。在投資組合上就有元大台灣占 50.8%、永豐台灣加權占 5%、國泰中國 A 占比 50.33%、元大 S&P 500 占比 5%、富邦美債 20 年占比 49% 等。智慧投資組合每筆最低 5,000 元，並以千元爲單位增減。永豐證並且在 2020 年初在 Line 推出「AI 幫你顧」，以智慧服務提供財報亮點、大師選股、熱門主題等多項投資服務。

在賣股設計上，則是所謂「條件單」設計，永豐證主管說明，一般同業很鼓勵「條件單」交易，讓投資人自己設定買賣的價格、時間、數量等；只要達到設定目標就會主動通知進行交易。永豐證主管不諱言，內部曾就是否推出條件單進行多次正反論辯，正方認爲較成熟的「智慧小資」並不滿足於既有的定期存股概念，「條件單」設計符合其目標導向與精準購物的行爲模式；但反方則認爲豐存股的原意本在定期定額投資，設定條件就跳脫原有的產品核心價值。而較能兼顧正反觀點的作法則是有限制的「條件單」，不鼓勵智慧小資頻繁進出，仍以目標爲導向設計具體可操作的「條件單」。

3. 服務價值解讀：條件價值與可控感

解讀豐存股在智慧理財的服務設計背後除有功能面的「條件價值」外，更有心理面的可控感設計。首先是條件價值設計，智慧理財的核心在

循序漸進由需求面引導智慧小資進行投資規劃。一開始除輸入基本資料與收入所得外，接著可設定投資目的，例如退休規劃、購屋買車、出國旅遊或遊學、或其他自訂目標，由此「計算」出該位投資人的價值偏好屬積極型、穩健型或保守型；接著再由選配置、選標的、顧績效等步驟，逐步引導智慧小資進行智慧設定。

條件價值的功能設計，展現智慧小資相對理性的一面，兼顧理財投顧價值與相對低成本效益，背後則彰顯這個族群對可控感的自我價值呈現。可預期的目標設定，需佐以可控制的投資設計，方能體現小資族智慧成熟的一面。永豐證主管也不諱言，目前越來越多同業推出各種智慧理財服務，但挑戰在於如何設計合理可行的智慧邏輯，讓越來越多成熟的智慧小資能認同服務所帶來的價值效益。

（四）客製化選股：行動理財高手

1. 客群需求：客製化專屬投資

永豐證數金處蘇威嘉處長分享，除智慧小資族之外，永豐證也發現有一群新興的數位理財高手近年已開始將投資目光瞄準美股，甚至有更多客製化的理財服務需求。舉例來說，成立於 2017 年的阿爾發投顧，其所瞄準的目標客群就是想參與美股投資但金額又不足的理財高手。

過去美股投資，只能透過台灣券商複委託買海外的 ETF，僅能以整股數單來投資，還不能透過金額單（零股）下單。此外，如果要做到全球配置的投資組合（4 ～ 6 檔 ETF），加上考量複委託的手續費成本，每次投資金額動輒新台幣 30 萬以上才划算，這並非年輕人和一般上班族可以負擔。

「因此，定期定額投資全球 ETF，才是符合一般大眾的方式，這也是阿爾發投顧跟永豐證券合作金融監理沙盒實驗的原因。」阿爾發投顧董事長陳志彥接受媒體訪談時，說明阿爾發在 2021 年 5 月與永豐證券共同申請金融監理沙盒實驗「定期定額投資全球 ETF 創新實驗計畫」的緣由。

　　如何以有限的資源加入高資產高報酬的投資市場，是這個族群（以下稱為「行動理財高手」）的特殊需求，反映在消費行為面上則是犒賞自己的專屬消費。一位理財高手指出，「善待自己，過自己想過的生活」是他的核心價值觀，「像我最近買了一套按摩課程，而且沒有消費期限呦，很方便的！適時地犒勞辛苦的自己，才會有繼續努力的動力，按摩這筆消費也算是充能自我，也算一種需求。另外有時我會去買化妝保養品，看到沒有打折，一樣照買。因為很多時候方便更重要，算小錢沒意義。」

　　過自己想要的生活，結合目標清楚的理財需求，整合為「客製化」的服務設計原則，展現在永豐證的創新實務上，則是開創各種與外部投顧合作的 API 連結，以下就先以永豐證和阿爾發投顧所推出「定期定額投資全球 ETF 創新實驗計畫」說明服務設計特點。

2. 服務設計原則與實務：客製化

　　永豐證數金處蘇威嘉處長指出，與阿爾發投顧的創新實驗背後乃在「打破複委託投資零股限制、API 資料共享、機器人理財」三大創新。首先在複委託的零股投資限制上，以前透過券商用複委託買海外 ETF，只能用「定期定股」方式，也就是每次最低就是買進一股。但這次的實驗打破這項限制，投資人可以改用「定期定額」方式買 ETF，每次最低 100 美元就能買股。

　　至於 API 資料共享，阿爾發投顧透過國內最大民間憑證發行機構「TWCA 台灣網路認證」的「行動身分識別服務（Mobile ID）」，來進行實名身分驗證機制，透過手機輸入門號及身分證字號，就可以經由所屬電信業者確認門號持有人真實身分，完成實名身分識別認證，並搭配電子簽章完成線上開戶。

　　另外在機器人理財部分，因為跟阿爾發投顧合作，參與實驗的投資人，還可以從阿爾發投顧取得機器人投資建議，並透過 API 將交易指示串，接到永豐金證券完成交易；阿爾發投顧機器人理財介面，則提供帳戶

管理，包括查詢交易資訊、部位損益、帳戶餘額與配息金額。

永豐證數金處處長蘇金豐進一步說明，與外部新創投顧業者合作，透過 API 連結交易指示串，將是永豐證未來拓展行動理財高手的重要策略。

「我們發現有越來越多新興的 AI 機器人理財與創新理財服務不斷出現，與其競爭不如與之合作。過去投顧業者原本就是重要的個人理財顧問團，只是新型態的數位投顧服務更強調智慧化與多元彈性。永豐證一向秉持開放合作態度，難度在把關，這也會是我們未來努力的方向。」

總結來說，更客製化的選股與賣股服務，連結優質外部新興理財投顧，是永豐證針對行動理財高手的重要服務內涵。「與其自製，不如合製」，方能拓展更多元的服務創新邊界。

3. 服務價值解讀：客製價值與專屬感

解讀永豐證與阿爾發投顧等合作開發「定期定額」等多元理財服務設計，背後除有功能面的「客製價值」外，更有心理面的專屬感設計。首先是客製價值設計，永豐證積極與新創智慧投顧合作的目的，就是希望透過 API 連結，提供更多元的客製服務連結。永豐證不諱言，過去投顧業者所提供的專屬客製服務乃是針對高端客群，但實則許多潛力客群未必能受到很好的照顧。以永豐證券有高達 800 萬客戶，但卻只有約 800 位營業員為例，「這說明多數客戶並沒有被照顧到。」

客製價值也展現在永豐證近年積極推動的「360 度圖譜分析」服務，就像是一個虛擬營業員，可以掌握客戶 360 度的需求；透過數據，正好能模擬營業員角色。不光是提供買賣而已，當標的表現不好時，系統也能夠主動通知客戶，建議庫存是否做調整。而這也體現越來越多邁向高端的理財高手對專屬感的心理需求。

表：由多層次行動創新服務價值

服務內容	豐存股	智慧理財	API 連結
客群需求	**理財需求**：低進入門檻 **消費特質**：電商購物	**理財需求**：預測性進出 **消費特質**：精準購物	**理財需求**：偏好性價值 **消費特質**：客製化購物
服務設計原則	電商化	智慧化	客製化
服務體驗流程	**選股**：電商式商品櫥窗，MSCI 指數成分股。排行榜與標籤化 **賣股**：即時損益試算	**選股**：巴菲特價值投資法等 **賣股**：條件式設定	**選股**：連結特定選股邏輯（數位投顧） **賣股**：客製化設計
服務價值	**功能價值**：組合價值 投資組合設計，長期分攤風險 **心理價值**：安全感	**功能價值**：條件價值 投資邏輯設計，彈性設計風險 **心理價值**：目標可控感	**功能價值**：專屬價值 客製專屬設計，自主承擔風險 **心理價值**：專屬感

資料來源：本研究整理

4. 複合綜效

永豐證券的創新服務背後，有其獨特的複合創新價值，主要展現在以下內涵上。一是接觸點設計背後的關鍵參考點。過去服務設計藍圖重視使用者的接觸點，並由此提出尚未滿足的需求痛點與創新賣點（Clatworthy, 2011; Hess & Howell, 1977; Barnes, Gartland, & Stack, 2004）。

不過本文則指出，接觸點（touch points）要如何轉化為感動點（touching points），並不能僅參考現有的使用者痛點或是以競爭者為參考點；因為在數位時代，許多創新構想仍有待探索，尤其新興數位理財服務在台灣又屬全新議題，即使是其他競爭對手，也尚處於摸索階段。因此，與其參考其他尚不成熟的服務，倒不如參考其他相對成熟的數位使用經驗。而對於 20 ～ 36 歲的年輕世代，許多是網路原住民，他們原本熟悉線上購物、其他數位智慧服務等，數位消費行為成為重要參考點。因此，所謂的接觸點並不局限於特定服務的直接接觸點，還有關鍵參考點，尤其是相對成熟的數位或非數位服務參考點，使用頻率高而能彰顯特定消費族

群背後的價值思維，成為本文重要貢獻。

　　二是創新內涵，需同時考量功能價值與社會價值。過去服務設計文獻就已提出功能性、社會性、社群性與機構性等設計構面（Ansari & Krop, 2012; Binder, Herhausen, Pernet, & Schögel, 2012; Liebowitz & Margolis, 1995），但本文提出，在數位時代，社群經營的社會性價值與心理性連結，方能有效黏著客群，其重要性尤重於功能性。因此在服務接觸點的設計上，不僅要強調功能價值，更需體現社會價值與心理價值，才能讓年輕世代產生認同感，而提高續留特定平台服務的可能性。

　　貢獻三，多元服務價值並進，以回應快速變化的數位時代。過去企業管理論述強調「第二條成長曲線」的重要性，亦即企業在由成長期邁向成熟期的過程中，應善用資源投資下一條成長曲線，為企業再創高峰（Lu, & Beamish, 2004）。但本研究提出，在數位時代，企業面對多變環境與新興領域的跨業競爭，需有更靈活的回應機制。而同時發展多條成長曲線，以連結多元場域的創新機制，將更為務實而能回應數位市場的需求變化。

本章參考文獻

「好好投資」與遠銀 bankee，參考連結：https://www.bnext.com.tw/article/52797/feib-bankee
「湊伙」相關報導，資料來源：遠見雜誌，2021/2/25。

Ansari, S., & Krop, P. 2012. Incumbent performance in the face of a radical innovation: Towards a framework for incumbent challenger dynamics. *Research Policy*, 41(8): 1357-1374.

Barnes, W., Gartland, M., & Stack, M. (2004). Old habits die hard: path dependency and behavioral lock-in. *Journal of Economic Issues*, *38*(2), 371-377.

Binder, J., Herhausen, D., Pernet, N., & Schögel, M. 2012. Channel extension strategies: The crucial roles of internal capabilities and customer lock-in, *European Retail Research*: 43-70: Springer.

Clatworthy, S. (2011). Service innovation through touch-points: Development of an innovation toolkit for the first stages of new service development.

Hess, R. F., & Howell, E. R. (1977). The threshold contrast sensitivity function in strabismic amblyopia: evidence for a two type classification. *Vision Research*, *17*(9), 1049-1055.

King, B. (2018). *Bank 4.0: Banking Everywhere, Never at a Bank*. John Wiley & Sons.

Liebowitz, S. J., & Margolis, S. E. 1995. Path Dependence, Lock-In, and History. *Journal of Law, Economics, and Organization*, 11(1): 205 - 226.

Lu, J. W., & Beamish, P. W. (2004). International diversification and firm performance: The S-curve hypothesis. *Academy of Management Journal*, *47*(4), 598-609.

Munir, K. A., & Phillips, N. (2005). The birth of the 'Kodak Moment': Institutional entrepreneurship and the adoption of new technologies. *Organization Studies*, *26*(11), 1665-1687.

Uzzi, B. (1996). The sources and consequences of embeddedness for the economic performance of organizations: The network effect. *American Sociological Review*, 674-698.

Mayer Brown 法律顧問公司對 Fintech 之調查研究

https://www.mayerbrown.com/-/media/files/perspectives-events/publications/brochures/2020/mayer-brown--fintech-brochure--march-2020--web-version.pdf

https://www.gvm.com.tw/article/78117

第四篇

商模生態系演化

第十三章　生態系商模演化總論

「所謂新舊經濟的核心差異在於，舊產業經濟由規模經濟所驅動，而新資訊經濟則由網路經濟所驅動。」

（The old industrial economy was driven by economics of scale; the new information economy is driven by the economics of network.）

Carl Shapiro & Hal Varian (1999)

————

學者提出，當前社會中有三種常見生態系態樣（Jacobides, Cennamo, & Gawer, 2018）。一是商業生態系（business ecosystem），也就是商業運作的經濟社群。如果從 Teece（2007）的觀點，企業關注自己在市場上，與上下游產業間的關係，或所謂「五力分析」，基本上乃是從自己的競爭力出發，尤其是與時俱進的動態能耐演化。不過若跳脫企業自己扮演主角的角色，而由「命運共同體」（shared fate）角度思考，就會發現企業經營優勢來自於與合作夥伴間的互動關係，有時企業可以當主角，扮演主導者角色；有時企業只能當配角或關鍵綠葉，扮演利基者角色。但重點乃在於創造互利、思考互補之道，這中間還有很多模組化的設計變化。

二是創新生態系（innovation ecosystem）。相較於商業生態系，創新生態系常從技術面出發，強調核心企業（focal firm）和上游元件廠（component）與下游互補者（complementary）間的共生關係。近期的電動車生態系、或知名的蘋果生態系，就有特殊的創新生態系模式。

三是平台系統（platform ecosystem）。一般由特殊科技所驅動，除了核心技術團隊之外（又可稱之為贊助者），還有相關聯的供應商（suppliers）與互補廠商（complementary）。例如遊戲開發軟體平台正是這類平台系統，有所謂的類治理機制或多邊市場的協作互動特色。

本章所討論之個案中，電動車偏向創新生態系，而寧夏夜市與樂天等

金融創新個案則較偏向商業生態系。不過在核心概念上，三種生態系實則大同小異，因此本專書以商業生態系統稱之。以下介紹生態系之起源與運作機制。

一、由垂直整合到水平共創

在 1960 ～ 1970 年代間，產業鏈上垂直分工與整合乃是主流。但在 2000 ～ 2020 年，網際網路興起，提高水平分工的整合優勢。企業管理也開始由內部管理朝外部管理邁進。所謂「商業網路」（business network）乃是由科技與營運策略所構建而成，兩者如何演化才能讓營運更健康，逐漸成為主流議題。

1950 ～ 1970 年代，資訊科技業者追求的是領先科技與獨特專屬的技術整合，所謂的模組化與相連性只限於單一電腦系統中，業者追求獨創的軟硬體產品與服務整合。例如 IBM 在 1950 年代首度推出的主機板，在 1960 年代推出商業記憶體核心，在 1964 年推出固體邏輯技術，都局限於 IBM 電腦應用。

但 21 世紀的數位科技產業相當不同，許多公司聚焦在**高度專業的特定領域**，例如高度專注於客戶關係管理軟體的公司（如 Siebel 與 Onyx）到微處理器製造商（如英特爾、超微）等。專注特定領域廠商需要進一步與其他企業協作（collective effort），才可能完成創新研發。例如「無晶圓廠」（Fabless）的 Broadcom 與 NVIDIA 就與台積電協作。在新型態的協作體系中，平行創新較之垂直整合更為重要。

也因此，協作網路能否支持創新？或阻礙創新？成為當前數位科技的重要議題。更重要的是，當前的協作網路已超越過去的產業疆界，而是連結客戶端與生產供給端、夥伴與競爭者的目標、策略與營運，進而能重塑競爭與營運的動態能力。

而近年管理學界開始借助生態系統觀點（biological ecosystem），**強調維繫生態系的集體健康**（collective health）**以達互惠效益**（mutual effectiveness）的重要性。借助生態系的重要論述，一個生態系要能健康地孕育創新，必須達到以下三項基本指標：生產力（productivity）、堅韌（robustness），以及利基價值（niche creation）。不過在探討商模生態系的衡量指標之前，先談談傳統企業經營指標，再來探討生態系中不同成員所扮演的角色，最後討論健康生態系的衡量指標與可採取的生態系策略。

二、傳統經營績效衡量指標

傳統上，衡量企業經營績效指標主要包括生產力、品質、產品上市時間、顧客滿意度、獲利率等。這些關鍵績效指標來源除策略行動（如研發投資、策略聯盟等）與組織結構考量（如策略團隊、移動障礙）外，主要仍和企業的營運作業能力有關，也是企業競爭力來源。

近年來，**企業核心能力與競爭力關聯**開始受到重視，尤其在資源基礎論下，企業核心能力與學習型組織的動態演化逐漸成為主流。聚焦在市場、技術環境與企業能力基礎的互動上，企業如何與時俱進更新核心能力成為重點。傳統上，探討營運和創新能力本質上乃是「內部」，並有以下幾類觀點。

一是 Skinner，Hayes 等人以**內部資源管理**為主，包括品質改善實務、人力資源管理等（Hayes & Wheelwright, 1984; Skinner, 1959）。二是 Prahalad & Hamel 提出的**核心能力論述**，例如 Handa 的核心能力是引擎設計能力等（Hamel & Prahalad, 1994）。內部資源或核心能力論述都相當重視組織內部管理，如流程改善、組織學習、產品研發團隊、資源分配等。

即使有人開始關注管理企業關係，多數仍以雙方關係或是小群體網路關係為主（Clark & Fujimoto, 1990; von Hippel, 1987）。例如製造商與供應鏈關係、使用者與製造商、設計者與製造者、或是供應鏈管理等。其中供應鏈管理論述多強調夥伴關係越緊密越好，這有助於重要資訊的傳達溝通。少數討論延展性的供應網路，或鬆散性的網路結構對資訊品

質與不對稱資訊提供動機管理等，都是不小的挑戰（Narayanan & Raman, 2004）。

至於**創新管理**多分析，改變會破壞組織核心能力、組織架構與商業模式，而企業和外部網路間的互動關係則被忽略。即使如 Christensen 分析企業與價值網絡（value network）互動，基本上仍假設這類互動是組織所要面對的挑戰，網路被視為是慣性的來源，而非創新、生產力與企業更新的基礎（Christensen & Rosenbloom, 1995）。

不過**財務與策略領域**近年開始重視產業分散與產業網路。這類文獻強調模組化（moduality）、產品標準（product standard）、網路外部性（network externalities）的重要性。最知名者就是 Baldwin & Clark（2000）提出「產業群聚」概念（industry cluster），許多產品設計乃是透過「模組介面」相互連結（Baldwin & Clark, 2000）。

知名學者 Carl Shapiro & Hal Varian（1999）就提出：「所謂新舊經濟的核心差異在於，舊產業經濟由規模經濟所驅動，而新資訊經濟則由網路經濟所驅動。」（The old industrial economy was driven by economics of scale; the new information economy is driven by the economics of network.）（Shapiro & Varian, 1999）

學者 Gawer & Cusmano（2002）則由此進一步提出「平台概念」（platform），例如英特爾（Intel）、微軟（Microsoft）、思科（Cisco）等，並強調標準與分散式創新的重要性（Gawer & Cusumano, 2002）。這類文獻雖探討平台企業的行為模式，但對創新與作業管理的意涵仍相當薄弱。在某些關鍵產業中，大而鬆散的企業網路連結要如何管理，成為關鍵議題。

借助其他領域知識以探索相互連結之網路組織之經營模式，有其必要。例如階段移轉（phase transition）、天氣型態的動態、螞蟻的覓食模式、生態演化的複雜建構等。尤其，跨越不同領域、規模以產生相類似的網路結構，並契合自然環境的動態本質，原是複雜系統所要詮釋的重要內涵。

三、新興商業生態系網路

複雜的網路組織不僅出現在資訊科技產業，也出現在其他類型企業與產品服務上。因此，要理解當代網路型企業如何運作，我們就必須先理解網路，然後才能論述什麼樣的網路結構最有效益？而所謂的效益，又該如何衡量？以下整理 Marco Iansiti & Roy Levien（2004）的重要論述觀點。

（一）網路是複雜系統

從森林大火的傳播、群眾恐慌的散播，複雜系統越來越能對特定現象提出解釋。尤其，將大問題拆解為較小問題網路，艱困的任務可以被有效地達成。複雜網路系統被運用在不同領域，例如通訊網路中的遞送演算法（routing algorithms）、高速公路流量管理、甚至軍隊也開始採用所謂輕量組織（swarms），以小型彈藥裝備進行突襲，取代傳統重量級裝備；在軍事通訊的區域網路溝通也是基礎。

以正確方式連結小零件，就有機會解決個別元件問題，甚至為組織創造新能力。網路不在只是個別的總和。從地方政治到醫藥領域，越來越多人討論所謂「網路模式」（network effects）或「蜂窩智慧」（swarm intelligence），亦即將產品或事件拆解為較小的、分散的、相互連結的單元，就能解決大部分的問題，並且讓系統能發揮神奇效益。然而，什麼是連結小單位的適當方式？是否某些網路結構更有效益？我們必須先了解複雜系統如何運作，再探討必要的分析架構。

（二）中心點與穩健性

探討網路文獻者，多會提出所謂「關鍵玩家」（key players）或「中心」（hubs）概念，以強化特定的網路穩定性。並由此提出不同網路結構以強化網路健康度的重要指標：**穩健性**（robustness）。不論是交友關係或是網際網路中，有些網路中的**節點**（nodes），它的連結豐富度遠遠勝於其他網路節點。節點與其他節點的連結數目，就是一個觀察指標。知名

的「六度分隔理論」（six degrees of separation）某種程度上能詮釋網路中心性。網路的中心點與網路結構，將會影響網路受到外部衝擊的回應能力，也就是所謂穩健性。換句話說，網路結構與系統健康密切相關。尤其，網路中心點本身的健康韌性，將會影響整個網路發展（Iansiti & Levien, 2004）。

（三）生態即網路：基石的角色

在生態系中扮演關鍵角色者，稱為基石物種（keystone species），或稱為關鍵物種，基石物種觀念最早建立於 Paine 在 1966 年的潮間帶物種相關性研究（Paine, 1966）。在潮間帶裡，海星為掠食者（predator），捕食多種共域的貽貝類（視為被掠食者，prey）。當時 Paine 發現若將海星移除，經過一段時間後，共域的貽貝類的多樣性大幅衰減。直至 1969 年 Paine 始提出該現象的辭彙 —— 基石物種（又稱關鍵物種，keystone species）。

所謂基石物種即指在一個生態系中，一種物種的存在與否，會影響群集中其他相關物種的存活與多樣性，有此現象則稱該物種為基石物種。 Power 等（1996）認為基石物種應具有「對所存在的生態系中相關群集生物的高度影響性，但該物種相對的生物量（Biomass）比例卻很小」的特性（Power et al., 1996）。因此，掠食者可為基石物種，或其他動物或植物，只要符合上述之特性者即可是基石物種。Mills, Soule 及 Doak（1993）曾將不同屬性的基石物種分成五大類（Mills, Soulé, & Doak, 1993）[1]，包括：

1. **掠食者基石物種**（predator）：例如在潮間帶環境中海星存在與否，會影響到貽貝類的種類與數量。

2. **被掠食者基石物種**（prey）：例如在北美之雪鞋兔（snowshoe hare）存在數量多寡，會直接影響共域的山貓（lynx）族群數量以及獵食

1　http://highscope.ch.ntu.edu.tw/wordpress/?p=7845

另一種兔子（極地兔，arctic hare）的程度。

3. **植物基石物種**（plant keystone species）：有些植物種類會在食物缺乏期開花結果，以供給動物當作度過艱困時期的食物來源。

4. **相連性基石物種**（link keystone species）：某些植物物種亦要靠某類動物幫助其傳花授粉，否則無法結果繁衍。

5. **變更者基石物種**（modifier keystone species）：如河狸（beaver）因為構築巢穴，阻斷了河川流水量而影響了當地水域生物的生存繁衍，這一種基石物種與上述幾種不同，因為並不牽涉誰吃誰的營養層次與食物鏈相關性，而是藉由改變環境的結構來影響其他物種。

另一種基石物種的關係是屬於互動互利的基石物種關係，Gilbert（1980）曾提出雙向互動關係（mobile link）觀念，某些動物取食植物的果實，同時亦扮演著這些植物生存繁衍的關鍵角色，而這些植物同時也支撐著其他食物鏈或食物網（Gilbert, 1980）。這種相關性是互動互利的，此相關物種可稱之為互利基石物種（keystone mutualisms）。

Howe 於 1984 年亦曾提出類似的「樞紐種群」（Pivotal taxa）觀念，某些植物會在每年食物缺乏期開花結果，以維持那些以果實為生的鳥類與哺乳動物，而這些鳥類與哺乳動物同時亦扮演著這些植物與其他時期某些樹種之種子傳播，以及長期的森林生態物種平衡與多樣性角色（Howe, 1984）。因此，根據這種既是基石物種又互相影響的緊密關係，Richardson 等多位學者即提出一個互利假說（the mutualism hypothesis）來說明澳洲地區森林與狐蝠間的關係：他認為二者是一種互利共生的現象，森林中許多植物物種高度依賴狐蝠為其傳花授粉與傳播種子，否則無法繁衍擴散；然而沒有這些植物種類，狐蝠亦不可能存活於澳洲森林中（Richardson, Allsopp, D'antonio, Milton, & Rejmánek, 2000）。

若一個生態系中失去關鍵基石物種，可能會影響生態系的健康發展，例如失去多樣性、生產力與瀕臨滅絕等。

相對的，基石物種的特殊行爲模式或特質會有助於生態系的健全發展，例如會掠食特定生物或是提供養分給特定生態系成員。基石物種通常僅是整個生態系中的一部分，而且是「小部分」。

相對的，主導者（dominator）就扮演生態系的主導角色，並有以下特質。一是體量大，在生態系中的辨識度高，質量顯著。二是較不鼓勵多樣性，主導者甚至會取代原有生態系成員的角色功能。例如 purple loosestrife 入侵北美溼地後，就逐漸形成單一物種主導現象。主導性強的生態系和缺乏基石物種一般，都很容易受到外部環境的劇烈衝擊而顯得不穩定。尤其，缺乏多樣性正是主導性強者的致命弱點，因爲他們難以回應突如其來的變局。

（四）商業生態系

就如同生物生態系一般，商業生態系也是由大型且相互連結之企業實體所構成。企業以複雜的方式連動，同時受到內部能力體系與外部互動體系之影響。商業生態系不再以特定產業爲主，而是由組織互動的類型與強度所界定。例如所謂生態系可能是由共享的技術工具與元件所建構，如微軟的開發網路（MSDN, Microsoft Developer Network），或是沃爾瑪的供應網路。社群中的組織成員深受網路中的集體動態所影響。所以生態系可能橫跨數個傳統產業。

生態系成員間的互動是關鍵。如近年來電腦產業發展激發相關電腦生態系的生產力；但相對的，若許多非相關產業在生態系中同時經歷崩壞與矛盾，最終也會影響生態系核心發展。

此外，**生態系疆界**是很難定義的。即使距離很遠的企業仍會有所互動。因此，與其建立一個明確而靜態的疆界，**不如檢視不同組織間的互動並由社群角度描繪其互動程度與互動類型。例如市場關係，技術分享與授權程度等**。這正是分析社會網絡的必要措施，將成員間的關係持續型態賦予概念化結構，有其必要。

另一個生物與商業生態系的相似處是成員可扮演不同角色。我們視這些角色為作業策略（operating strategies），特色是持續性的作業決策類型，可能是顯性的或隱性的。

（五）三種關鍵角色

在商業生態系中，有三種類型角色特別重要：主導者（dominator）、基石物種（keystone）、與利基企業（niche）。其中以基石物種策略特別重要，主要特色是經常會遭遇顯著的外部破壞。因此，基石物種所支持的多樣化可以扮演緩衝角色、保全整個結構、生產力；當遭遇破壞時可去除其他非基石物種。基石物種因此可以主持幾輪的生態系演化。個別成員可能會改變，但整個體系連同基石物種則持續存在。軟體產業的幾波變革從個人電腦、圖形使用者介面（GUI, Graphic User Interface）到網際網路，導致軟體生態系的重大變革，但它的整體結構、生產力與多樣性則未受損；且關鍵基石物種如微軟、IBM、與昇陽（Sun）則仍存續。

相較之下，主導物種經常會取代或招住其他可能會主導生態系的物種（潛在主導者不僅會取代基石物種角色，還會取代其他物種角色）。因基石物種會繁衍好幾代，且他們的多樣化和對改變的回應，會免於生態系被侵犯；基石物種藉由直接或間接鼓勵改變，有效改善他們的生存機會。

這正是 IBM-Microsoft-Intel 生態系與蘋果生態系的差異。過去曾有好幾年，蘋果拒絕授權作業系統，並生產高度組合產品（包括軟硬體平台與許多應用），它扮演很多潛在物種的功能。蘋果乃是一個主導者。相較之下，IBM- Microsoft- Intel 則扮演生態系基石角色。微軟聚焦在軟體平台，並廣泛授權其平台與工具；微軟的創新擴及許多獨立軟體供應商（ISVs, Independent Software Vendors）與其他科技和商業夥伴。基石物種所形塑的生態系常能激發多樣性、生產力、與創新速度。過去電腦科技界如王安，或是錄放音機市場如掌握 Beta 規格的 Sony，便因過於主導特定生態系而難以維繫。

雖然基石物種對全體生態系有益（beneficial effect），但並非所有生態系裡的物種都認為如此，因為基石物種基於整體生產力考量，會將特定較不具生產力的物種移除或降低其影響。

除基石物種與主導物種外，第三種「利基物種」（niche species）則未擁有如此廣泛的影響力，但他們本身就是生態系的重要成員，其數量與多樣性構成整個生態系。換句話說，他們不形塑生態系，他們自己就是生態系。在商業生態系中，多數物種扮演利基物種角色。

例如在晶片市場中的 NVIDIA 或是 Broadcom，或是軟體應用開發產業中的 Siebel Systems 與 Auto Card。這些企業聚焦在較窄的專業領域內，並善用其他有利平台成員力量。例如 NVIDIA 就專注在高解析繪圖 IC 上，並借助台積電晶圓廠的能力。如此，利基企業就能專注在某個特定領域，並扮演難以取代的角色。

四、生態系健康衡量指標

「我們如何衡量整個生態系中成員、產品、消費者的健康？」在商業生態系中，並不以經濟學理論的「競爭」或「消費者選擇」衡量，而是將整個生態系視為**成員與相依賴者持續成長的機會**（durable growing opportunities for its members and for those who depend on it）。因此，我們不僅要觀察個別企業的能力或其相對於競爭者、消費者、合作者、供應商等之靜態位置，也要看他們與整個生態系間的互動。以下由生態學的三個類比角度來衡量生態系的健康性：穩健性（robustness）、生產力（productivity）、利基創造（niche creation）。

（一）穩健性（robustness）

探討科技創新文獻認為，不連續的科技創新會對現有企業帶來破壞，主因是原有企業的商業或科技創新慣性，難以回應破壞性變革。但在商業生態系中，卻必須能回應這些破壞性變革以維繫生態成長。因此，相較於

強調內部能力以回應破壞式創新變革，商業生態系強調的是整合外部網路關係的能力。致命性的變革確實是商業演化發展的重要關鍵，但商業生態系本身更屬於整合性緩衝一環（integrative buffering）。而事實上，破壞式創新正是引導商模演化變革的基礎。

衡量穩健性指標，首重提高多元分散以提高企業存活率。健康生態系會鼓勵那些多元而能持續存活企業發展、推廣多元利基企業、管理不可避免的破壞式創新變革。存活率主要表現在以下幾種類型。

一是**存活率**（Survival rates）：生態系享有高存活率，不只是存活較長的時間，相較於其他生態系，也具高存活率。

二是**生態結構的維持性**（Persistence of ecosystem structure）：面對外部衝擊，生態系成員間的關係結構仍能維繫，多數企業與科技間的連結未變。

三是**可預測性**（Predictability）：變革下的生態系結構不僅存續，且可預期的在地化。生態系結構因不同衝擊而會改變，但可預測的核心仍不會受到影響。

四是**有限的淘汰**（Limited obsolescence）：面對劇烈變革，不會發生戲劇性地過時淘汰。大部分的基礎建設（installed base）或科技投資或元件會有持續性的應用。

五是**持續性的使用經驗與使用個案**（Continuity of use experience and use cases）：生態系產品的消費經驗會持續發展以回應新科技導入，而非出現戲劇性的轉變。現有能力與工具將會應用在新的科技運作上。

這些指標並非適用在任何狀態下，但他們可以提供有效的衡量基礎。生態系穩定性指標可用來衡量享有共同結點的生態系，如 Windows、Unix、Linux 等，並評估不同基石企業所扮演的角色。

就網路相關理論分析，一般而言，具有某種特定網路結構者如中繼站

（hubs），較具結構持續性與可預測性。在網路結構中，中繼站較能有效善用網路以回應新的、不確定狀態。在借助其他網路成員能力下，中繼站類型企業可提供新產品元件或新服務特質給消費者。因此，一個穩定的中繼站，加上一個多樣化而相互連結的網路社群，將是衡量生態穩健性的重要指標。

（二）生產力（Productivity）

僅是維持穩健的生態系結構是不夠的，生態系成員必須能由生態系連結中獲益。在傳統生態系文獻中，衡量生產力的方法是：生態系將新物質轉化為活體組織的效益。但在商業生態系中，衡量生產力的方式應略微調整：如何轉化新物種為創新？例如進入低成本與新產品、新功能市場。主要可有以下三種態樣。

一是全要素生產力（Total factor productivity），應用傳統經濟學的生產力分析，衡量生態系成員將生產要素轉化為可運用產品服務的生產力。

二是生產力改善程度（Productivity improvement over time），生態系成員與使用其產品者是否增加生產力？他們是否能以較低成本生產同樣產品或完成相同任務？

三是創新產出（Delivery of Innovations），生態系是否有效產出新科技、程序與創意給其成員？使用這些新奇的元件較之直接採用，是否降低成本？或透過生態系內部傳播而能改善生態系成員的生產力？

創新產出的衡量標準是重要的，它鼓勵企業借助特定新穎元素以發展並傳遞創新；進而能衡量使用他們的成本效益。至於全要素生產力指標也有其價值意義，它能由集體效益衡量創新性。

（三）利基創造（Niche creation）

除穩健性與生產力之外，多樣性（variety, diversity）更是重要指標，

但卻非唯一指標。有些高生產力與具價值的生態系，並不具有多樣性。反之，有些看似多樣性高的生態組織卻出現停滯或衰敗。更且，如複雜系統的演化，商業生態系有能力透過整合與創新以創造整體創新能量。

所以多樣性並非衡量生態系的直接指標，重要的是如何與時俱進透過有意義的多樣性擴增，以創新功能價值。若以生態系比喻：**創造新價值利基的能力**（the capacity to create new valuable niches）。由此，我們可以發展兩個相關聯的衡量指標：多樣性與價值創造。

一是多樣性（Variety）：如新選擇、科技建構模組、類型、產品、由生態系所創造的商業模式數量。

二是價值創造（Value creation）：新創造機會之整體價值。

這兩個指標和生產力衡量是相互連動的，特別和創新的傳遞有關：傳遞創新的方法就是創造新的商業模式。因此，直接衡量利基創造的方法就是新科技出現在新產品與新商業模式的多樣化程度。

由此，多樣性本身不具重要性，多樣性能產生有意義的新商業類型、提供新功能、促進新場域、激發新科技或新思維，才是重點。倒是有一種相對可行之衡量商業生態系健康程度方法：將多樣性與消費者體驗連結——企業的多樣性與其產品是否描繪出多種消費體驗，以及方便有效地達成這些體驗，或是建構下游產品？

另一個關鍵議題是，雖然健康的商業生態系應該催生新利基，但不意味著舊利基就應該持續：在某些場域，利基多樣性確實會減少。若檢視電腦產業生態系就會發現：某些領域的多樣性減損，會激發在其他利基領域的創生。這和某些新的系統層面之能力發展歷程一致。在生態演化歷程中，新的系統程度之能力提升：**某個層級的多樣化降低，會創造在較高層級的平台以激發更大且更有意義的多樣性發展**。

由此來看，健康的商業生態系乃是：對其成員與其依賴者，提供持

續成長的機會（durable growing opportunities for its members and for those who depend on it）。以下說明常見的生態系經營策略。

五、商業生態系的創新與營運策略

在網路環境中，企業的創新與營運決策乃受生態系的結構與動態影響，並和其所扮演的角色一致。在生態系相關文獻中，主要有三種角色會影響生態系的健康與發展：利基形塑者、主導者與基石企業。他們在形塑生態系健康扮演一定角色，並提供我們有用的決策類型。說明如下。

（一）基石策略（Keystone strategies）

生態基石（keystone）是生態健康的明確規範者，他們和中繼站（hubs）有豐富的連結，以創造許多利基、規範生態系成員間的連結，並增加多樣性與生產力。他們提供穩定而可預測的平台，生態系成員可以依賴其上，他們的離開可能會瓦解整個生態系。他們確保自己健康與生存的模式，就是直接改善整體生態系的健康狀態。

在許多商業生態系環境，都有基石策略的應用。案例一是在軟體產業，幾個組織提供關鍵平台技術以催生大量的第三方創新。最有名的例子就是微軟。在軟體產業發展初期，其軟體程式工具與科技平台就已催生好幾千個創新企業。在 1980 年代早期，微軟的作業系統就已觸發一個獨立軟體供應商社群，透過標準的應用程式介面（APIs, Application Programming Interfaces）開發個人電腦應用，而不用煩惱電腦驅動程式問題。

微軟在過去 20 年的生態基石策略已被界定為整合作業系統（DOS 與 Windows）、程序元件模組（如 OLE, COM, Visual Forms 等），以及工具和整合發展環境（如 Visual Basic, Visual Basic for Applications, and Visual Studio）。作業系統提供中繼站與相關企業可相互連結的基礎，每一家企業只要專注在自己的核心。

　　雖然微軟的影響力地位受到不小爭議，但微軟的諸多行動確實聚焦在強化電腦生態系的健全發展上。微軟升級生態系**生產力**的作法是持續改善它的工具，並聚焦大量資源在發展社群與科技夥伴上。

　　微軟強化生態系**穩健性**的作法則是快速將科技創新整合到平台裡（如可視化計算、網路瀏覽器、網路服務等），並鼓勵科技供應商與應用商的多樣性發展。最後，在**利基創造**上，它設計可延伸的平台到其他多元場域（如媒體、或點對點服務等），並投資在研發提升與基礎建置上，以槓動其他利基企業加入（例如光纖基礎設備）。

　　案例二是台積電。其整合關鍵的軟硬體中繼站、可重複使用的技術元件與工具等。台積電激發快速演化的「IP產業」（積體電路設計社群），並提供製造平台讓設計者可以免去製造麻煩，並且可優化他們的設計。此外，台積電提供豐富的元件資料庫以優化其設計產品（不用付費，這就像是微軟提供COM科技或可視化服務）。最後，台積電和半導體設計商合作並提供產業工具，進階優化其設計以契合台積電製造流程。

　　案例三是沃爾瑪（Wal-Mart）推出「零售連結系統」（Retail Link）提供即時銷售服務給供應商網路。這和微軟建置軟體平台模式類似。零售連結變成一個供應鏈中繼站，可以連結不同製造商系統如Tyson Foods、P&G到零售網路上，而不需要個別聯繫。此外，透過軟硬體整合服務，沃爾瑪賦予其供應鏈上的網路夥伴一個整合系統，較之單一供應體系更能發揮整合效益。直到今天，沃爾瑪仍是許多供應商取得即時零售資訊的重要來源。資訊提供、供應鏈架構的中心化，就能達到營運效率改善、成本降低（因營運到全球其他新興發展國家）。沃爾瑪有效扮演低成本、高效益、與資訊豐富的平台角色，以銷售並建置零售通路。

　　總結來說，基石策略可提供生態系重要服務以增加其生產力、穩定性、與利基創造能力。他們**提高生產力**的方式是將複雜任務簡單化，透過網路參與者的彼此連結可以達到；同時透過第三方以更有效創造新產品。

其次，在**提高網路穩健性**上，他們持續投資並整合新技術創新，並提供可信賴之參考點與介面結構給其他平台參與者。最後，在**提高利基創造**上，他們提供創新科技給多樣化的第三方組織，並投資在新的基礎建置上。

（二）主導策略（Dominator strategies）

和生態基石一般，生態主導者也在形塑生態，只是他們會漸漸接手整個生態系。他們開始在接近的利基場域去除其他種類，然後轉移到其他利基。這種商業生態系的比喻是很清楚的：他們先在自己的市場淘汰掉其他企業，然後再移往其他新市場並扮演主導地位。主導者通常會有害生態系健康，因爲他們降低多樣性、去除競爭者、限制消費選擇，並讓創新窒息。

例如 AT&T、IBM、Digital 在主機板與迷你電腦市場的例子都是。主導性企業都會提供一套足夠的產品與服務，足以讓終端使用者可以執行任務，只留下少許空間可以讓其他企業善用其服務並強化其功能內容。在 1960 年代早期，IBM 提供主機板內的每一項元件，提供每一項服務以有效使用其所購買的產品，例如從記憶體元件到客戶軟體應用；從安裝服務到金融服務等。迪吉多（Digital）同樣如此，它將許多內部元件與服務融入其微型電腦產品服務中。

爲持續發展，主導者必須持續投資內部研發，以確保替代廠商不會提供給他們客戶更好的價格與功能特點。對主導者來說，科技創新是內在必需品，是對抗潛在競爭者的基礎。因此，AT&T 的貝爾實驗室、IBM 的華生研究室（IBM T.J. Watson Research）便由此誕生，以持續創新科技回應潛在競爭對手的突破發展。

隨著時間經過，主導企業會降低生態系的多樣性，並降低其回應外部衝擊的穩健性。因此長期來看，主導性強的生態系可能會被鄰近提供類似功能的生態系取代，尤其如果新的生態系有較健康的結構體質與基石企業的話。例如過去 IBM 的主機生態系與微型電腦生態系，後來就被個人電腦生態系取代。一個人的武林，終究敵不過具有高度整合的集團軍作戰。

　　由此，**基石生態系應較主導生態系來得健康而值得鼓勵**。他們對創新與利基創價的影響，他們較具效益與可持續發展能力，都較主導生態系具有長期發展效益。

　　漸漸會發現，許多主導企業的無效率行為將導致生態系衰敗，如微型電腦、主機、玻璃製作、汽車、硬碟機等。在迷你電腦主機產業，我們看到生態系主要由 IBM 與 DEC 所主導，並未開放平台給第三方企業。他們善用主導的硬體設備（如 IBM 在 1960 年代的 SLT 科技，或 DEC 在 1990 年代初期的 Alpha Chip）與軟體設備如 IBM 的 MVS 與 DEC 的 VMS 作業系統。

　　一旦不同類型的生態結構開始入侵他們的領域，例如個人電腦有更具生產力與創新性的基石結構，則迷你電腦與主機生態系就相繼在 1990 年初期崩壞。在 1990 年間，他們大量被網際網路與個人電腦、伺服器等取代。伺服器的故事和主機很像，他們同樣具有強有力的硬體元件並在電腦網路中扮演中心角色，進而能更有效地促進創新。

（三）利基策略（Niche strategies）

　　利基玩家和生態系裡的成員具有一定的連結程度，他們一開始會被視為是具有關鍵影響力的生態系成員；但事實上，他們其實多位於網路邊陲，積極追求創新機會，創新產品與服務。這些位處「**剃刀邊陲企業**」（edge firms）能促進生態系的健康，因為他們就是有意義多樣化的代表。

　　利基型企業代表如 NVIDIA 在半導體設計領域，Quicken 在軟體應用領域等。這兩家企業都是穩健型玩家，並在產業中有清楚定位，例如繪圖加速設計與個人計算軟體。利基玩家的基礎優勢就是**聚焦**。他們聚焦在善用生態基石所提供之服務，並聚焦在取得商業與科技能力以有助於其利基策略。如果 Quicken 將它的資源運用在磁碟壓縮或 TCP/IP 的執行上（這是微軟所關注的），或 Mobilian 把錢拿去投資在半導體製造設備上（如台積電所為），那就是發瘋的作法。相反的，他們的優勢乃奠定在建構與

孕育其獨特的利基能力上。且只要他們獨特的利基持續存在，策略就會成功，且利基就能持續創造獨特性與獲利性。

所以要規劃利基策略有以下步驟。第一步，**必須先分析企業生態系與基石玩家的特質**。有堅實的基石玩家存在嗎？有多種基石玩家在競爭同樣的角色嗎？企業應該連結多少個基石玩家？利基策略因此必須在風險與生產力之間做出權衡。若從經濟效益來看，基石玩家似乎應該聚焦在單一平台上；但因為基石生態系仍有可能會崩壞，因此利基玩家可能仍需要分散投資在不同的中繼連結上。

第二步利基策略則是在生態系中**選定一個真正很不同的利基，且能持續維持很長一段時間**。在 1990 年代晚期，一個典型失誤就是選擇投資的利基玩家無法維繫長久生存之道。例如像是網路日曆或是網路型的邀約服務（evite.com, mambo.com）。無可避免的，這些新玩家會被現有企業所併購。

新的生態系利基玩家必須有足夠獨特的技術與能力，以讓其聚焦策略取得一定正當性，例如像是個人財務計算或客戶關係管理軟體等。這些策略維持了好幾年，並促進大型企業成長。而利基企業的獨特優勢也能抵擋來自主導型或基石型企業的擴張。Quicken 就是能有效阻擋微軟進攻的企業。

對利基企業來說，相當關鍵的是其善用工具、技術、標準以提供服務給一個或更多個基石企業的能力。例如 NVIDA 就能善用其設計家（Artisan）所大量製造的晶片設計資料庫，並提供給台積電等公司。它也依賴台積電、微軟的 Direct3D、SGI 的 OpenGL API 的標準與標準測試流程，並外包其晶圓製造的繪圖單元給台積電。這讓 NVIDA 可以專注聚焦在晶片設計上，並且成為台積電不可或缺的晶片圖庫。誠如台積電董事長張忠謀所言：「客戶可以在不須人力介入下，取得所需科技資料。90%以上可以直接找到資料而不需要人力協助。」

利基型玩家會聚焦在特定專業領域，並善用其解決方案在不同領域，以提高其生產力與效率。這有幾點重要意涵。

首先，利基型玩家必須能展延（extensions）到相關網路領域，這也挑戰利基玩家的「匿名性」與「粒度」（granularity）。也因此，許多人會發現所謂利基企業往往是隱密的（cryptic），他們對生態系具有廣泛而重要的影響力。

此外，利基玩家最終可能會發現他們**會與生態基石衝突**。若利基企業無法主動推進到生態系中的關鍵領域，最終他們就會遭生態基石步步進逼。

最後，利基企業可以成為**其他生態系的關鍵基石**。例如 NVIDIA 雖然是台積電生態系中的利基企業，但它的核心繪圖技術（GPUs, Graphics Processing Units）卻提供個人電腦、遊戲廠商重要的晶片繪製能力，而融入到這些創新技術的中央處理器中，成為生態基石的重要環節。

根據 Forbes 調查，微軟支付約 30 美元給每部 Xbox 裡的 Intel Pentium III 晶片，但卻支付 55 美元給 NVIDIA 晶片。NVIDIA 提出許多支援行動以強化其平台元件能力。例如它推出的 Select Builder Program，提供行銷、銷售與技術支援與相關應用工具，並舉辦一系列工作坊等，就讓相關企業能快速運用 NVIDIA 的軟體服務與平台運用。又如 NVIDIA 推出高階 C 語言的 Cg，就大幅提高速度，並增加繪圖晶片的複雜度與特性，進而對 CPU 帶來持續創新變革。總結來說，「連續性的槓桿運用」（serial leveraging）是利基企業的重要特質。

本章參考文獻

Baldwin, C. Y., & Clark, K. B. 2000. *Design Rules: the Power of Modularity*. Cambridge, MA: MIT Press.

Christensen, C. M., & Rosenbloom, R. S. 1995. Explaining the attacker's advantage: Technological paradigms, organizational dynamics, and the value network. *Research Policy*, 24(2): 233-257.

Clark, K. B., & Fujimoto, T. 1990. The power of product integrity. *Harvard Business Review*, 68(6): 107-118.

Gawer, A., & Cusumano, M. 2002. *Platform Leadership: How Intel, Microsoft, and Cisco Drive Industry Innovation*: Harvard Business Press.

Gilbert, L. E. 1980. 2. Food web organization and conservation of neotropical diversity. *2. Food Web Organization and Conservation of Neotropical Diversity.*: 11-33.

Hamel, G., & Prahalad, C. K. 1994. *Competing for the Future*. Boston, MA: Harvard Business School Press.

Hayes, R. H., & Wheelwright, S. C. 1984. *Restoring Our Competitive Edge: Competing Through Manufacturing*. New York: Wiley.

Howe, H. F. 1984. Implications of seed dispersal by animals for tropical reserve management. *Biological Conservation*, 30(3): 261-281.

Iansiti, M., & Levien, R. 2004. Keystones and dominators: Framing operating and technology strategy in a business ecosystem. *Harvard Business School, Boston*(03-061): 1-82.

Jacobides, M. G., Cennamo, C., & Gawer, A. (2018). Towards a theory of ecosystems. *Strategic Management Journal, 39*(8), 2255-2276

Mills, L. S., Soulé, M. E., & Doak, D. F. 1993. The keystone-species concept in ecology and conservation. *BioScience*, 43(4): 219-224.

Narayanan, V., & Raman, A. 2004. Aligning incentives in supply chains. *Harvard Business Review*, 82(11): 94-103.

Paine, R. T. 1966. Food web complexity and species diversity. *The American Naturalist*, 100(910): 65-75.

Power, M. E., Tilman, D., Estes, J. A., Menge, B. A., Bond, W. J., Mills, L. S., Daily, G., Castilla, J. C., Lubchenco, J., & Paine, R. T. 1996. Challenges in the quest for keystones: identifying keystone species is difficult-but essential to understanding how loss of species will affect ecosystems. *BioScience*, 46(8): 609-620.

Richardson, D. M., Allsopp, N., D'antonio, C. M., Milton, S. J., & Rejmánek, M. 2000. Plant invasions-the role of mutualisms. *Biological Reviews*, 75(1): 65-93.

Shapiro, C., & Varian, H. R. 1999. The art of standards war. *California Management Review*, 41(2): 8-32.

Skinner, B. F. 1959. *Cumulative Record.*: Appleton-Century-Crofts.

Teece, D. J. (2007). Explicating dynamic capabilities: the nature and microfoundations of (sustainable) enterprise performance. *Strategic Management Journal, 28*(13), 1319-1350.

von Hippel, E. 1987. Cooperation between rivals: Informal know-how trading. *Research Policy*, 16: 291-302.

第十四章　電動車：隱形冠軍，基石永固

「我為人人，人人為我。」

（The business model perspective requires the focal firm to create value for all stakeholder groups and capture value for itself.）

Claire Weiller & Andy Neely (2013)

————

本章將先介紹國外研究電動車商模生態系的比較性個案研究，兩位學者 Claire Weiller & Andy Neely 在 2013 年 6 月發表距今已有一段時間，但對於我們理解電動車的商模建構提供一定基礎（Weiller & Neely, 2013）。接著再介紹國內目前電動車市場在商模生態系的可能發展。

一、個案一：國外版的生態系建構

（一）電動車的價值鏈

電動車的價值鏈主要包括以下部分：一是汽車製造商（OEM Carco）、二是電池廠商（battery）、三是能源設備（energy, utility）、四是充電基礎建設廠商（charging infrastructure）、五是資訊與能源管理（data & energy management）。

作者選擇四個代表性案例，二個是充電與基礎建設廠商，美國的 Swapping 和日本的 Fast Charging（簡稱 FC Co.）；二個是新的移動服務設備公司（Mobility-as-a-service），一是挪威公司，一是法國公司。

電動車的主要成分是電池（battery）、車體（vehicle）、與電子（electricity as a fuel）。一般而言，電子成本會逐年降低，因消費性電子本身就有標準化與商品化的降價特性。電子成本約是燃油的四分之一。先說明四個個案特色。

表：國外四家電動車之商模策略

公司名稱	起源	生態系功能	商業模式策略	市場出現
Swapping	加州	充電基礎建設服務	電池交換，領導廠商 platform leadership	美國，地區
Fast Charging	日本	電子供應與充電服務 Electricity supply and charging service	快充，科技領導廠商	國家
EV Sharing1	挪威	Mobility-as-a-service	B2B 汽車共享，夥伴關係	都會區
EV Sharing2	法國	Mobility-as-a-service	公共汽車共享，垂直整合	都會區

1. 個案一：Swapping

核心商業模式是「買車租電池＋月訂閱費取得充電服務」。創辦於 2007 年的 Swapping，特別提出「以租代買」和充電付費的商業模式，這可以有效降低消費者的電池成本，並且將電池價格調降的曝險成本轉移到該公司，而不是在消費者身上。五分鐘內可以取得新充電池服務，是長途旅程的有效解決方案，不用充電很久即可使用。原則上並未巨幅改變使用者行為。

缺點是電池設計與汽車設計必須標準化，才能快速地自動交換電池。故 Swapping 這家電池交換公司必須要設法套牢使用者與合作夥伴，才能扮演好企業平台角色（Amaral, Anderson Jr, & Parker, 2011）。若能形成統一標準規格，將會在充電網路生態中，自然形成壟斷，但也會由此降低生態創新性。尤其這類充電基礎建設屬於「重資產策略」，需要一定的資本投資。

Swapping 的商業模式訴求是「聰明科技應該用在有效充電，而非駕駛的價值定位上」；但顯然這樣的商模思維並不強調駕駛的價值定位，有些可惜。因為若從電動車的設計核心來看，汽車定位與辨識服務（position

& identification）應該正是在充電以外的關鍵需求。

Swapping取得10億美元的天使投資，但仍無法取信其他生態系成員，如汽車製造商需設計統一充電規格標準。不過Swapping在充電設備的基礎建設，用來提供電動車主即時快速的充電交換服務，卻取得以色列、丹麥等小型都會型國家的簽約合作，並計畫導入以降低石油成本。由此可見，若從國家主導角色來看，也許Swapping強調充電規格標準化的基礎建設，仍有一定市場。

2. 個案二：FC Co. 日本快充

商業模式主要是強調10分鐘內快速充電，可跑50公里。日本快充（FC Co.）邀集汽車製造商、設備製造商、資訊公司籌組合作聯盟，共同研發電動車充電標準，希望形成主流設計（Suarez & Utterback, 1995），不過消費者仍要負擔電動車的購置與充電成本。商業模式不特別清楚，加上其他快充標準出爐，而有被替代的危機。

日本快充的優勢在於善用合作夥伴資源，商業模式具高度彈性；且須佐以智慧優化管理系統（smart grid technology），當充電需求激增時，必須透過電動車資訊引導適切的充電地點，以達即時快充目的。

3. 個案三：挪威的移動服務（Serve Co1.）：Th!nk2007年創辦

Serve Co1.的商業模式主要是「租車模式」，服務內容包括以下三者：維修服務（RMO）、線上登錄系統（online booking system）、與充電需求管理（charging demand management）。費用計算乃是月訂閱費加上使用時間費，以用電帳單為主。

挪威移動服務主要與在地知名企業如Statkraft、挪威電信（Norway Utility）、地產開發商、奧斯陸大學（Oslo）等合作，並且向Mitsubishi、Nissan等購買電動車。整個商業模式是相對分散的，包括汽車製造的風險、電子供應風險、充電基礎建置風險等。

不過這類服務較之其他都會型共享汽車如 Car Sharing 與 Car Leasing 等，並未見特殊創新性。較特別的是 Serve Co1. 用資訊科技服務有效改善客戶體驗，並優化派遣與充電服務系統。一般租車人不需要百分之百充飽電，而是依照行車距離決定充電量。

4. 個案四：法國 Serve Co2. 公私合營模式

Serve Co2. 主要整合電池科技、電動車、充電站、與電子再充的能源管理系統。在地政府並投入先期投資，每個充電站約需 5 萬歐元。2011 年在巴黎約有 5 萬名使用者，其中 2 萬名是定期客戶。

在收費部分，主要是固定費用加上使用費用，每 30 分鐘收費 5 歐元。在巴黎約有 2,000 台電動車，750 個停車站。商業模式設計乃在降低前端購車成本，包括電動車、電池與電力收費。

這類電動車服務以都會型交通服務為主，不適合長程旅遊；定位在與其他交通工具之互補而非相互替代關係。對消費者的行為改變與服務模式的創新設計上取得較高成就。長期目標則是建構電動車共享服務，由簡化定價與提供創新服務著手，目標是每年收取固定收費。

它為都會開車族創造的優勢在於電子資訊收費（ICT）與能源系統建置。前者可優化派遣系統，後者可有效調節能源使用，滿足終端使用者需求。這項計畫除公私合營的汽車服務公司外，還要加上在地經銷網絡才能成就。以下進階討論電動車的生態系內涵與商模特色。

二、電動車的生態系建構

（一）生態圈定位

首先，電動車生態系的參與者要清楚自己的價值定位，因為現在不是銷售一部汽車那麼簡單，而是要整合一部電動車到整個生態系統裡。參與者要清楚自己在整個生態系中所扮演的功能角色，提供給消費者的價值內涵。相較於過去商業模式理論探討價值定位，乃由生產者對消費者之價

值內涵定位自己（Chesbrough & Rosenbloom, 2002），生態系觀點乃是參與者對整個生態體系的價值地位。現在是整個生態系的服務對消費者有價值，而非任何單一生產者的功能就能完整賦予消費者價值。

例如加州電動車汽車廠 Swapping 就必須進行垂直整合，它正進入供應鏈下游的能源服務，並提供免費太陽能電池給快充站。此外，這些 OEM 汽車廠也開始體會使用者對終端產品感受的重要性，並開始設計移動服務。電動車正在模糊汽車產業與電子產業的領域疆界，更重要的是，「電動車正迫使汽車製造商與電信公司開始彼此對話，這是過去未曾出現的，而且相當具有挑戰。」

參與和合作對形塑電動車生態系的初期階段具有重要性。在個案一中，Swapping 的電池交換服務雖然讓消費者免於暴露在電價費用波動中，且有相當充沛的基礎充電系統；但是卻未能邀請到足夠的汽車製造商投入電池交換系統中。此外，不論是汽車製造商或是消費者應該都不想被鎖定在特定的充電系統中，這也印證了所謂相互轉換性（interoperability）與開放標準（open standards）對生態系在早期形塑過程中的重要性（Chesbrough, 2007）。

因此，企業在形塑電動車的商模生態系時，應該尋求供應商、客戶與潛在合作對象的意見，以了解他們的需求並共同發展商模生態系。這呼應學者倡議：核心企業（focal firm）應該為所有利害關係人創造價值，進而能為自己取得價值（Sosna, Trevinyo-Rodríguez, & Velamuri, 2010）。

此外，**跨產業的合作關係與夥伴建構**，在商模生態系中也有其重要性。例如在電動車這類複雜的生態系就必須由聯盟建構觀點，跳脫以往汽車產業的商業模式。例如日本的 FC-Co 就邀請不同產業者加入電動車生態系，包括電子設備、汽車製造商、充電基本設備商、與商業模式解決方案，由跨域聯盟建構快充服務。

雖然日本的 FC-Co 和美國的 Swapping 都在設計充電站的主導標準，

但兩者卻在籌組合作聯盟的過程有極大差異。FC-Co 在電動車服務建構初始，就積極簽訂合作夥伴，而非僅是拿下投資人與創投資金。此外，FC-Co 也由取得政府支持中獲益，它取得國家電力公司支持，這和加州 Swapping 站在政府對面的作法極為不同。有關取得政府支持的電動車商模生態系是另一個重要議題，可留待以後討論。而另一個重要議題是電動車生態系必須持續追蹤智慧充電解決方案與智慧型手機的升級更新上，因為這些都會影響電動車的產業面貌。

（二）朝服務型商業模式發展

電動車的創新商模呈現不同程度的服務化商模創新。傳統上，汽車銷售僅是銷售產品，經銷商取得一次性的汽車銷售收入。即使是提供汽車分期服務，也僅是汽車銷售收入的變形；其他附加服務如保險、加油、維修等，可能由其他企業提供相關服務。

但電動車卻是完全不同的邏輯。在充電網路中（Charging service network）或是在終端使用者的服務層級中，電動車均轉換銷售模式為服務模式。

例如部分服務化的電動運輸模式，顧客購買並擁有電動車與電池，但由充電站網路中取得特定充電服務。網路服務公司可以提供客戶辨識系統，以寄發充電單據並取得網路連結；其他在電動車、智慧型裝置、與線上能源管理帳戶的互動服務等。

充電網路服務可以扮演資訊中心站角色，協助消費者作出「智慧的」決定，包括在哪裡、在何時充電等。資訊中心站的服務內容包括能源價格、即時可得的充電站據點、停車場、與控制設備等。充電網路營運商可以提供一致的充電服務，方便消費者在家、在工作地點、在公共場所等地完成充電。電力公司要構想的是每個電動車的「充電取價方案」，包括公共充電服務等。

電動車由產品思維朝服務思維轉軌的重要原因之一，乃是考量消費者

的不同風險。例如在 ServCo 1, 2 與 Swapping 將更多電池風險由使用者轉移到電動車服務提供者身上，包括電池的耗廢淘汰、基礎建設風險、與有限的駕駛範圍等。

第二個原因則是價值主張更聚焦在使用者的最終汽車使用效益與他們所渴望的結果上。以下幾個使用者訪談資料更能呈現他們渴望的是「移動服務」而非汽車：

1. 代表身分地位象徵的物品，已由汽車轉移到高科技產品如智慧型手機、平板等。

2. 溝通中斷效果（communication interruption effect）。汽車駕駛常會中斷其他上網或通訊等工作內容，因此許多日本年輕人就表示，他們寧可當乘客也不要當駕駛，以避免出現「離線」現象。不過已有越來越多汽車將智慧裝置功能整合到電動車系統中。

3. 個人生活方式改變。人們不再需要或不再負擔得起買車，年輕人和父母同住到熟齡，住在城市中，或較晚經濟自主。

4. 專業生活型態改變。例如越來越多在家工作型態，也降低汽車使用量。

這兩種商業模式重新塑造電動車、電池、充電站、能源供應與使用者的關係。ServCo 2 包含電動車與電池製造，而 ServCo 1 則是由汽車廠租用電動車。兩家電動車商都提供特定服務，包括維修與保險服務等。

這四個案例都預見電動車分享與分租的服務模式，只是其市場仍有一定局限。此外，要改變消費者行為也並不容易。即使電動車的成本節約、效率、與最適化的商業模式看似深具前景，但多數使用者在情感上仍傾向購買一部車，而非使用移動服務。

過去學者在評估電動車的產品服務結構時就曾區辨所謂「完全產品模式」到「完全服務模式」間的類型化差異（Kley, Lerch, & Dallinger,

2011）。在完全自購汽車與完全電子化運輸之間，就有汽車共享、出租等以使用者爲中心的創新服務提案。而計程車服務則是完全服務模式。在每一種模式中，不同參與者就必須提出差異化的服務與商模設計。

（三）競爭與共存之商業模式

電動車不但和現有燃油汽車競爭，也和生質能源、液化天然氣等汽車，或是其他鐵路與公車等大衆運輸工具競爭。本文不在討論電動車的競爭優勢，而在探討其獨特的商業模式並存機制。誠如一位美國加州電動車的共同創辦人所言：「**他們有雙重角色，一是創造電動車產業，一是創造競爭優勢。**」

在電動車的創新生態系中，案例一與案例二凸顯在電動車充電基礎系統的競爭商模類型。快速充電與電池交換，能否並存呢？一種標準是否會超越其他標準呢？充電式的服務網路商模，是否能與純硬體與基礎建設型的商模共存呢？

在中國大陸，私有電動車的快充站模式與計程車或車隊的電池交換模式就是並存而立。但若從資本支出考量，投資兩種電動車系統，其實最終仍需作出選擇。

一家汽車製造商認爲提高電動車銷量的基礎，是提出互補性的商業模式。例如電動車可作爲日常市區內的運輸工具，但若週末長途駕駛需求則可優先取得傳統汽車的租用權。許多使用者也認爲，電動車應會逐漸取代傳統汽車市場，而非破壞式的創新變革。

若從充電站的服務效益來看，一定規模的電動車市場有其必要性。此外，電動車電池的次級流通市場，如電池的儲存、再生充電管理、智慧充電或節電服務等，都是在電動車市場成長到一定規模後的經濟效益。

三、個案二：國內版的基石型企業之一，朋程科技

相較於國外主要城市已開始建構電動車的商模生態系，台灣目前則處於電動巴士的建構階段，由政府推動城市交通的電動化，屬於小規模實驗階段，也是國內電動車廠商練兵的最佳時機，平均每年僅有 200 ～ 500 台 250 瓦（kw）動力系統巴士。國內專家指出，電動車「三電」，即電池、馬達、電控系統的國產化是現階段的重要任務。不過事實上，在全球電動車市場中，台灣已有隱形冠軍，朋程科技投入電動車的創新研發，積極扮演電動車產業中的基石角色（keystone），可以彈性遊走於不同國家品牌的電動車架構設計中。以下先說明電動車的三電內容，再說明朋程科技的基石角色。

（一）電動車的三電價值

台灣目前正積極推動電動車核心「三電」的國產化。電池，主要有新普科技，原本是做 3C（Computing, Communication, Consumer Electronics）電池，近年則開始朝電動交通車（Car）的電池模組開發邁進。另一家是 AES-KY，原是做電動腳踏車，近年則轉型朝電動車電池開發。

傳統上，電池主要掌握在國際大廠手裡，如日本 Panasonic、南韓 LG、寧德電子等。但在國產自銷的大力推動下，台灣則開始出現轉型契機，而有從 3C 電子與電動腳踏車等跨業經營風潮。

其次是馬達。包括國內知名的東元、大同等公司，正積極朝電動馬達研發，初期以巴士馬達為主，如東元以 200 ～ 220kw 動力馬達研發，大同則是 250kw 動力馬達。至於台達電則積極投入商用電動車的馬達研發，約是 80 ～ 150kw。

三是電控系統。主要有逆變器、驅動器、充電器、電樁等。其中國際知名隱形冠軍朋程科技就專注在驅動控制器研發。

「三電」占電動車比重是電池占 35 ～ 50%，馬達占 15%，電控系統

占 15%。

在全球市場規模中，電動巴士僅有 1.6 萬台（截至 2021 年 3 月統計），商用電動車市場規模較大，一年約有 4,000 萬台，但競爭者也多。許多傳統汽車品牌如日本豐田、德國 BMW、飛雅特克萊斯勒（FCA）等，相繼投入電動車研發，而國內如台達電或鴻海籌組電動車聯盟則以整合性電控系統等爭取國際商用汽車大廠訂單。台灣目前投入電動巴士的廠商有創奕能源、成運汽車、華德動能科技、凱勝科技、唐榮車輛科技、鴻華先進科技等。

（二）朋程科技的基石策略

相較於國內代工大廠開始籌組聯盟以加入國際汽車大廠的電動車研發，國內知名隱形冠軍朋程科技則持續專注在關鍵元件的角色扮演。朋程科技創辦人盧明光指出，朋程一開始就跳脫傳統 3C 電子的半導體研發，而投入汽車半導體的高階市場研發，「汽車半導體是最難的！不過一旦建構專業能力，也就構築難以模仿替代的進入障礙！」

過去汽車半導體主要大廠有德國 BOSCH（10%）、日本 Sanken、Hitachi（合計市占率約 35%）、Mitsubishi（市占率約 8%）等，但朋程科技卻逐漸後來居上，在 2020 年間取得 53% 全球市占率，估計五年後市占率將達 70% 以上。朋程以高品質、高服務、低成本取得客戶信任，而成爲全球知名發電機廠如美國瓦萊羅能源公司 Valero、全球第三大汽車零件廠 Denso、知名車廠 Bosch、Melco、BCI、Continental 等企業的合作廠商。但近年來，朋程一邊穩定提高傳統汽車市場的市占率，一邊朝電動車研發轉型，以有效回應全球汽車市場的結構性變化。

朋程科技專注於傳統汽車的內燃機整流器（將交流電轉爲直流電，並儲存在電瓶），在全球市場占有率達 53%，目前在整流器核心技術上有三種規格，一是 Pres fit Diode，車用領域廣泛應用的二極體產品，售價約 0.28 美元，效能達 64%～ 68%。二是高效二極體 LLD（低耗能、高效率、

節省油耗約 3%），爲 0.8 ～ 0.85 美元，效能達 72% ～ 76%。三是超高
效二極體 ULLD，每單位 2.0 美元，效能達 80% ～ 84%。對朋程來說，
持續升級其內燃機整流器技術，有其必要，以持續擴展傳統汽車市場市占
率。

不過隨著全球電動車市場崛起，朋程也開始回應變革。主要研發重點
是以電動車驅動控制器中的功率模組封裝技術（IGBT Module, Insulated
Gate Bipolar Transistor）的材料，屬於半導體控制零件的重要材料。其次
是金屬氧化半導體場效電晶體（MOSEFT）。朋程科技董事長盧明光另一
家投資企業環球晶的矽晶圓就專注在矽材料 si-mos-fact 上（另外有 SiC,
Silicon Carbide，碳化矽），成爲電控系統中，驅動控制器的重要成分。

換句話說，在電動車「三電」中主打電控系統的關鍵元件，包括矽晶
圓與 IGBT 的材料開發，才是朋程科技切入電動車研發的重要利基。它不
限於特定廠商，反而能依據大型電動巴士或商用電動車需要而彈性研發。

總結來說，朋程科技以台灣在全球半導體晶片市場的領先研發能力，
朝兩條基石策略（keystone strategy）邁進。策略一是傳統汽車內燃機市
場的持續創新研發，一邊拓展市占率，一邊由先端研發提高售價與效率。
目標是提高傳統汽車市占率到 70% 以上。策略二是朝電動車市場研發，
包括電動車與油電混合車的驅動控制器組件材料。

從這個角度來看，台灣企業或政府雖還未能有效自主建構電動車的生
態體系，但卻有機會成爲全球玩家，以技術研發專業加入全球電動車的各
個生態體系中，「矽晶圓 Inside!」正是台灣參與全球電動車市場的重要
策略。

四、個案三：國內版的基石型企業之二，雷虎科技

2021 年 6 月，雷虎科技宣布將與嘉義特斯拉（Tesla）充電站業者的
水牛厝公司簽訂合作意向書，準備搶攻台灣電動車充電站服務商機。雙方

規劃成立合資公司，初步先在大嘉義地區設立首處複合型大型「超級充電站」，提供彼此的技術、人才、資源及管理團隊，預定 2022 年上半年完工啓用。雷虎科技也另外與飛宏科技合作，準備加碼設置「非 Tesla」電動車超級充電站，以服務日系及歐系電動車，擴大電動車商機。

雷虎科技是國內知名電動無人載具大廠，這家公司跨業投資已非頭一遭。最特別的是，雷虎科技常能透過合資或技術合作等模式，切入特定產業生態系中。以下介紹雷虎科技創立背景，以及其在無人載具上的創新作爲，包括技術創新與商業模式創新。

（一）個案背景簡介

雷虎科技創辦人賴春霖，因對模型飛機有高度熱忱，於 1974 年開設雷虎科學模型專賣店，從線控模型飛機做起。在 1979 年則將模型專賣店轉爲雷虎模型有限公司。開始投入遙控模型的開模、模型引擎的生產與製造，並應用於陸、海、空領域，發展出一系列遙控商品，從飛機、車子再到船，並以遙控直升機爲主力商品。起初，雷虎替國際遙控汽車模型大廠 Associated Electrics 進行代工生產（OEM）及代工設計（ODM），以此習得廠商技術。

遙控直升機的核心技術乃是遙控器、接收機、陀螺儀。遙控是一種遠程控制技術，使用者可透過遙控器下達命令，操縱直升機飛行。接收機屬於通訊技術，用以接收從遙控器發射出的無線電信號，執行使用者所下達的指令。陀螺儀則是感測直升機姿態與加速度之技術，藉此控制直升機的平衡。當時，此三項核心技術並不爲雷虎所掌握，反由日本、歐美企業所領導，且遙控模型市場主要由美國、德國、日本領先全球，規模龐大。

儘管雷虎並未擁有核心技術，卻擁有高度技術整合能力與結構能力。將遙控器、接收機、陀螺儀搭配電池、伺服機、馬達或自產引擎及其他遙控設備等，再加上適切的結構，遙控直升機因而誕生。

　　「例如腳踏車的核心技術變速器，可能在日本廠商手裡，但我們卻可以有效整合車架、輪胎、車手把等，做到結構創新與成本優化。不過這也成為台灣廠商的宿命。」

　　1985 年雷虎導入精密加工設備，進行全面自動化，以提升引擎生產力。在 1986 年，雷虎已擁有 36 家國際經銷商，營業額逐漸提升，雷虎因此成立研發團隊，欲發展模型飛機的重要技術。在代工之餘，一邊研發模型動力技術。遙控直升機的動力系統有二種，分別是馬達和引擎。由於當時技術演進著重於引擎的研究，因此投入引擎製造。1990 年代中期，雷虎與工研院航太中心合作，共同開發引擎技術，將小型渦輪噴射引擎應用於遙控直升機上，從此掌握遙控直升機引擎的關鍵技術。在 1995 年時，更獲 ISO 9001 國際認證（後轉版為 ISO 2000），成為當時全球遙控模型產業中，唯一獲此認證的模型引擎生產廠商。1997 年正式將公司名稱變更為雷虎科技股份有限公司。自 2000 年後，雷虎科技從代工廠商成功轉型為自有品牌廠商，並以 Thunder Tiger 問世，取得市場優勢。

　　「從 1985 年到 1997 年，雷虎遙控飛機從 1 個月銷售 200 台，到 1 個月賣出 9,000 台，市場胃納量足足增加 45 倍！」曾任職雷虎科技試飛員的李文慶表示。

　　雷虎科技 2003 年營業額高達 6 億，2005 年市占率世界排名第三，連現在無人機龍頭，大疆創辦人汪滔，都曾是雷虎的用戶。在 2007 年為全球第一家上市的遙控模型公司，於同年併購全球第一大遙控模型機品牌 Associated Electrics，成為全球無線電遙控模型前 5 大企業。但雷虎科技在上市後卻開始面臨市場萎縮困境。

　　遙控飛機屬於小眾產品，目標客群多半集中於 20 ～ 30 歲的男性。2007 年，各式科技躍進，如 iPhone 問世、Facebook 對外開放、平台相繼出現等，獲得大眾關注而成為替代性娛樂商品，消費者願意花在遙控飛機的時間逐漸減少。其次，成立於 2006 年的大疆崛起，推出與智慧型手持

裝置結合、具航拍功能的多軸機，瓜分遙控飛機市場，取代雷虎在消費者心中的地位。

「起初雷虎科技也曾投入消費型無人機開發，然而只停留在半成品階段，沒能繼續設計出全機，最後選擇放棄，將消費型市場拱手讓給大疆。」天空飛行科技創辦人李文慶直言。

種種困境讓雷虎科技開始亟思轉型之道。以下說明雷虎科技在轉型過程中，於技術創新與商業模式的轉變。

1. **轉型一：牙科手機（Dental Handpiece）**

(1) 技術創新：高轉速渦輪噴射引擎＋結構工程等

噴射引擎是雷虎科技的一項關鍵技術。渦輪噴射引擎的前端為大型渦輪風扇，透過中心軸連接增壓器與後半座渦輪葉片，兩者之間有一燃燒室，整體由外殼所包覆。當渦輪噴射引擎運作時，空氣會由渦輪風扇吸入而壓縮，部分空氣會導入燃燒室，並注入燃料與加壓空氣，混和成燃燒噴射，經由後壓縮機與噴嘴後噴射，形成動力。引擎本身必須具備高轉速、耐高溫等特性，因此精密加工技術更顯重要。雷虎科技便是運用其深厚的CNC（Computer Numerical Control）精密加工技術生產、製造渦輪噴射引擎。透過將所需要的零件格式數值輸入系統，以電腦扮演整合性角色，傳遞精確指令，以進行自動加工技術。

意識到自身的困境，賴春霖開始尋求轉型，藉由參加各式展覽中，思考如何將雷虎科技的技術應用於其他產業。因在牙科門診中，與牙醫朋友提及轉型的困難，友人建議他去做一套幾萬元的牙科手機，那時華人做的產品多不及格。賴春霖在研究牙科手機後，發現遙控模型的核心技術，可應用於牙科手機的製造上。

「高轉速零件的加工技術，可以將零件加工至很小很小。引擎屬於高轉速，且有渦輪，可以將渦輪的加工技術移植到牙科手機上。」雷虎科技

協理楊富森說明。

　　遙控直升機所應用的渦輪噴射引擎，每分鐘需約 20 ～ 30 萬轉速度，牙科手機卻需要高達每分鐘 40 萬轉速度。此外，牙科手機因轉速高，顧及病人安全，只能噴出空氣與水氣，故需具備耐熱、降噪特性。牙科手機運轉時，不得超過人體體感溫度，且聲音不得高於 70 分貝。再者，牙科手機的前頭屬於快拆結構耗材，因磨損而經常替換，必須與牙科手機精確密合。故雷虎必須強化精密加工的技術整合，以提高產品安全性。雷虎科技為此從德國進口高精密加工機台，此機台多運用於國防工業，屬於管制品，價值更高達 75 萬美元，以添置優質設備加速技術升級，致使雷虎科技可加工直徑 0.3mm 至 250mm 的可加工金屬材料，最大長度 3,000mm，並且達到 0.5μ 標準，以提供高度精準零件。

　　「十年來，我們一直在做加工技術的精進，因為它非常精密，如果稍有摩擦就會產生熱和噪音，都是不被允許的。」

　　楊富森協理以「十年磨一劍」來描述雷虎科技投入牙科手機的創新研發。2001 年，雷虎開始投入牙科用醫療機械領域，2005 年開發出首支 40 萬轉速、高於市售產品的牙科手機。尤其，雷虎科技善用結構技術與整合技術，有效降低牙科手機的研發量產成本，較歐美廠商便宜 30% 以上。長達十年以上的研發投入，正是合作夥伴測試雷虎創新能耐的關鍵時刻。2016 年間，雷虎在牙科手機領域開始獲利。

　　「在考量牙科手機時，效率非常重要，也就是轉的速度要夠快，這樣治療時間才能縮短。對我們來說切削力強，效率就好。」牙科老闆表示切削力對他們的重要性，而轉速則是影響切削力的關鍵。故致力於提高牙科轉速的雷虎科技正在為牙醫解決痛點。

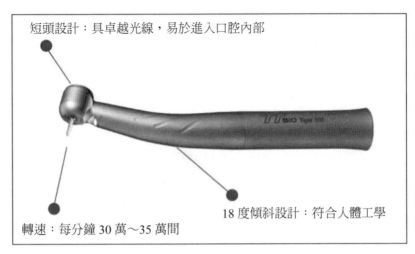

短頭設計：具卓越光線，易於進入口腔內部

18 度傾斜設計：符合人體工學

轉速：每分鐘 30 萬～35 萬間

雷虎科技牙科手機 Tiger500
資料來源：雷虎科技官方網站

(2) 商模創新：專業牙醫設備服務

牙鑽技術的突破創新，讓雷虎科技開始在醫療設備市場找到專屬利基。然而，醫療器材產業是一較為封閉的市場，必須有品牌、有認證，才有機會打入供應鏈，在醫療器材市場龐大的美國尤為如此。起初因沒有通路而難以繼續，即便如此，雷虎科技仍致力於牙鑽技術的耕耘，而創辦人賴春霖仍每隔半年就到國外參加醫療設備用品展覽會，吸收新知，同時尋求合作契機。

2006 年，雷虎科技赴上海參展時，獲得全球第二大牙科設備供應商，奧地利 W&H Dentalwerk 認可。經雙方協商後，達成策略聯盟協議，由 W&H 提供技術，協助雷虎科技發展牙科手機的自有品牌；而雷虎科技則為 W&H 的品牌產品專業代工。除外，雙方仍決議合資，在大陸設立行銷公司，負責代理銷售雙方品牌的牙科醫療器材產品。

儘管已受到 W&H 青睞，雷虎科技仍持續參與醫療器材相關展覽，尋求其他外部合作可能性。在 2010 年，美國知名的牙科醫療器材企業漢瑞祥（Henry Schein, Inc.）決定與雷虎科技策略聯盟，雙方在 2011 年正式

合作，雷虎科技將自有品牌 TTBIO 授權給漢瑞祥。在 2013 年，雙方協議與漢瑞祥子公司 B.A. International 成立雷祥生技公司，雷虎科技持有 49% 股權，漢瑞祥持有 51% 股權。雷虎科技透過與牙科醫療器材的知名供應商、通路商合作，掌握重要的牙鑽手機商機，包括以下數者。

一是美國聯邦食品藥品管理局（FDA, Food and Drug Administration）認證。FDA 在醫療領域的審核上，是國際權威機構，有專門部門負責醫療器材等相關項目審核，其中包含工廠的品管認證、產品人體實驗等臨床認證，相當於藥品上市前的專業臨床認證程序。雖上述兩間合作企業，在認證上並未給予直接性幫助，都必須由雷虎科技實際投入，掌握認證細節，然雷虎科技卻為取得與大廠的合作機會，發現 FDA 認證是進入牙科醫療器材領域的門票，掌握關鍵技術對雷虎科技而言是不夠的。

「要通過 FDA 認證相當困難，工廠需要認證，產品更需要經過人體試驗，要按照認證流程一步步來，需耗費好幾年時間。通過認證，代表我們有能力承接這樣的技術。」

二是牙科手機及相關產品的技術交流。儘管將自身核心技術成功應用於牙科手機上，雷虎科技於醫療器械領域仍非專業。楊富森協理直言，W&H 屬於產品技術型企業，透過合作可間接學習醫療器械相關技術，於每次接單、解構設計圖、進行器材製造，都有助於技術提升。與漢瑞祥合作也是如此。其次，對牙科手機的種類、應用型態、及使用者痛點更為熟知。2007 年雷虎科技針對現有牙科手機之問題，加以改良，推出 Tiger201，不僅優化產品，延長其使用壽命，且設計符合人體力學，減輕醫生使用負擔，更獲當年台灣精品獎。

三是封閉的醫療市場通路。全球牙科手機市場被德國、日本所壟斷，美國醫療市場也集中於幾個集團手裡，雷虎科技直言，必須有特殊管道才能進入。與 W&H 合作是進入全球市場的第一步，漢瑞祥則為雷虎科技打開全球大門。2012 年，雷虎科技創立雷虎生技，以專注發展醫療器械相

關產品。2013 年，與漢瑞祥共同成立雷祥生技，將 TTBIO 牙科手機及相關耗材獨家授權給漢祥瑞，雷虎生技專注於牙科手機之研發、生產、製造；雷祥生技則負責品牌之經營與產品銷售等。因漢瑞祥為全球最大的醫療產品與服務供應商，雷虎生技迅速將產品銷售全球，成功打開海外市場；而漢祥瑞將雷祥生技視作亞洲市場起點，加速拓展原有規模。

牙科手機的商業模式主要在融入專業醫療服務市場與供應鏈，深具利基特性。雖是以代工生產為主的產品銷售模式，但經專業醫生的成功採納後，多會形成中長期的客戶服務模式。而雷虎生技也因此自 2016 年開始獲利，目前已為全球第五大牙科醫療耗材廠商。除外，牙科醫療器材在母公司營收占比，從 2007 年的 0.22%，上升至 2016 年的 23.31%，逐漸發展成核心子公司，成為集團重要的獲利來源。甚至在雷虎科技逐漸縮編後，多數人員則逐漸移轉至雷虎生技，成為母子公司特殊的合作網絡。

2. 轉型二：無人機

除牙鑽器的專業市場外，雷虎科技也敏銳發現無人機市場的重要契機。2008 年，大疆創新第一台空拍機問世，本來就已搖搖欲墜的遙控飛機，更加速被市場淘汰。空拍機之所以取代遙控飛機，成為消費者心中的首選，主要有以下幾點原因。

首先，空拍機，顧名思義，將無人駕駛飛行器搭載拍攝鏡頭，使其能從高空角度欣賞美麗的景色。對於消費者而言，不僅能保存美景，也享有操控飛行器的娛樂性。再者，相較於遙控飛機的高難度操作技巧，需要透過電腦模擬器練習，空拍機結合手機軟體應用程式（APP）、GPS 定位系統，更易於幫助消費者學習操作。第三，無論是空拍機的飛行控制系統，或是手機的應用程式，在台灣並沒有技術上的支援。空拍機的消費市場，看似有無限商機，但卻未必對台灣廠商有利，尤其對雷虎原本的遙控飛機市場更造成致命衝擊。

雷虎科技從 2013 年底投入無人機開發，2014 年開始出貨自有品牌

TTRobotix多軸無人機，並且與美國3C網路零售商新蛋（Newegg）簽約合作，以此電子商務平台，進入北美市場，並在2015年與日本田島汽車經銷商簽訂地區經銷合約，代理雷虎科技的多軸無人機。儘管雷虎科技對此做出相當的努力，但因對手大疆創新的強勢競爭，已在空拍機市場上擁有全球70%市占率，雷虎科技決定轉向商業應用型的無人載具，包括無人機、無人車及無人潛艇。賴春霖認為無人機的應用潛力在農業、水質監測、救災及公共安全等商業領域，這也是未來台灣無人機廠商可以切入的機會點。近年來，雷虎積極與德、美、中國共同開發軟體。以下說明無人機的技術創新與商業模式變革。

- 機架類型：4旋翼
- 對角線馬達軸距：450mm
- 槳尺寸：12"
- 電池規格：22.2V-6000mAh
- 最大載重：0.81Kg
- 起飛重量：2.25Kg
- 最大滯空時間：25分鐘
- 2.4GHz最大遙控距離（無障礙物）：1000m

雷虎科技多軸無人機
資料來源：雷虎科技官方網站

(1) 技術創新一：懸翼直徑拉長＋衛星定位＋結構工程

無人機意指無人飛行載具，包含多軸機、固定旋翼機、直升機等。飛行原理乃是藉由螺旋槳的轉動，將空氣向下推動，產生一股上升的作用力，當上升的力道大過於機身的重力時，就能向上飛行，螺旋槳的旋轉速度與尺寸為重要關鍵。無人機著重於各式軟硬體之整合，如導航定位、通

訊技術等，飛控系統則為重要的核心技術之一。當無人直升機搭載不同的載具，則能延伸出不同的商業用途，雷虎科技選擇可變螺距的無人直升機作為研發重心，將之運用於農業與救災等。

「我們知道四軸機拚不過大疆，且四軸機的機體越大，效率就越差，轉動越耗力；再者，因為四軸機必須靠轉速飛行，所以不太抗風，容易不穩，所以我們選擇做直升機。直升機是可變螺距，控制得好就能飛行得穩定。」

從原來的遙控模型到商業用無人飛行載具研發，無論是續航力、負重、飛行的穩定，都是雷虎科技必須跨越的技術門檻。故在技術創新上，有以下幾點創新內容。一是將無人機的機體變大，以搭載更具戰略價值的服務內容，如農藥、監控設備、人臉辨識系統等多種應用。旋翼直徑從30公分延長至180公分。不僅在機體設計上須符合流體力學，更攸關無人機的承載能力。雷虎科技表示，光是機體變大這件事情就不是一般公司能夠做到的，因為其涉及複雜的結構工程設計。

二是自動化，也就是使用 GPS 衛星定位系統進行控制。過去雷虎科技的遙控飛機是以人為操作，講究遙控技術，「很像大人的遙控飛行玩具」；但無人機需要的是精準的衛星定位。將原來的飛控系統搭配導航元件 GPS，GPS 傳出訊號至飛控電腦，使無人機能根據定位改變方向與飛行。然而，GPS 系統必須向國外專業設備廠商採購，雷虎科技直言，光是衛星定位系統成本就占了無人機整體成本近五成。三是結構工程系統。隨著機體變大，無人機必須能耐久、安全性要高。各式軟硬元件配置，要能發揮其最大效益，並且不易損壞。完成一部無人機售價約 200 萬，較過去遙控飛機約 10 萬元，整整高出近 20 倍。

(2) 商模創新一：農業灑藥

無人直升機的商業應用之一，初始在農業噴灑。主要乃是因為將農藥噴灑在旋翼內，當直升機飛行時，主葉片會有強勁風壓向下，風壓的吹拂會使農藥向下飄散，再藉由上升氣流把農藥帶至作物葉片的背面，而產生

噴灑農藥的成效。一般而言，無人直升機能負重 10 ～ 15 斤的農藥，適合運用於大面積的農地，如水稻、玉米、甘蔗田等。針對不同農作物，有不同的設備、噴頭及農藥。

雷虎科技表示，農業用途是無人機主要目標市場之一，無論是在國內外，都有強烈需求。瞄準此一市場，雷虎科技於 2016 年尋求國內農藥企業合作。在 2017 年雷虎科技與聯利農業科技合資成立智慧農業科技保植企業，由雷虎科技專責於農用無人直升機的技術開發；調配農藥、噴頭與設備配置、噴灑服務等工作項目則由聯利農業科技承擔。不過雷虎科技發現，農業市場的商業模式深具挑戰。

一是認證成本高，需花費超過 300 萬元進行此認證。雷虎科技在與聯利農業科技合作後，發現每種農藥上市前須檢驗是否對人體造成傷害。然而，空中噴灑的農藥與一般在地面噴灑的農藥濃度並不相同，需要額外進行認證，所費不貲。

二是教育訓練的培訓成本高。因多數農民並不會操作無人機，需要投入大量的人力培訓，甚至得協助成立專業的農業機隊，才有可能完成大片農地噴灑任務。

三是特殊的在地文化，雷虎科技直言，許多農業鄉鎮多有「黑道」介入收取保護費，要經營無人機噴藥市場，恐怕得經過層層關卡。四是農業領域無人機市場競爭激烈，中國於此方面發展迅速，外加台灣相關法規尚未鬆綁，很難在農用市場中有一席之地。五是政府法令的灰色地帶。時至今日，政府仍未准許無人機執行「投放」任務，因擔心有恐怖攻擊事件。這讓無人機市場更爲雪上加霜。因此，雷虎科技決定轉向防災救難等專業市場。

「你會注意到消防人員這一塊會是對無人機最具有急迫需求者，例如 2017 年 4 月 28 日桃園工廠大火，如果先派無人機到上空偵測火災延燒路徑，加上熱影像傳輸，就可以幫助消防人員掌握即時火災現場，降低危險與人

員傷亡。」

不過無人機要執行救災任務與農業噴灑任務，在技術創新上又有些微差距，以下說明技術創新與商業服務模式。

旋翼直徑：1820mm
最大載重：35 公斤
起飛載重：20 公斤
最大滯空時間：55 分鐘
酬載設備：噴灑系統

雷虎科技農用型無人直升機
資料來源：雷虎科技商品目錄

(3) 技術創新二：大型無人機＋滯空時間＋電能轉換技術

從農用型無人直升機到救災型無人直升機，兩者皆需承載較重的設備，故為大型機體。然為執行複雜的救災任務，不論是火災、風災、地震或其他災難，無人機的重要技術能耐，就是必須執行長時間的滯空監控任務。無人直升機續航力決定其飛行的範圍及時間長度，目前大部分的無人機都須透過更換電池的方式，使其能繼續運作。對救災而言分秒必爭，故降低更換電池次數，提高滯空時間的長度，是雷虎科技致力突破的技術門檻。

初始階段，雷虎科技利用直升機本身高效能之優勢，將以前無人機10 幾分鐘的滯空時間，提高為 1 小時。雷虎科技楊富森協理直言，在某

些救災應用上，1 小時是不夠的，甚至得長達 4 ～ 5 個小時。為使供電可長達 4 ～ 5 小時，必須由地面拉電線至無人機上，其中所涉及的核心技術就是電能轉換技術的創新。

「因為傳統的銅線很粗，如果要拉到 100 公尺的高空，過重的銅線恐怕會直接掉下來，且無法承載其他設備。所以我們必須設法把銅線變細，將原來 150 安培大電能轉換成細電能。這樣無人機一邊在高空中偵測災區情況，可以一邊拉銅線充電，以有效延長滯空時間。」

除此之外，還必須在無人機上搭載生命偵測雷達、熱影像、高清影像等設備與技術，以化身成為救難直升機，用以感測人體的心跳與溫度，進而決定是否進行搜救。目前雷虎科技與專門製作熱影像設備的亞迪電子進行合作，共同開發救災型無人直升機。此外，雷虎科技還必須向中國大陸採購人臉辨識系統等，以強化無人機的防災、救災功能。

· 旋翼直徑：1820mm
· 最大載重：35 公斤
· 起飛載重：22 公斤
· 最大滯空時間：55 分鐘
· 酬載設備：SONY 相機 像素 1080p

雷虎科技救災型無人直升機
資料來源：雷虎科技商品目錄

(4) 商模創新二：政府與電信公司商機

無人機加入滯空救災功能後，又開啟另一個商業模式，合作對象則

轉向公部門，例如警政單位、消防救災單位，甚至軍方。而主要的商業模式就是政府採購外包，一般包括設備與教育培訓及維修服務等，可以訂定1～3年的中長期合約。

未來無人機將成為警政、海防單位的重要空中巡邏艦隊。楊富森協理表示，警察經常耗費時間在巡邏上，例如南部警察需在夜晚幫農民抓小偷，但警察事務繁忙，若能建立專門的路徑與無人機艦隊，未來只需派遣無人機巡邏，以熱影像進行夜間監控，將影像傳回即可，必能大幅降低警察負擔。

「其實我們也和其他政府單位合作，例如海岸巡邏的救災服務，就必須搭載攝影與人臉辨識系統等。我們會根據特定需求調整無人機的搭載內容與服務。」雷虎科技主管表示。

除此之外，救災式無人機也成為電信公司無線基地台的化身。例如過去颱風過後，新北市烏來電塔損壞，連接外部的橋梁斷裂，唯一能聯繫的僅有行動電話，卻因為無線基地台損毀而失去與外界的連結。不僅如此，進入災區搜救的人員，也因訊號不佳影響搜救任務。而這又開啓無人機另外一個商業模式，就是和電信公司合作，包括中華電信、台灣大哥大等電信公司等。雷虎科技運用其長時間滯空優勢，盤旋於空中，作為臨時網路基地台，進而能強化訊號的傳遞。

和不同領域的政府機關與廠商密切合作，以掌握其特定需求，成為雷虎科技掌握飛行脈動的特殊商業模式。因此，參與政府單位的防空或救難演習，以取得特殊領域知識，進而調整技術內涵，成為雷虎科技在創新研發過程的重要環節。此外，雷虎科技也不諱言，協助各單位建置專屬「無人機艦隊」將成為重要的商業模式。

「未來所有救難單位或電信公司等都要成立無人機艦隊，因為這需要專業的飛行控制技術。我們也不排除在未來成立無人機服務公司，幫忙各

單位成立艦隊，培訓飛行人員，教導基本維修服務等。這也是另一個特殊商機。」

不過雷虎科技也直言，當前無人機市場仍處於萌芽期，很多業者因要另外培訓無人機艦隊而有進入障礙。「不會用、不想用、不敢用」，是現階段無人機市場在開拓新興市場上的重要挑戰。

3. 轉型三：無人潛艇

除了無人直升機外，雷虎科技在海陸無人載具研發上也有特殊作為。本來雷虎科技在遙控模型產品就包含陸、海、空；自開始生產無人機，同步將遙控車及潛艇延伸成無人載具，其中遙控潛艇化身成大型漁用無人潛艇，之後又在因緣際會下，雷虎科技轉向製造商業用六軸無人軸潛艇。

(1) 技術創新：潛艇與馬達技術整合

由於海運船經常在海外航行長達 1 個月以上，船底會有貝殼蓄積情形，貝殼的附著，會像拖油瓶般影響海運船隻航行的速度，而且非常耗油。因此，清理貝殼對海運是極為重要的事情。過去要確認貝殼蓄積狀況，必須透過專業潛水人員潛水至船底，或等船進入船塢時，將船塢的水放掉才能了解情況，對海運公司而言，是一項大工程。而且每次請潛水人員勘查就要 10 幾萬元，清理又是額外的費用，不但成本高，而且有一定風險。

六軸無人潛艇幫助海運業者解決這一大麻煩。雷虎科技運用核心技術，渦輪噴射引擎，以及防水與抗壓（艙壓）技術，研發出六軸潛艇。雷虎科技主管說明，在核心技術轉換上，主要有以下技術創新。

一是載體變大。連同遙控設備到潛艇設備，整體載具及電池必須變大。二是動力馬達技術。過去遙控飛機的馬達動力只需 200 ～ 300 瓦，但潛水艇卻需要 4,000 ～ 5,000 瓦動力，因為要有足夠的動力才能驅動潛艇。

「這相當於腳踏車和摩托車的動力差異。馬力要夠，馬達要大顆，才

能抵抗洋流，而且在導風扇（渦輪）的設計上，也都要有特殊設計考量。」雷虎科技主管表示。

除此之外，要有電腦控制系統。從前遙控潛艇是靠手操作，使其前進後退，而電腦控制系統可自動平衡，維持無人潛艇的姿態。爲能長時間待在水裡，防水設備也需要有特殊的潛艇技術支援，像是電腦控制系統就需微小化，目前市售一台約 70 萬。不過相較於防災救難用直升機需要有一定的滯空時間與電能轉換技術，六軸潛艇技術就不需要電能轉換。因船舶停留在港口，可以隨時下水監控清理，隨時浮上岸重新整理與補充電力等。

(2) 商模創新：由無人六軸潛艇到六輪車

雷虎科技以其多年從事相關業務經驗爲優勢，鎖定台灣海運企業的大廠長榮爲目標客戶，期能長期提供長榮專屬的產品與服務。除了六軸無人潛艇之外，雷虎科技還進一步將這個創新技術延伸到無人六輪車。雷虎科技強化無人六輪車的結構性與耐撞程度，並根據不同用途搭載各式感測器與載具，負重力高達 100 公斤。雷虎科技同樣瞄準商用市場，根據農業、工業、消防、軍方、保全等領域需求，研發不同用途的無人六輪車。此概念如同機器人般，透過操控無人六輪車，不僅能降低企業成本，也可以取代眞人進行較危險的工作，如勘查輻射場域等。

從無人六軸潛艇到六輪車，乃是延續雷虎科技起初發展遙控模型之概念，包辦陸海空一系列產品，欲將「無人」從飛機延展至海上及陸地上的應用，並升級至「專業」的層級。除航天產業外，海運以及一般需要節省人力、且具高度危險之產業，都是服務對象。背後涵蓋的是長期的租約、維修等服務。

4. 技術創新與商模創新之演化進程

雷虎科技在面臨市場萎縮，新進入者成爲強勁競爭對手等多元挑戰時，積極思考如何將其核心技術進行創新與延伸應用，因而誕生牙科手

機、無人載具等產品，驅動企業轉型。更特別的是，雷虎科技一邊進行技術創新，一邊進行商模創新，並嘗試融入不同產業生態領域中。

先總結雷虎科技的技術創新，主要展現在一元多用的創新演化上，雷虎科技的核心技術不僅在精密加工技術，還在技術整合與結構設計等。精密加工技術加以強化升級後，改變轉速而能應用於牙科手機的渦輪噴射引擎上；結構設計能力表現在將原來小型遙控模型，轉至大型陸海空無人載具；技術整合能力則展現於無人載具上，創新無人機與無人潛艇性能，如電能轉換技術創新與馬達升級，並將新元件加以整合，如 GPS、電腦控制系統的置入，而達到產品與成本優化之效益。

隨著技術升級與強化，產品應用同步改變，衍生出截然不同的商業模式。第一種是融入特定產業服務鏈。基於雷虎在核心技術之強化，使其推出的牙科手機備受肯定，成功融入歐美牙科醫療器材市場的專業網絡中，為全球牙科器材最大通路商漢瑞祥做專業代工，而能將牙科手機迅速銷售至世界各地，成為全球第五大牙科醫療耗材廠商。

第二種是與產業內知名企業共同研發，採品牌分潤方式。雷虎科技在無人機及無人六輪車的開發上，尋找不同外部夥伴共同研發，使其產品能滿足該應用產業之需求，如與農藥廠商開發農藥噴灑型無人機、消防警政單位優化救災型無人機等。不僅如此，雷虎科技採服務導向創新，與策略夥伴合資成立公司，共同為顧客提供服務，或是與電信公司合作，在特定情形下，提供移動基地台之服務。

第三種則是為大型企業客製生產。雷虎科技將無人潛艇從娛樂性技術升級成專業型技術後，發現海運市場之痛點，也就是清理貝殼的時間與金錢成本相當昂貴，故鎖定台灣海運大廠長榮，以期為此客戶提供長期性的產品與服務。

本章參考文獻

Amaral, J., Anderson Jr, E. G., & Parker, G. G. 2011. Putting It Together: How to Succeed in Distributed Product Development. *MIT Sloan Management Review*, 52(2): 51-58.

Chesbrough, H. 2007. Why Companies Should Have Open Business Models. *Sloan Management Review*, 48(2): 22-36.

Chesbrough, H., & Rosenbloom, R. 2002. The role of the business model in capturing value from innovation: Evidence from Xerox Corporation's technology spinoff companies. *Industrial and Corporate Change*, 11(3): 529-555.

Kley, F., Lerch, C., & Dallinger, D. 2011. New business models for electric cars-A holistic approach. *Energy Policy*, 39(6): 3392-3403.

Sosna, M., Trevinyo-Rodríguez, R. N., & Velamuri, S. R. 2010. Business model innovation through trial-and-error learning: The Naturhouse case. *Long Range Planning*, 43(2-3): 383-407.

Suarez, F. F., & Utterback, J. M. 1995. Dominant Designs and the Survival of Firms. *Strategic Management Journal*, 16(6): 415-430.

Weiller, C., & Neely, A. 2013. Business model design in an ecosystem context. *University of Cambridge, Cambridge Service Alliance*.

第十五章　寧夏夜市：以弱連強，化弱爲優

> 「生命中的每一次轉變，都讓我們走得更遠。那麼，我們就真正體驗到了生命的奉獻。」
>
> 　　　　　　　　　李安，《少年 Pi 的奇幻漂流》

────────

　　「夜市人生」在新冠肺炎期間再次考驗著寧夏夜市與許多台灣傳統餐飲業者。但這不是第一次遇到巨大衝擊。相信這一次，他們一樣能從危機中汲取創新成長的養分。

一、理論背景：劣勢者的優勢連結

　　過去生態系建構文獻主要強調具有特定資源優勢者的生態系建構過程；但相較之下，卻較少人關心弱勢者如何建構生態系？或者嘗試在既有生態系中改變自己的弱勢定位。本章將介紹寧夏夜市，分析其如何改變劣勢地位的特殊歷程。在個案分析前，將介紹幾個重要概念，包括社會地位、強弱連結等，以引導讀者由相關理論中進入個案分析歷程。

（一）社會地位

　　社會地位（social position）的定義，需由社會結構論之學理基礎出發。學者提出，個人或組織在網絡中所處的位置，取決於他和其他連結之關係與型態（Burt, 1992）。社會網絡中的「地位」不但代表個人或企業所可接觸取得的有形資源，也包含該地位所代表的角色與所能發揮的無形影響力（Borgatti & Foster, 2003）。

　　過去社會結構論者分別由個人與網絡間的層次（ego-network level）以及網絡整體層次（network level）來探討所謂網絡位置之議題。個人與網絡間的關係，聚焦在個人與網絡中其他連結的關係；所謂的結構洞

（structure hole）就是出現在個人與第三方共享連結，但卻未有直接連結關係，也就是間接連結關係中所出現的結構漏洞（Burt, 1992）。在社會網絡連結關係中，除有直接與間接連結之分，還有強弱連結差別，也就是關係強弱差異。強連結有助於降低交易成本，增益合作互動關係，但有趨於同質之挑戰；弱連結則有助於取得異質資源，但交易成本較高（Burt, 1992）。

連結關係與結構洞的相關論述，後來被延伸應用到組織與創新管理領域，並有多元連結、直接與間接連結、異質連結位置等創新論述。例如學者由多元連結觀點（Hargadon & Sutton, 1997），提出美國知名設計公司 IDEO 如何有效連結 40 個以上不同產業領域，而能由跨領域結構洞中的特殊網絡位置，建構創新知識存取機制；另有學者由專利引用關係，研究化學產業中，所謂直接連結、間接連結與結構位置對創新的影響，結果顯示直接與間接連結都有益於創新；其中，間接連結雖有助於組織取得異質資源，但相對評估與取得風險亦較高，因此宜有直接連結關係之中介較佳（Ahuja, 2000）。學者進一步提出，許多大型企業面對熟悉的產業與技術，容易掉入熟悉性（familiarity trap）、成熟性（maturity trap）與接近性（propinquity trap）的創新陷阱，而應該設法借助新穎科技（novel technologies）、初始研發（emerging technologies）、與先鋒技術（pioneering technologies）等特殊連結，有效跳脫陷阱（Ahuja & Lampert, 2001）。

至於網絡結構層次的討論，則以連結密度（density）以及網絡中心性（centralization）為主。連結密度探討連結的程度，也就是連結總數，將會影響資訊傳播擴散的速度（Hanneman & Riddle, 2005）。而中心性則探討網絡中取得多元連結的程度，顯然，越位居網絡中心位置者，越有機會取得異質資源的地位優勢（Hanneman & Riddle, 2005）。學者進一步指出，網絡中的連結，其實是有不同類型差異的。有的因角色扮演不同而形成連結（role-based connection），例如家庭成員關係或母子公司關係；

有的屬於情感性連結關係（affective connection），如支持團體或粉絲等
（Borgatti, Mehra, Brass, & Labianca, 2009）。

　　總結來說，不論是個體與網絡間的關係，或是網絡結構層次的關係
討論，顯然越能位居網絡中心位置者，或者越能取得多元連結者，越有助
於資源之取得，而有利於創新或益於擴散。然而，對於位處不同網絡位置
者，其強弱連結或直接與間接連結關係顯有差異，進而影響其取用資源之
方式。以下將進一步介紹對處於優劣網路位置者之資源取用論點。

（二）優位者的資源調取

　　現有文獻中有關社會地位與資源取用關係，主要可由社會地位優劣來
進行分析。學者提出，有較強社會地位者（strong social position），相對
容易取得社會優勢（social advantage），他可以幫助企業組織或個人建立
人際連結關係、取得較高聲望地位，進而吸引優質的合作夥伴（Eisenhardt
& Schoonhoven, 1996; Podolny, 1994）。例如過去學者研究劍橋大學的晚
餐儀式，便是個人建立身分識別進而改變社會地位的重要場域；學生在晚
餐的特殊儀式中學習用餐禮儀、學會品評美酒美食、認識新舊夥伴等，進
而在社會網絡中，建立起獨特的「菁英」識別（Dacin, Munir, & Tracey,
2010）。

　　除個人身分識別與社會地位的改變外，若進一步從策略夥伴形成
分析，較好的社會地位也有助於提高計畫可執行性、降低機會成本，並
可有效運用資源；學者認為，不論是半導體產業的協作體系，或是新
興創業組織，都亟需要取得優勢地位，以創造協作優勢（Eisenhardt &
Schoonhoven, 1996; Nohria, 1992; Podolny, 1994）。

　　社會地位有高低之分，背後實有連結多寡與優劣強弱差別；而位處
多元社會連結關係者，較能取得資源優勢。例如前述 IDEO 設計公司便
與個人電腦、電子摩托車、新電子材料應用、醫藥分析儀器等 40 多個產
業建立連結關係，而能善用跨域研發資源，產生源源不絕的創新。例如

知名的血液分析儀，就是 IDEO 結合現有的解析科技，加上影印功能、鍵盤、顯示器、電路板與電腦零件等設計組合的結果（Hargadon & Sutton, 1997）。

　　另外如學者研究化學產業裡的創新研發，便強調企業除建立直接連結外，更應積極建構多元、間接連結關係，以跳脫產業技術過於成熟、過於熟悉、或是過於接近現有解決方案的陷阱（Ahuja & Lampert, 2001）。由此可見，企業的技術研發或創新資源未必都能操之在己，而必須有系統地建立連結，不論是直接連結、間接連結、或跨域連結，才能突破現有研發資源局限。而位處優勢地位者，往往較有機會取用其他優勢資源，以產生源源不絕的創新產品與服務。

（三）劣位者的資源謀取

　　相較於位處較高或較中心者的社會優勢，有些企業則經常處於不利（vulnerable strategic position）或邊陲的網絡位置（marginal position），而在資源取用上，處於劣勢。學者指出，所謂不利的策略位置，有可能是市場高度競爭下的低獲利或低差異性劣勢，或者是企業組織本身投入高風險與高不確定性的策略活動（Eisenhardt & Schoonhoven, 1996）。至於位處邊陲者，則多指位處在特定產業結構下的邊緣地位；相對於位處核心者而言，邊陲者對於有形的技術與財務資源，或是無形的社會影響力與社群權力等，都相對顯得人微言輕。因此，如何改變劣勢地位，進而改變資源取用劣勢，就是這類研究關注焦點。

　　例如學者研究英國新興的限時板球賽（Knock-out Cup），如何在創業家克隆尼（Colonel Rait-Kerr）借助機構力量的推動下，一步步取得正式比賽資格（Wright & Zammuto, 2013）。這些策略行動包括將新的限時板球賽包裝為傳統競賽的改良商品、融入舊有競賽規則等，都是克隆尼一邊取得特定機構地位，一邊善用機構資源以逐步改變遊戲規則的重要實務。另外學者研究創業家勞威爾（Lowell Wakefield）自 1940 年代起投入

北海帝王蟹（king crab）的捕撈實務，特別說明勞威爾如何與機構合作，一步步建立帝王蟹的品質控制標準、阿拉斯加捕魚規範、國際捕魚協定等重要制度標準，以改變劣勢地位（Alvarez, Young, & Woolley, 2015）。

還有一種情況是，有些企業本身其實擁有特色資源，但卻長期位處產業裡的低階位置，而難以創新資源價值。例如日本與台灣正在推動的地方創生，便有許多在地特色資源，如淡水農會的栗子南瓜、平溪綠竹筍等因缺乏能見度而被嚴重低估。換句話說，如何為既有資源定義全新社會價值，以創新產品與服務設計，是這類研究重點。

例如學者以義大利渣釀葡萄酒（Grappa）如何變身頂級紅酒，並期與白蘭地、威士忌等代表性品牌齊名為例，說明要改變劣勢地位，必須由類型化模仿開始（Delmestri & Greenwood, 2016）。首先，劣勢者必須先跳脫既有的低階連結分類（category detachment），包括葡萄酒的商標、瓶身與顏色設計，產品定價與原有產銷網絡等，透過「去連結」過程，可以讓葡萄酒有新的可能性。其次是模仿學習頂級分類（category emulation），以仿真法國頂級白蘭地與威士忌的包裝設計、產地標示、自釀酒廠的品質要求，改變消費者認知。最後則是建立主流論述（category sublimation），例如以舉辦頒獎典禮、倡議文化復興運動等作法，爭取高端主流社群認同。由此可見，要改變社會地位並非不可能，尤其當手邊擁有特殊資源者，他需要的是真正「讓仙度瑞拉變身皇后」的一系列策略行動，以模仿連結高端社群的作法，讓邊陲資源脫胎換骨。

相較於有形的研發技術資源、企業原有特殊異質資源，或無形的機構資源，另外還有一些組織需要取得的是社會影響力這類無形資源，以改變其他組織對資源運用的方式。例如知名的社運團體「雨林行動網路」（RAN, Rainforest Action Network）就透過合理化論述、標籤化行動、與公眾化標準等一系列策略行動，讓美國多家知名家居企業，如家得寶（Home Depot），加入雨林保護行動（Waldron et al., 2015）。

在論述合理性上，雨林行動網路以客觀數據向媒體說明全球老樹逐年消失的事實，進而以戲劇化演繹，在美國五大家居店門口表演行動劇，以吸引大眾及輿論媒體注意。接著，雨林行動網路以「貼標籤」方式，就五大家居賣場的產品逐一檢視，並貼上戕害老樹與危及生態保育的負面標籤。一直到家得寶等知名品牌啓動保護老樹運動並調整產品設計，雨林行動網路才重新貼上「良心企業」的正向標籤。最後，雨林行動網路建立公眾化標準，並列出生態保育「黑名單」，邀請媒體輿論及一般大眾共同監督。在這過程中，雨林行動網路「以下馭對上馭」的策略行動，透過無形的言說資源，改變自己的劣勢地位，一躍而爲具有代表性發言權的社運品牌，並發揮社會影響力，改變其他企業運用資源的機制。

綜上所述，就劣勢者而言，他可能是位處邊緣弱勢，而需要善用機構或夥伴力量，以逐步取用資源，改變弱勢地位；或者可能是有資源但卻處於價值劣勢，而需要與高階價值連結，改變價值劣勢；又或者是缺乏無形資源價值，而需要透過策略謀劃與言說論述，以取得無形的社會影響力。

（四）個案分析構念

總結來說，社會地位與資源取用密切相關。缺乏連結者，要設法建立直接或間接連結，以取用有利資源（Alvarez et al., 2015; Wright & Zammuto, 2013）；原有多元網絡連結者，要學會橋接整合跨領域資源，以持續推陳出新（Ahuja, 2000; Ahuja & Lampert, 2001; Hargadon & Sutton, 1997）；位處網絡劣勢地位者，必須設法與機構或高階地位者建立連結，以逐步改變劣勢地位，謀取有力資源（Delmestri & Greenwood, 2016; Waldron & Fisher, 2015）。

然而，這些討論卻忽略一個重要議題，當位處邊陲又僅有劣勢資源者，如何與位處中央者建立連結並取用優質資源？這牽涉到幾個問題。首先，位處中央又有資源優勢者爲何要與劣勢者合作？除少數社會運動者發動輿論攻擊外，在一般正常情況下，優勢資源者未必願意與劣勢者建立連

結。其次，劣勢者又如何取用優勢者資源？兩者間在建立連結後，如何換取優質資源，又是另一道難題。最後，劣勢者的社會地位到底如何改變，又有何價值？也是過去文獻尚缺乏系統性論述者。以下將介紹個案研究的理論分析基礎。

分析一，建立關係連結的機會辨識。學者提出，社會機會（social opportunity）確實鑲嵌在特殊的社會網絡裡，社會關係可以加深彼此的認識、建立信任，進而有助於相互承諾（Eisenhardt & Schoonhoven, 1996; Nohria, 1992; Podolny, 1994）。然而對位處劣勢者而言，要建立連結已不容易，社會機會的主動創造或辨識就更具挑戰。

過去創業文獻曾以被動發掘與主動創造來說明時機對劣勢者的重要性（Shane, 2000; Siegel & Renko, 2012），更有學者提出「強者必弱」的時機辨識角度，提醒創新者要敏銳警覺高位者身邊的夥伴，其往往正是強者必弱的切入點（蕭瑞麟、歐素華、蘇筠，2017）。過去開放創新文獻也強調策略性資源取得的重要性，但卻較少討論資源取得時機對劣勢者之重大挑戰（Chesbrough, 2003; van de Vrande, de Jong, Vanhaverbeke, & de Rochemont, 2009）。在有效取得外部資源之前，劣勢者必須先與外部合作對象建立連結，而掌握關鍵時機，成為劣勢者謀取策略夥伴，尤其是高位者資源的重要起點。

此外，相較於過去機會辨識文獻較常討論產業結構、人口統計、程序結構缺陷等「經濟性」要素之辨識，社會地位文獻則提出「社會性」場景之重要性。因此，如何由社會情境辨識特殊時機，以理解社會地位的演化起點，是本個案分析要點。

分析二，優劣資源之交換過程。當劣勢者面對優勢者時，要如何交換取用優勢資源，則是另一道挑戰。過去研究指出，資源價值高低其實是相對的，甚至會隨著時空情境與角色變化而異。因此，如何善用資源的相對價值以改變劣勢地位，需進一步探討。

　　例如：資源價值需要等待特定時機才能有效彰顯。換句話說，雖然資源看似有價，但卻可能「懷才不遇」。例如學者研究日本本田汽車（Honda）減排技術，在日本傳統大廠與政府機構認為減排技術不利汽車競爭力的現實下，未獲肯定。一直要到美國國會於 1970 年 12 月通過「空氣淨化法」（Clean Air Act），規定在 1975 年，所有汽車的碳化氫（HC）與一氧化碳（CO）必須減量 90%，才獲得認同。本田的汽車內燃機設計提前在 1973 年獲得美國環境保護局核准，進而逐步借助日本國內環保團體及輿論力量，改變日本政府對汽車產業執行減排規定的決策（Ei & Arie, 2016）。顯然，環保運動與空氣淨化的法令推動時機，改變本田內燃機技術這項關鍵資源的相對價值。另外在石油危機時，日本汽車小巧省油且維修成本低的品質定位，也逐步取代美國三大汽車廠，成為危機時刻的重要選擇（Drucker, 1985）。

　　除了關鍵時機會改變資源的相對價值，進而改變企業的社會地位外，角色轉換也會改變資源的相對價值。例如學者研究在危急時刻如何重新拼湊角色，以改變劣勢情境（Bechky & Okhuysen, 2011）。另外，情境的相對性也會改變資源的相對價值。例如過去研究曾經發現，過去被視為知名美國樂園的迪士尼與周邊產品，到法國卻變為低俗廉價的商品，在法國人民心目中的地位不若美國（Brannen, 2004）。

　　從這個角度來看，資源的有價無價、低價或高價其實是相對的，會隨著適當的時機、角色、情境變化而定，從而影響創新者的資源定位，乃至社會地位。然而，資源相對價值不但可為有形的經濟性價值，更有無形的社會性價值。位處劣勢者如何善用資源的社會性價值，以換取有形的經濟性價值，則是另一個需要探討的議題。

　　分析三，社會地位的變化軌跡。劣勢者的社會地位不會一夕改變，而是一個循序漸進以脫胎換骨的過程；甚至前一階段的地位變化會影響下一階段的價值定位。在社會地位進化的過程中，劣勢者如何由單一連結建構多元社群連結，以確認社會地位的有效改變？而外部連結的網絡建構外，

劣勢者內部連結的調整變化也是另一道重要議題。以下說明寧夏夜市個案背景與分析歷程。

二、個案背景

寧夏夜市是台北市的知名夜市，經營時間超過 70 年，位處台北市民生西路、南京西路、重慶北路中間路段，匯聚台灣經典小吃。然而在 2000 年間，寧夏夜市卻開始出現人潮退燒景象，在地居民也出現不同聲浪，認為夜市生活影響居住品質；更嚴重的是，原寧夏夜市自治會出現財務虧空，甚至有資深主管人員因此自殺，整個自治會組織面臨分崩瓦解，而攤商也開始流散。為了重新找回攤商，凝聚共識，寧夏夜市自治會重整組織，並展開一系列自救行動。原台北市市場處主管就分析，寧夏夜市自治會的三位核心人物發揮關鍵影響力，一是賴記蚵仔煎負責人賴炳勳擔任理事長，負責調和鼎鼐平息爭端；一是鬍鬚張二代董事長張永昌負責導入現代化管理；一是總幹事林定國負責媒體行銷，重塑寧夏夜市的品牌形象。

鬍鬚張董事長張永昌說明，當時他呼籲寧夏夜市攤商大家要團結一心，「如果我們未來 20 年、30 年都確定不會消失，現在就要有所作為！」而重整組織的第一件事，就是以「十攤一位理事代表」制度，重新組織理事會，並由參與式管理，訂定管理規則。第二是財務透明化，讓每一筆收入支出都可受公評。一位攤商表示，每個月要繳交 500 元會費、水電瓦斯費、油脂截留費、垃圾清運費、旅客平安保險等，平均要繳交 4,000～5,000 元費用，因此財務健全管理相當重要。每個月理事會議，所有理事代表都要檢視當月財務收支，以徵公信。

2004 年，寧夏夜市自治會總幹事林定國與台北市大同區里長李秀男等人成立「台北市寧夏商圈發展協會」，推動寧夏夜市轉型變革。2011 年進一步改制為「大同區寧夏夜市商圈發展協會」（以下簡稱「寧夏夜市商圈發展協會」），成為台北市第一個以夜市攤商為主體的社團法人協會

組織，有理監事編制，並有會規的嚴格規範。

在強制規範上，對於不願意退出騎樓的攤商，寧夏夜市商圈發展協會委請台北市市場處發函要求該攤商遵守規定，否則將注銷攤販證。另外曾有兩家攤商發生紛爭，登上社會新聞版面；寧夏夜市商圈發展協會以違反會規為由，再度委請公權力發函請兩家攤商搬離現址。由此可見，寧夏夜市商圈發展協會對寧夏夜市的整體發展，扮演關鍵角色，也成為本研究調查分析單位。

至今，寧夏夜市已成為年營業額高達 10 億元的觀光夜市，每天到訪寧夏夜市人數高達上萬人，在活動促銷期間更多達 2～3 萬人，並取得多項肯定。例如 2015 年間，台北市政府舉辦「台北夜市之最」票選活動，寧夏夜市奪得「最好逛夜市」、「最美味夜市」、「最有魅力夜市」、「最環保夜市」、「最友善夜市」等獎項。此外，寧夏夜市的「豬肝榮仔」也以 60 年老攤販的知名美味，在 2018 年贏得「米其林必比登推薦」。

檢視 2000～2008 年的重要變革，寧夏夜市商圈發展協會改革的第一步是提出環保改造方案，爭取當地居民認同。環保自救工作，主要有以下內容。一是停止叫賣聲。夜市中原有許多叫賣聲，在 80 年代甚至有許多錄音帶、錄影帶叫賣的音樂聲，相當吵雜。因此，寧夏夜市商圈發展協會要求商家不能使用擴音器，且所有音樂播放在晚上十點以後必須停止，以維護安寧環境。二是清潔人員。夜市最常出現髒亂與違規停車，影響當地居住品質。寧夏夜市商圈發展協會決定導入清潔人員以定時定點整理環境清潔。每小時有專人清理路面，成為寧夏夜市特色。此外，寧夏夜市商圈發展協會也導入商圈保全人員以定期管理交通秩序與違規停車，還給附近住家安全方便的交通環境。

三是垃圾分類與一次性餐具減量使用。在清潔保全工作後，寧夏夜市商圈發展協會積極導入環保碗筷與廚餘分類，且路面每小時有人清掃。寧夏夜市因此在 2010 年被台北市觀光局評選為「創意行銷」夜市。2017 年，

寧夏夜市商圈發展協會全面汰換塑化餐具，採用瓷碗瓷盤與鋼筷，塑造環保夜市特色。一位協會成員說明，汰換塑化餐具總經費約 130 萬元，由台北市政府補助一半，但仍有攤商不願意配合。最後寧夏夜市商圈發展協會請台北市政府頒發「無毒餐具認證」，才終於說服全體攤商汰換免洗餐具。

這些明顯可見的環保工作，終於讓當地居民有條件同意寧夏夜市商圈發展協會準備向台北市政府提出的「地區環境改造規劃案」。林定國分享道，除了這些立即可見的環保努力外，取得當地幾位意見領袖支持，更是重要推力。

「寧夏夜市有一個特色，那就是幾家傳統商家本身就是屋主，因此他們有較強的意識與夜市共存亡。我們當時找了鬍鬚張、帝一火鍋、麻油雞等，請他們支持社區改造方案。等到這幾家意見領袖同意後，爭取其他商家支持，就變得比較容易了！」

寧夏夜市商圈發展協會立即向台北市政府申請「地區環境改造規劃案」，以環保、美食為主題重新規劃，包括更新人行道店面、讓攤商從騎樓退出，讓寧夏夜市正式進入中央廣場營運模式，硬體設施跟著現代化。此外，寧夏夜市商圈發展協會與鄰近有百年歷史的蓬萊國小合作，由協會捐助獎學金、電腦設備等，並主動參與學校校慶活動擺攤服務；而蓬萊國小則同意開放夜間停車場近 300 個停車位給前來寧夏夜市吃點心宵夜的民眾停車。在第一波變革後，寧夏夜市商圈發展協會欲進階啟動「地區環境改造規劃」卻遭遇層層制約，以下說明寧夏夜市商圈發展協會如何從制約中辨識變革機會，特別是取得高位者的合作契機，以有效交換資源，逐步改變劣勢地位。

三、個案解析

（一）取得機構認同資源

1. 制約：於法無據的環保工程

地區環境改造成為寧夏夜市創新生機的重要起點，當時有另一個在地組織，城市發展協會倡議寧夏夜市攤商的推車上應該主動加裝移動式油脂截留設備，每個約3萬元，重達50公斤。鬍鬚張董事長張永昌就直言：「攤商負載過重，根本推不動！」但油脂截留又勢在必行，台北市市場處前處長丁若庭說明：「油脂截留設備不但影響空氣品質，流向下水道的廢油若過多將會皂化，嚴重堵塞排水功能。因此台北市市場處也相當重視每個夜市必須加裝油脂截留設備，否則將嚴重影響下水道的清淤防洪工作。」

因此，寧夏夜市商圈發展協會主動向台北市政府提出油脂截留的地下化工程，導入總經費高達1,400萬元。協會總幹事林定國說明，地下化工程不但可以提高截留效率與便利性，攤商不用天天處理廢棄油脂，而且可以提高空間應用效益，「由過去其他夜市經驗中可以發現，將截留管線設置在地面上由各攤商自主管理，有時會造成混亂且較不美觀。」此外，還可以提高規模經濟效益，截留的油脂可以集中由協會處理，也可避免回收廢油爭議。

不過這項提案在馬英九市長任內卻未獲同意，主要因當時台北市政府評估在夜市空間中，將油脂截留的地下化工程於法無據，且附近住家與學校對於施工工程也有安全疑慮。在現行法令難以突破下，面臨胎死腹中困境。一直到郝龍斌擔任台北市長才出現轉機。

2. 連結機會辨識：環保市長的代表性作品

在新任台北市長郝龍斌於2006年上任後，即全力推動台北市的汙水道工程與水質改善，這讓寧夏夜市商圈發展協會看到油脂截留地下化工程的轉機。總幹事林定國指出，郝龍斌市長過去曾擔任環保署長，相當重視環保工作的持續推動，「環保業績」是新任市長的重要成績單，而「環保

市長」則是郝龍斌市長的重要形象定位，這有助於他和前任明星市長馬英九做出區隔。林定國回憶道：

「當時郝市長說，台北市還沒有夜市主動提出油脂截留地下化工程，而且這項工作不只是第一年的導入期，還有後續的維護費用，每個月光是抽油脂的金額就高達六萬元。而這筆費用需要由夜市攤商共同分擔。」

寧夏夜市商圈發展協會要求所有攤商必須自主分擔每個月 500～700 元的清潔維護費用，以換取台北市政府的政策支持。最後台北市長郝龍斌決定以專簽方式，同意 1,400 萬元的油脂截留淨化之地下化工程。市場處前處長丁若庭回憶道：

「當時市場處最少與附近的蓬萊國小溝通了三次以上的會議，因為許多家長對施工所造成的噪音與安全有所疑慮。最後在市府安全保證，並積極縮小施工範圍下，獲得蓬萊國小與當地居民同意。」

寧夏夜市商圈發展協會資深幹部說明，過去高雄六合夜市最早提出油脂截留地下化工程，以兩個攤商共用一個截留設備，每週花費 1,000 元清潔維護費，若以 180 個攤商計算，1 個月就要 36 萬元；但寧夏夜市則是將全部攤商的油脂地下化管線接通，只有頭尾需要清潔人員按時清理，大幅節省清潔費用。油脂淨化之後產生的廢油，由專人運送到有機農場，轉化為堆肥；而其他夜市攤商的廢油，則多由業者回收。寧夏夜市商圈發展協會成員直言，這可能有危害消費者身體健康之虞。寧夏夜市商圈發展協會另一位資深主管直言：

「你想想看，以前回收一桶廢油要價 50 元，後來慢慢漲到 100 元、200 元，換句話說，確實有這個市場存在。廢油多半又回流到夜市或其他食品加工廠，對消費者健康危害很大。夜市商家無形中成為無知的加害者。這是很嚴重的議題。」

對寧夏夜市而言，將油脂截留地下化可以提升商圈經營品質，同時在

和台北市政府溝通協調的過程中，寧夏夜市也因此策略性地爭取到重要的政府資源——加裝自來水龍頭。以下說明之。

3. 資源交換：環保業績交換自來水等公用資源

寧夏夜市商圈發展協會重新定義油脂淨化工程為「環保業績」，且主動吸收維護費用，這讓寧夏夜市商圈發展協會有機會進一步向台北市政府爭取夜市商家最需要的公共資源——加裝自來水龍頭。總幹事林定國分享道：

> 「水龍頭是夜市商家最需要的資源！每天洗滌食材與鍋碗瓢盆，沒有水是萬萬不能的。以前沒有水龍頭，商家可能就挑兩桶水用一個晚上，不衛生也不乾淨。但有水龍頭之後，不但照顧到商家的需求，也讓消費者吃得更健康，更安全！」

自來水龍頭的加裝，成為寧夏夜市的重要特色，夜市攤商不但因此變得更乾淨清潔，寧夏夜市也開始推動使用免洗餐具，以鋼碗鋼筷的環保特色引起同業矚目，也成為媒體報導焦點。例如知名滷肉飯專賣本店鬍鬚張就特別在鋼筷加上精美筷套，外包裝除有鬍鬚張商標與品牌設計外，紙套背面則有創辦人的醒世哲學或是中國詩詞，如王維《相思》等名句，充滿文創風格。寧夏夜市的商家表示：

> 「鋼筷瓷碗真的環保許多！以前常聽媒體報導，夜市是最會製造垃圾的地方。改成鋼筷瓷碗後，雖然每個月要花 2～3 萬多元請一位洗碗工，但我們嘗試由筷子、杯子設計提升品牌形象，也等於賺到消費者的認同感，可以藉此逐步提高消費等級。同樣一碗滷肉飯，用免洗餐具裝盛，和用有設計美感的瓷碗裝盛，售價就可以差很多。」

許多消費者也直言，到鬍鬚張滷肉飯本店用餐，感覺像是進入文青世界，充滿文人雅士的品茗美感。

「在這裡吃滷肉飯，不泡上一杯好茶，就太可惜了！鬍鬚張將傳統夜市美食變爲文化美味，扮演台灣在地小吃宣傳大使角色。牆壁上還掛滿總統級與其他名人的簽名瓷盤，充滿創意風格！」

以「環保夜市」爲起點，寧夏夜市也開始爭取到一系列的重要機構資源，包括工研院的空氣淨化設備推廣使用、友善公廁、與生產履歷官方認證等，逐漸打響環保夜市名號。例如在空氣淨化工作上，寧夏夜市商圈發展協會要求，只要從事油炸、碳烤、熱炒的商家，都必須加裝「靜電、油煙負離子處理機」。寧夏夜市爲了降低攤商導入的成本負擔，特別與工研院合作，以寧夏夜市爲實驗導入點，積極推動負離子處理器裝置。過去一台要價十幾萬元的淨化處理器，在大量商品化後，價格降到一台三萬多元。許多研究機構也開始以寧夏夜市爲示範點，投入創新實驗。

另外，友善公廁也爲寧夏夜市帶來商機。寧夏夜市商圈發展協會注意到，許多觀光客或是外地客到寧夏夜市逛街，常會有解便需求。爲了照顧客戶需求，協會在市政府的鼓勵下，發起「友善公廁」建置，例如知名的鬍鬚張創始店就特別在二樓設計深具時尚感的免費公廁，讓客人有機會走上二樓參觀停留。攤商表示：

「因爲消費者逛街最重要的需求就是找廁所。尤其是觀光客，常常『上車睡覺，下車尿尿』，免費的廁所提供，可以帶來人潮。所謂『人腳拖肥』（台語），當消費者走進商家，就會多看一眼，無形中提高品牌知名度，甚至會因此採購店內商品。」

友善廁所的創舉，確實爲寧夏夜市帶來無形品牌效益與有形人潮佇留，而這也進一步影響到台北市政府決策。過去台北市政府在重要商圈都必須建置戶外流動公廁並委請專人打掃；但寧夏夜市創舉，讓台北市政府決定以鼓勵商家設置免費廁所取代政府自建，參與店商每年可取得定額補助 3,000～5,000 元的清潔費用，以鼓勵更多商圈開放廁所。開放廁所的外溢效益也擴及其他便利超商與速食商店，成爲新興的服務機制。

4. 社會地位改變：從觀光夜市到環保夜市

外部社會地位進化：環保夜市的機構認可。寧夏夜市啓動變革的第一步是轉型爲「環保夜市」，對許多傳統夜市來說，這項創舉相當耗費成本，也不易取得攤商共識，實爲吃力不討好的基礎工程。但寧夏夜市商圈發展協會卻在爭取在地居民認同的基礎上，啓動一連串環保變革，並善用機會爭取到相當稀有的機構資源。例如以設置油脂截留設備的地下化工程，爭取到台北市政府的自來水管線裝置資源；以負離子淨化設備，爭取成爲工研院的實驗場域及折價贊助；以友善廁所爭取到台北市政府的經費贊助。

由此，寧夏夜市創造多贏契機。當地居民肯定寧夏夜市商圈發展協會的努力，接受寧夏夜市進駐；逛街遊客吃得更健康環保，人潮開始回流；攤商雖需花費投資環保設備建置，卻也取得更多使用者的肯定，有形收益與無形品牌形象大幅提升。而寧夏夜市則如同獲得機構認證般，成爲名符其實的「環保夜市」，與一般相對雜亂的觀光夜市做出區隔。2015 年起，當台北市如師大夜市遭遇當地居民反彈，士林夜市因重建改造而褪色，高雄凱旋夜市等由盛轉衰，寧夏夜市反而逆勢成長，社會地位大爲提升。穩定回流的人潮，也爲寧夏夜市爭取更具商機的金融服務資源。

內部組織演化：從攤商到店家。寧夏夜市商圈發展協會啓動一連串的環保變革，不但獲得台北市政府、工研院等環保機構的社群認同，也由此強化協會內部整合效益。更多攤商願意承擔各項環保費用的背後，還有更多共同利益考量。在積極與台北市政府建立溝通互動默契下，台北市長郝龍斌經常帶外國友人到寧夏夜市享受道地美食，不過「最多只能吃到二、三道菜就飽了，還要排隊等候。」因此郝龍斌提出「一人點餐，百人上菜」的創意提案，在 2011 年 2 月進化爲「八國聯軍攻占你的胃」，但主打異國美食卻偏離夜市特色。2011 年 5 月 15 日推出「千歲宴」版本，主打 20 道擁有 50 年歷史的知名傳統美味，當天由郝龍斌市長親臨開菜，並宣布台北市將向聯合國教科文組織申請列入「美食之都」，寧夏夜市自此打開國際知名度，許多日韓與大陸客群直接預定「千歲宴」，成爲重要觀光景

點。2012 年 2 月 19 日，馬英九總統首創在總統府設「總統版千歲宴」款待外國貴賓，並創下連續八次入府佳績。台北市官員分析，從環保夜市到「千歲宴」，不但凝聚寧夏夜市攤商，讓大家更相信協會工作，而且還有街邊店家加入聯合行銷活動，開始有更多店商認同寧夏夜市的商圈發展規劃。

（二）取得金融服務資源

1. 制約：門檻過高的金融服務

在變身「環保夜市」後，寧夏夜市商圈發展協會敏銳察覺到另一個新興的服務商機，那就是悠遊卡與行動支付的「無現金交易」服務。總幹事林定國指出，無現金交易相當適合夜市消費型態，主要有下幾點理由。一是節省時間。夜市人來人往，人潮眾多，若能有效利用電子支付結帳，攤販就不用花時間找錢、確認假鈔等程序，節省不少時間。二是建立優質形象，避免一邊找零一邊處理食材，影響衛生觀感。三是不用跑銀行，把收到的現金存到銀行裡，可以節省至少 1 個小時的往返銀行時間。四是避免被搶，可以有效提高交易安全。雖然導入無現金交易可能會讓稅務機構有效掌握攤商營業績效，而有開立發票與課徵稅賦的疑慮，不過寧夏夜市商圈發展協會一位資深成員也直言，其實夜市攤商自有回應之道。

「一旦發現月營業額快要達到 20 萬元，攤商就會改請消費者用現金支付，以避免有超標表現。這也就會出現兩種消費模式，在活動旺季時，可以鼓勵消費者多使用無現金交易，一旦活動過後就改用現金。但長期來看，無現金交易是有利於攤商經營的。」

寧夏夜市商圈發展協會成員分析，夜市消費金額平均約 200 ～ 250 元，屬於小額消費型態，相當適合悠遊卡導入，但卻遭遇不小挑戰。因為依照《悠遊卡約定條款》規定，申請成為悠遊卡小額消費特約機構的條件，除了必須滿足公司登記、稅籍登記、每筆交易不得超過 1,000 元、每卡單日消費上限 3,000 元的規定外；特約商家還必須滿足資本額 6,000 萬

元，年營收 7,000 萬元規定，以保障客戶交易安全。但對小型攤商而言，若年營業額可達 300 多萬元，已屬難得，根本無法符合悠遊卡特殊機構規定。

2. 連結機會辨識：市長候選人的庶民認同感

在寧夏夜市商圈發展協會的多次爭取下，在 2014 年台北市長選舉期間找到突破契機。當時國民黨市長參選人連勝文任職悠遊卡公司總經理，積極爭取年輕選民認同，而悠遊卡也成為他的重要政績。寧夏夜市商圈發展協會向連勝文建議，相較於競爭對手柯文哲深受 20 ～ 35 歲年輕選民認同，連勝文必須找到引起年輕人共鳴的切入點，而悠遊卡政績是連勝文難得的經營績效。若能提高悠遊卡的使用場域，由交通運輸到連鎖賣場，都必須契合一般市井小民的生活日常消費需求，才能讓人有感，也才有機會爭取年輕世代與一般市民認同。

為營造親民形象，連勝文積極回應，並尋求立法院財委會立委支持，修訂《悠遊卡約定條款》並下修使用門檻，讓一般中小企業與小型攤商也能使用悠遊卡。而寧夏夜市也在 2014 年 11 月 3 日成為首家導入悠遊卡的示範夜市。例如在 2015 年 5 月 1 日到 6 月 30 日間，玉山悠遊聯名卡就推出每週五、週六、與週日，到寧夏夜市持悠遊卡消費，跨店消費累積滿 300 元送 50 元現金券的優惠活動，玉山悠遊聯名卡則送 60 元現金券。由此，寧夏夜市商圈發展協會開始展開與金融機構合作，並透過一連串的資源交換，爭取更多優惠措施，大幅提高人潮買氣。

3. 資源交換：庶民經濟交換金融服務資源

寧夏夜市成功導入悠遊卡後，不但商家裝置刷卡設備有助於其他支付工具的創新推廣，夜市平均消費 100 ～ 200 元的庶民經濟，也相當能契合一般消費者與觀光客需求。5,000 萬張悠遊卡支付進一步為寧夏夜市帶來金融服務的創新商機。2015 年間，大陸支付寶主動與寧夏夜市接觸，他們希望寧夏夜市成為支付寶海外拓點的特殊亮點。寧夏夜市商圈發展協會一位資深理事說明：

「因為支付寶原本推動的『雙11』光棍節已經相當成功打響電子商務賣場名氣，馬雲希望在2015年舉辦一個『雙12』活動，鼓勵線下實體消費，以拓展通路市場，而夜市成為支付寶行銷活動的重要起點。」

支付寶提出以3,000萬元行銷預算打響「雙12」線下狂歡節活動，積極鼓勵支付寶會員到台灣使用支付寶優惠在寧夏夜市消費。

「我們推出『一元』專案相當受到歡迎，只要花一塊錢就有機會吃到夜市美食，其他由支付寶買單，這個行銷活動一炮而紅。寧夏夜市成為超過台北101與台北故宮的陸客最愛景點，連香港、新加坡、日本媒體都來採訪報導！」

「一元」夜市活動，成為支付寶在「雙12」的活動熱點，並贏得「全亞洲第一名消費活動」美名。寧夏夜市也因此名利雙收。在實質效益上，寧夏夜市在活動期間業績成長三倍；在無形品牌效益上，寧夏夜市在支付寶高達4億會員平台打響知名度；而大陸評論網高達6億人口的評論平台，評選出寧夏夜市為「陸客最愛」打卡點，也讓寧夏夜市在大陸市場更廣為周知。

支付寶的導入確實為寧夏夜市帶來人潮，也成為每年「雙12」線下購物狂歡節熱點。不過在2016年政黨輪替後，陸客來台人潮日益縮減，寧夏夜市必須有效留住在地客群，以創造夜市人潮。而街口支付等新興國內支付業者，成為帶動寧夏夜市人潮的另一波主力。

街口支付為搶占行動支付市場，提高消費者黏著度，特別推出多項優惠折扣方案，例如在2016年10月2日到12月31日間，街口支付推出「寧夏、通化、饒河、師大」四大夜市「攤攤皆可折，消費享七折」，每週每攤一次，單次消費最高折40元優惠。例如同樣在士林夜市相當熱門的「惡魔雞排」，售價70元；但是在寧夏夜市就打到七折，只賣49元，成為熱銷商品。街口支付與寧夏夜市的優惠折扣活動，成為寧夏夜市留住在地客人的重要工具。總幹事林定國也直言，這就是寧夏夜市與其他夜市的重大

差異。

「只有改變腦袋，才能改變口袋！當別的夜市都不敢導入行動支付等新興支付工具，有的還怕因為這樣被政府課稅，但是，對業者來說，究竟是賺錢重要還是被課稅比較重要，其實答案是很清楚的。」

2019 年 2 月，寧夏夜市進一步與台灣行動支付（Taiwan Pay）合作，以「千歲宴」為主題，推出下載台灣 Pay 就可以九折優惠享受「米其林升級版」千歲宴，由定價 3,500 元降至 3,000 元。除此之外，台灣行動支付在活動期間，提供消費者九折優惠，商家 2.2% 的服務手續費全數由參與這次活動的金融機構吸收。台灣行動支付業者說明：

「行動支付優惠折扣的最大好處就是有使用就有優惠，金融機構的成本收益對價相當清楚，這比金融機構直接印發 DM 的行銷更有效。尤其寧夏夜市推出 20 道長達 50 年的美食『千歲宴』，作為行銷宣傳主題，相當吸引人。」

在 2019 年初，寧夏夜市更規劃要善用「高雄幣」或其他城市貨幣的城市行銷契機，串聯北中南夜市美食活動，例如以消費集點折扣優惠，讓消費者實質獲益，也藉此呼應政府推動「無現金消費」時代的來臨。

4. 社會地位改變：從環保夜市到城市門面

外部社會地位進化：美食文化代表景點。對寧夏夜市來說，支付寶的「雙 12」活動，把寧夏夜市推上台灣最知名的旅遊景點，對導流大陸客與日韓觀光客有極大助益；街口支付的行銷活動則是把台灣其他夜市的在地客群吸收到寧夏夜市；至於台灣行動支付對寧夏夜市的意義則是宣示效果大於實質意義，「這是對政府政策的支持！」

寧夏夜市的社會地位因此有極大進展。透過與悠遊卡公司、支付寶、玉山金控、街口支付、台灣行動支付的強連結，寧夏夜市進階提升夜市地位。對外，寧夏夜市是台灣具代表性的特色文化；對內，寧夏夜市是最富

創新能量的生活實驗場域。寧夏夜市的核心客群也因此產生結構性變化，三成陸客、近二成日韓遊客外，台灣年輕客群更大幅成長，躍升為國際級的環保觀光夜市。這較多數台灣觀光夜市以七成到八成本地客群為主的結構，有本質上的差異。

　　內部組織演化：從協會到公司。在開始舉辦「千歲宴」並積極與金融機構合作的過程中，寧夏夜市商圈發展協會發現，在對外擬定合約的過程中，合作方還經常提出開立發票的需求。因此在 2013 年 3 月，寧夏夜市商圈發展協會的核心成員決定成立「台北寧夏國際美食股份有限公司」，以更有效對外洽議各項合作方案。自此，整個寧夏夜市發展出兩個協作單位。原本的寧夏夜市商圈發展協會以全體攤商和店家為主，由社區發展角度經營商圈；而台北寧夏國際美食股份有限公司則以公司經營角度，向外拓展商機，包括擔任顧問角色，以下說明之。

（三）取得外部投資資源

1. 制約：腹地過小的經營場域

　　寧夏夜市雖然已逐漸發展為台灣最知名的觀光環保夜市，客源開始回流，不過寧夏夜市商圈發展協會卻也直言，寧夏夜市僅有近 180 個攤商，腹地較小，即使有意拓展經營規模也不容易。此外，各攤商經營開始進入接班傳承，許多第二代子弟兵頗有自己的想法與規劃方向，未必願意接收家傳美味。新口味新設計的創新研發，常在接班子女與第一代創辦人間引起爭執。

　　更具挑戰的是，隨著泰國、新加坡等東南亞新興城市開始以時尚設計經營觀光夜市，吸引國際觀光客源，寧夏夜市也感受到需要進化升級的壓力。寧夏夜市商圈發展協會就曾經組織考察團到泰國調查，結果發現泰國政府正全力打造主題夜市之體驗行銷，知名的河濱夜市、音樂夜市、木材夜市等，都在政府的推動規劃下，依據地景地物特色，結合時尚藝術，規劃為需要購買門票才能入場的獨特園區體驗服務。對此，寧夏夜市也開始企思有所突破。

2. 連結機會辨識：新興市場的城市發展亮點

　　面對寧夏夜市的創新變革壓力，寧夏夜市商圈發展協會體認到必須為下一代尋求出路。2014年，大陸寧夏省總書記帶領一群主管來台參觀，在造訪寧夏夜市時，總書記提到大陸寧夏希望發展旅遊觀光，「大陸寧夏有美景，台灣寧夏有美食，雙方一拍即合！更重要的是，大陸寧夏也希望規劃主題夜市，但卻沒有經驗，這給了寧夏夜市輸出成功經驗的機會，也可藉此幫助第二代接班人謀求出路。」

　　2015年7月，雙方正式簽署框架協議，並以「寧夏雙美，台灣美食與大陸美景」簽訂觀光旅遊等合作協定。大陸寧夏省借助寧夏夜市180個攤位通路，推出15台電視跑馬燈活動，並有65吋大螢幕節目介紹寧夏旅遊景點。在原始規劃中，造訪夜市吃美食的在地居民或觀光遊客，看到電視節目並點選旅遊行程，就可以轉化為有效的旅遊採購點，商家可以分潤1,000～3,000元，達到合作互利的效果。

　　「這個作法比單純把錢給旅行社分潤來得高，也就是讓旅遊景點直接與消費者對接，也是『直接破盤價』的創新設計。但目前的電視互動與點選技術還沒辦法做到直接下單選購旅遊行程，夜市商家也就還無法取得合理利潤，這是比較可惜的地方。」

　　自2016年推動寧夏省的旅遊市場，每年都有15%的觀光人潮成長率。位於塞北四省的寧夏省每年僅有4～9月是旅遊旺季，當地不但有黃河羊皮竹筏渡河覽勝，還有回族自治區特殊旅遊景點等「獨家祕境」，成為台灣與其他國家觀光客關注的新興旅遊景點。

3. 資源交換：隱形顧問服務交換市場開拓

　　「寧夏雙美」的旅遊服務，奠定雙方合作基礎。尤其，寧夏夜市的成功經驗，也成為大陸新興市場的取經對象。寧夏夜市商圈發展協會在經過一年多的考察研究後，建議大陸寧夏省可以成立「觀光市集」，但需以室內經營為主，因寧夏省位處塞北，冬日嚴寒，較不適合露天經營。不過，

開放合作的核心理念仍是夜市經營主軸，包括開放的空間設計感與多元的小吃設計。寧夏夜市商圈發展協會成員分享，「在地人做在地事，是最快樂的事」，因此大陸寧夏觀光市集中有三分之一的核心美食仍以在地小吃為主，再搭配三分之一的台灣小吃與其他各國美食。寧夏夜市商圈發展協會還特別安排幾位和寧夏省有聯繫的台灣廚師前往協助並導入台灣特色美食。

「說到底，夜市還是給當地人吃的，觀光客的能量有一定局限。只有貼近當地人口味的美食，才能打動人心！其實對許多觀光客來說，他們也是慕名而來，就是要品味最到地的美食滋味。」一位廚師分享道。

寧夏夜市商圈發展協會不但賣美食，更賣美食經驗，發展顧問輸出服務；甚至，寧夏夜市多元豐沛的人潮特色，也逐漸發展為觀光行銷通路。例如知名的免稅商店昇恆昌就鎖定寧夏夜市的「自由行」陸客，編列1,000萬元「美食券」預算與寧夏夜市合作，由此鼓勵寧夏夜市陸客到昇恆昌消費。昇恆昌透過美食券篩選陸客，免費接送到店內購物，並推出「購物滿5,000送500」的折價優惠，積極鼓勵自由行客人消費。

昇恆昌主管分析，到寧夏夜市的「自由行」陸客，本身在來台之前就已經過大陸官方篩選，他們有一定的存款與消費能力，又屬於衝動型消費族群；相較於成群結隊的觀光客，更有購買力，因此成為重要客源。而這也是寧夏夜市善用客群特質以建立跨領域合作夥伴關係的特殊機制。

4. 社會地位改變：從城市門面到跨國顧問

外部社會地位進化：夜市經營代表個案。在環保夜市、城市門面之後，寧夏夜市更已發展為顧問教室，對內對外輸出夜市經營機制。除大陸寧夏省的夜市經營輸出外，其他大陸省市也相繼邀請台北寧夏國際美食股份有限公司以跨國顧問的身分，協助診斷當地美食商圈規劃。除大陸之外，寧夏夜市附近的商圈發展也需要更專業的顧問診斷。例如寧夏夜市附近有相當知名的木材行，台北寧夏國際美食股份有限公司就借助泰國「木材夜

市」經驗，規劃消費者可以購買 DIY 木板，並自行組裝爲手機架、掛鑰匙的門把等。寧夏夜市商圈發展協會也積極擬定「升級方案」，例如以體驗策展機制，規劃限量服務。作法之一是推出價值約 200 元的預售門票，「門票」設計爲一套環保餐具，購票者可以點購 3 ～ 5 道美食。環保餐具在使用後可以成爲消費者的「紀念品」，可自用可宣傳，達到多元傳播效果。

　　內部組織演化：二代接班培訓教室。在獲得大陸城市與鄰近商圈認可，並邀請擔任顧問角色之外，台北寧夏國際美食股份有限公司也開始與學校合作，規劃一系列課程，輔導第二代接班人創新轉型之道。例如：台北寧夏國際美食股份有限公司與台北商業大學合作，開設 80 小時的「夜市大學」課程，鼓勵夜市攤商與接班人利用週三上午到北商上課，以創新經營模式。協會資深主管特別教授跨業經營、組織變革、行銷管理等課程，並經常受邀到其他縣市演講，以向夜市攤商與主管機關教授夜市轉型的豐富知識。

表：寧夏夜市的創新變革與社會地位轉化

社會地位進化階段過程	遭遇制約	連結辦識機會	資源交換：以資源社會性價值交換	社會地位轉化
階段一：取得機構環保資源（基礎建設網絡）	噪音與環境汙染等引起當地居民反感。不少台北夜市更引起居民抗爭，夜市出現退潮景象	**環保市長的代表性作品**：時任台北市長郝龍斌以「環保市長」自居，需要環保成績單	**環保業績交換自來水等機構資源**：重新定義寧夏夜市爲環保示範點，並導入自來水龍頭，工研院創新研發，友善公廁等一連串資源	從觀光夜市到環保夜市 **有形價值**：乾淨友善環境，消費者回流，近悅遠來 **無形價值**：環保示範點的品牌形象 **外部地位**：環保夜市的機構認可 **內部組織**：從攤商到店家

社會地位進化階段過程	遭遇制約	連結辨識機會	資源交換：以資源社會性價值交換	社會地位轉化
階段二：取得金融服務資源（金融交易網絡）	**缺乏金融服務資源**，希望導入悠遊卡等無現金交易。但依規定，特約商家必須滿足資本額 6,000 萬元，年營收 7,000 萬元規定，以保障客戶交易安全	**市長候選人的庶民認同感：**台北市長參選人連勝文希望營造平民形象，以爭取年輕選民認同	**庶民經濟交換金融服務資源：**寧夏夜市重新定義爲庶民經濟，並成爲金融機構爭取年輕族群的重要場域，包括支付寶、街口支付、台灣行動支付等加入合作網絡	從環保夜市到城市門面**有形價值：**高性價比美食代表，獲選爲第一名觀光景點**無形價值：**庶民經濟代表，躍升台灣具代表性的國際級景點**外部地位：**美食文化代表景點**內部組織：**從協會到公司
階段三：取得外部投資資源（資訊交流網路）	**缺乏經營場域的擴張基礎：**腹地過小，只能容納 170 多個攤商，且面臨二代接班壓力	**新興市場的城市發展亮點：**大陸新興城市如寧夏省與其他二級、三級城市，需要突破性的亮點展示推廣	**隱形顧問服務交換市場開拓：**寧夏夜市重新定義爲專業顧問之套裝服務，可輸出到其他城市，並作爲二代接班培訓內容	從城市門面到跨國顧問**有形價值：**開拓新市場商機**無形價值：**顧問知識輸出**外部地位：**夜市經營代表個案**內部組織：**二代接班培訓教室

資料來源：本專書整理

（四）社會地位解析：社會價值網絡的階段性演化

寧夏夜市特殊的社會地位演變乃是一系列機會辨識以建立連結，資源交換以深化連結，乃至最終改變社會價值網絡連結的演化過程。若進一步分析可以發現，寧夏夜市的社會價值網絡乃是與不同專業社群的連結，從

而根本改變其價值結構。

首先是改變物流體系，包括基礎建設與通路體系。寧夏夜市原本定位為觀光夜市，目的在以小吃美食吸引觀光人潮與一般消費者，因此有特色的小吃美食才是主角。但是在夜市噪音與環境汙染的嚴峻考驗下，寧夏夜市面臨在地住民抗爭，徒有美食卻難以親近。因此，如何重新建構小吃美食的通路環境，成為首要之務。寧夏夜市商圈發展協會在取得台北市政府對油脂截留地下化工程的同意後，啟動一連串環保運動，包括自來水安裝與禁用免洗餐具、生產履歷與卡路里標示等體外與體內環保實務，根本改變寧夏夜市的經營體質，寧夏夜市也因此成為各種環保科技創新的施測場域。從社會價值定位上，「環保觀光夜市」成為寧夏夜市的專屬身分識別，它建立與政府機構、科研機構的專業連結，確認其機構正當性與環保價值地位。

其次是改變金流體系，尤其是小額支付的金融交易網絡。過去寧夏夜市與一般傳統夜市無異，都是以現金交易為主，「銅板錢」經濟被視為社會邊陲，並未引起金融機構關注。但寧夏夜市商圈發展協會卻能善用契機與悠遊卡公司展開合作，進而推展與支付寶、街口支付，乃至台灣行動支付的合作契機。由此，寧夏夜市不單純是庶民經濟代表，更是金融機構接觸年輕客群、國際觀光客群的重要場域。尤其寧夏夜市僅有170多個攤商，小而美的經營模式，反而成為行動支付等新興金融科技的生活實驗場域，甚至成為台灣代表性的觀光旅遊景點。與金融機構建立網絡連結，建立科技化的金流體系，大幅提升寧夏夜市的場域經營價值。

最後是改變資訊流體系，將夜市經營轉化為專業顧問輸出。過去夜市裡的特色美食經營多是單打獨鬥，但寧夏夜市商圈發展協會卻推出「千歲宴」，結合20道皆長達50年的特色美食，吸引觀光團客與企業客戶提早訂位；之後，寧夏夜市更在持續推動環保建設、金融服務過程中，建立攤商與店家集體共識。創新的經營知識成為其他夜市取經對象，寧夏夜市商圈發展協會進而與台北商業大學合作推出系列課程，由「台灣夜市暨商圈

經營管理專班」到各種二代專班經營，例如茶葉專班、電器專班等，目的都在導入創新經營的系統性知識，協助台灣微型企業轉型。

總結來說，寧夏夜市商圈發展協會在外部社會地位的建構上，透過一系列與不同專業社群網路的連結，開始由一個傳統的在地夜市進化為環保夜市、台北市的城市門面，成為觀光客旅遊必經景點；至今則蛻變為專業顧問角色，跨國輸出夜市成功經驗。

對外連結強化外部社會地位，但也由此強化內部組織結構。寧夏夜市商圈發展協會由原本的分崩離析，到成立社團法人建立健全的理監事會議與財務透明機制，開始獲得全體攤商認可。及至「千歲宴」等一系列活動引起台北市、總統府，乃至國際觀光客肯定，附近店家也開始加入協會組織，利益共享。之後協會成員另外籌組台北寧夏國際美食股份有限公司，以公司組織對外簽訂契約，建立跨國跨地域的顧問機制，更深化內部成員的專業協作體系。近年則進一步展開二代接班培訓，透過顧問服務將內部組織向下延展到二代團隊的創新協作體系。從攤商到店家的橫向連結，從協會到公司的跨國連結，從一代到二代的跨代連結，寧夏夜市商圈發展協會的組織演化，也成為社會網絡建構的另一項重要啟發。

四、個案啟發

本個案對夜市或創業家等缺乏資源且位處劣勢之組織，要如何改變社會地位提出幾點建議。

首先是換位思考，以辨識機會。缺乏資源的企業組織在向外尋求資源時，往往需要如創業家般努力推銷自己的價值，規劃未來的發展方向，以獲得創投基金或銀行主管的支持。但本研究提出，劣勢者與其一味地推銷自己，不如學會換位思考，重新站在優勢者的角度，思考他們的需求，以有效探尋雙方建立合作的契機。換句話說，劣勢者的資源或產品服務，究竟有無價值？且價值高低如何？其實是取決於優勢者的評價。越能洞察優勢者需求，包括顯性與隱性需求者，越有機會與優勢者建立連結，進而換

取雙方可用資源。

其次是換價得利，以取用資源。過去位處邊陲之企業組織或創業家往往因缺乏資源，處於劣勢地位，以致難以尋取優勢資源。但實則，多數企業乃停留在資源的功能性價值或經濟性價值評估，忽略資源社會性價值的重新定義。夜市攤商或農民水果看似沒有太高價值，但卻是庶民經濟的社會底蘊，對欲爭取選民支持的政治人物深具戰略價值。小額支付，在過去對大型金融機構來說也不具資產價值，但對爭取新興年輕客群、理解年輕世代的生活型態與價值體系，卻具有戰略價值。由此可見，當劣勢者經常因缺乏可用資源而苦惱，不妨嘗試重新定義資源價值，尤其是資源的社會性價值，以換取優勢資源。

第三是換取新機，以創新資源價值。對劣勢者而言，擺脫劣勢地位之目的不但在取得優勢資源，更在爭取創新價值的機會。但多數企業往往只關注社會地位的提升與資源取得，並未能進一步深思社會網絡背後的價值體系與相互關聯，從而忽略創新資源價值的各種機遇。寧夏夜市商圈發展協會是少數懂得善用環保價值網絡之物流體系與金融服務網路之金流體系，整合兩者以進一步轉化為顧問知識體系者；同時，寧夏夜市商圈發展協會在向外傳播顧問知識的過程中，也在同步探索可能的資源網絡，以進一步強化在原有社會網絡之價值定位。例如寧夏夜市商圈發展協會在向高雄或台中夜市輸出轉型經驗的過程中，就進一步取得未來與多方城市共同成立「夜市幣」以串聯南北優質夜市攤商，累積點數與折扣優惠，開展跨區域金融服務整合綜效。

本章參考文獻

蕭瑞麟、歐素華、蘇筠，2017。〈逆強論：隨創式的資源建構樣貌〉。台大管理論叢，第27卷第4期：1～32。(Hsiao, R.L., Ou, S. H., Su Yun, "Inversing the Powerful: Process of Resource Construction through Bricolage," *NTU Management Review*, Vol. 27, No. 4, 1~32.)

Ahuja, G., 2000, "Collaboration Networks, Structural Holes, and Innovation: A Longitudinal Study," *Administrative Science Quarterly*, Vol. 45, No. 3, 425-455.

Ahuja, G., and Lampert, C., 2001, "Entrepreneurship in the Large Corporation: A Longitudinal Study of How Established Firms Create Breakthrough Inventions," *Academy of Management Review*, Vol. 22, No. 6-7, 521-543.

Alvarez, S. A., Young, S. L., and Woolley, J. L., 2015, "Opportunities and Institutions: A Co-creation Story of the King Crab Industry," *Journal of Business Venturing*, Vol. 30, No. 1, 95-112.

Barney, J. B., 1991, "Firm Resources and Sustained Competitive Advantage," *Journal of Management*, Vol. 17, No.1, 99-120.

Bechky, B. A., and Okhuysen, G. A., 2011, "Expecting the Unexpected? How SWAT Officers and Film Crews Handles Surprises," *Academy of Management Journal*, Vol. 54, No. 2, 239-261.

Borgatti, S. P. and Foster, P. C., 2003. "The Network Paradigm in Organizational Research: A Review and Typology," *Journal of Management*, Vol. 29, No. 6, 991-1013.

Borgatti, S. P., Mehra, A., Brass, D. J., and Labianca, G., 2009, "Network Analysis in the Social Sciences," *Science*, Vol. 323, No. 5916, 892-895.

Brannen, M. Y., 2004, "When Mickey Loses Face: Recontextualization, Semantic Fit, and the Semiotics of Foreignness," *Academy of Management Review*, Vol. 29, No. 4, 593-616.

Burt, R., 2001, "*Structural Holes Versus Network Closure as Social Capital*," In N. Lin, K. S. Cook, & R. Burt (Eds.), Social Capital: Theory and Research: Aldine de Gruyter.

Burt, R. S,. 1992, "*Structural Holes: The Social Structure of Competition*," Cambridge, Mass.: Harvard University Press.

Burt, R. S., 2005, "*Brokerage and Closure: An Introduction to Social Capital*," OUP Oxford.

Chesbrough, H. W., 2003, "The Era of Open Innovation," *Sloan Management Review*, Vol. 44, No. 3, 35-41.

Dacin, M. T., Munir, K., and Tracey, P., 2010, "Formal Dining at Cambridge Colleges: Linking Ritual Performance and Institutional Maintenance," *Academy of Management Journal*, Vol. 53, No. 6, 1393-1418.

Delmestri, G., and Greenwood, R., 2016, "How Cinderella Became a Queen: Theorizing Radical Status Change," *Administrative Science Quarterly*, Vol. 61, No. 4, 507-550.

Drucker, P. F., 1985, "*Innovation and Entrepreneurship Practices and Principles*," Amacon.

Ei, S., and Arie, Y. L., 2016, "A Resource Dependence Perspective on Low-Power Actors Shaping Their Regulatory Environment: The Case of Honda," *Organization Studies*, Vol. 38, No. 8, 1039-1058.

Eisenhardt, K. M., and Schoonhoven, C. B., 1996, "Resource-Based View of Strategic Alliance Formation: Strategic and Social Effects in Entrepreneurial Firms," *Organization Science*, Vol. 7, No. 2, 136-150.

Granovetter, M. S., 1973, "The Strength of Weak Ties," *American Journal of Sociology*, Vol. 78, No. 6, 1360-1380.

Hanneman, R. A., and Riddle, M., 2005, "*Introduction to Social Network Methods*," University of California Riverside.

Hargadon, A., and Sutton, R. I., 1997, "Technology Brokering and Innovation in a Product Development Firm," *Administrative Science Quarterly*, Vol. 42, No. 4, 716-749.

Nohria, N., 1992, "*Introduction: Is a Network Perspective a Useful Way of Studying Organizations?*" In N. Nohria, and R. G., Eccles (Eds.), *Networks and Organizations*: 1-22. Boston, MA: Harvard Business School Press.

Penrose, E., 2009. "*The Theory of the Growth of the Firm,*" (4 ed.): Oxford University Press.

Podolny, J. M., 1994, "Market Uncertainty and the Social Character of Economic Exchange," *Administrative Science Quarterly,* Vol.39, No. 3, 458-483.

Shane, S., 2000, "Prior Knowledge and the Discovery of Entrepreneurial Opportunities," *Organization Science*, Vol. 11, No. 4, 448-469.

Siegel, D. S., and Renko, M., 2012, "The Role of Market and Technological Knowledge in Recognizing Entrepreneurial Opportunities," *Management Decision*, Vol. 50, No. 5, 797-816.

van de Vrande, V., de Jong, J. P. J., Vanhaverbeke, W. and de Rochemont, M., 2009, "Open Innovation in SMEs: Trends, Motives and Management Challenges," *Technovation*, Vol. 29, no. 6-7, 423-437.

Waldron, T. L., and Fisher, G., 2015, "*Social Entrepreneurs' Rhetorical Strategies*," Paper presented at the Academy of Management Proceedings.

Waldron, T. L., Fisher, G., and Navis, C., 2015, "Institutional Entrepreneurs' Social Mobility in Organizational Fields," *Journal of Business Venturing*, Vol 30, No. 1, 131-149.

Wright, A. L., and Zammuto, R. F., 2013, "Creating Opportunities for Institutional Entrepreneurship: The Colonel and the Cup in English County Cricket," *Journal of Business Venturing*, Vol.28, No. 1, 51-68.

Yin, R. K., 1994, "*Case Study Research: Design and Methods*," Thousand Oaks, CA: Sage.

第十六章　樂天、支付寶、街口：拉幫結派，自成一格

> 「越隱形，越成功！」是國泰金控總經理李長庚在 2020
> 年 12 月對 Bank 4.0 提出的最佳詮釋。同樣的，《Bank 4.0：
> 金融常在，銀行不再？》一書作者 Brett King 也提到，所謂
> Bank 4.0 核心乃是要提供「無摩擦交易」（Zero Friction），
> 要讓使用者交易起來完全沒有負擔，消除不必要的繁瑣程
> 序。

————

本章將介紹金融服務的演進，並以日本樂天個案為例，分析金融生態圈的形塑過程，另也將討論支付寶與街口支付兩個案例，以提供台灣在發展純網銀服務的重要借鏡。最後介紹網路效應、梅迪奇效應與飛輪效應等重要概念與生態系形塑關係。

一、金融服務的演進，從 Bank 1.0 到 Bank 4.0

《Bank 4.0：金融常在，銀行不再？》一書作者 Brett King 在專書中分析過去 500 年來銀行發展的四個階段，主要有以下區別。

Bank 1.0：金融服務（1400 ～ 1950）在 15 世紀初，是奠定在商業活動交易基礎上。一般認為最早的銀行機構與服務體系，可追溯到 12 世紀義大利佛羅倫斯，並在文藝復興時期（14 ～ 17 世紀）由梅迪奇家族（Medici）在歐洲所經營的服務模式，當時各地分行扮演資金融通角色，而「社群為主」（community-led banking）的信任關係更是核心，有關係才能建立信任機制，進而有效融通資金。

Bank 2.0：1950 ～ 2000 年是金融全球化時期（universal banking），其實不只金融業，汽車產業或是其他民生消費食品也在這個時期邁開全球化腳步，金融服務只是剛好跟著企業全球化腳步，同步邁向國際。知名

國際金融機構如花旗銀行、匯豐銀行等開始在全球主要城市展開跨國經營。在這個時期，「自我服務」（self-serving）的銀行設備如自動提款機（ATM）等，也開始跳脫銀行原有的服務時間與空間場域限制，提供消費者在銀行正常營業時間以外的服務內容。

Bank 3.0：2000 ～ 2025 年 則 是 所 謂 全 通 路 時 代（omnichannel banking），金融服務透過多元通路，如網路銀行、ATM、手機等，開始推展多元服務。尤其 2007 年的智慧型手機，更讓行動支付、點對點服務等，突破過去以銀行為中心的服務模式。

Bank 4.0：預計 2025 年以後則是所謂無所不在的金融服務（ubiquitous banking），傳統金融機構不只需要往行動載體位移，更重要的是有來自科技業與其他金融科技新創正在突破傳統金融服務疆界，由多元場景開始提供即時、無摩擦、低成本的交易服務。例如在網路上購物時發現資金不夠，就順便借一下小額信貸，甚至綁定的銀行早已主動提供你信用額度；又或者搭計程車或生活採買，完全不用費心拿現金或信用卡，直接拿手機轉帳或掃 QR Code 條碼支付，即可完成匯款。所謂「無所不在」的服務，讓銀行開始跳脫金融服務主角的角色，以配角進入使用者的多元場域。

也因此，銀行不只要重新綁定自己原有的金融服務內容（re-bundling financial services），更要跟隨使用者行為，由其行動軌跡或體驗路徑，設計一系列的綁定服務，包括非金融與金融的服務體驗設計，也就是所謂體驗綁定（re-bunding experience）。在介紹樂天個案過程中，將系統性分析樂天如何綁定消費者體驗。

回到 Bank 1.0 到 Bank 4.0，如果從商業模式的創價、傳價與取價邏輯分析將會發現，Bank 1.0 ～ Bank 3.0，主要仍以銀行本業為主，銀行體系的資金流動是驅動企業、產業，乃至國家經濟成長的重要動力來源，一國中央銀行更會透過利率與匯率操作，來調節經濟成長。例如《致富的特權》一書中就提到，當經濟疲軟，央行會調降利率，採取寬鬆的貨幣政策，讓人們願意借錢投資或是把存下來的錢拿出來花用。而我國央行若希望利

率下調或上調時，通常是藉由公股行庫帶頭調整銀行的各項利率。此外，在台灣這種規模較小又高度仰賴貿易的國家，匯率也常是央行密切關注並試圖影響的對象。央行通常希望維持匯率穩定，因為突然升高的匯率，會導致出口商的貨品競爭力下降。央行若想干預匯率，想讓新台幣貶值時，就會在外匯市場買入外幣、釋放新台幣。

在過去 Bank 1.0～Bank 3.0 時代，銀行體系的資金流動和中央銀行的貨幣政策密切相關。但是在 Bank 4.0 時代，非金融體系與科技業者的加入，確實正在重新定義資金流通的方式；甚至更多破壞式創新的金融服務如比特幣或臉書曾倡議的 Libra，則跳脫傳統央行對貨幣流通的管制，而可能建構全新金融服務體系。

Bank 4.0 的業者如日本樂天或大陸支付寶，他們是以物流和資訊流服務，驅動金融創新服務。除創價邏輯不同外，金融服務的傳價機制與取價機制在 Bank 4.0 也有極大差異。在傳價機制上，所謂「無所不在」的服務，並不單純是指各種科技與網路服務的應用，而是在落實以場景體驗為核心的金融服務價值。換句話說，金融服務不再局限於傳統銀行、證券、保險的服務場域，而是要融入到一般人的生活場景中，能享有無摩擦的交易服務。

至於取價機制，傳統金融服務以「中介服務」為主，銀行服務主要賺取利差、匯差和各項交易手續費；保險服務以保費收益為主，而證券服務則是交易手續費。但是在 Bank 4.0 時代，金融服務是隱藏在各項產品與服務的物流和資訊流背後，因此它的取價模式也就有本質上不同。以樂天集團來說，它的核心收益是各種網路服務收費，約占 6 成以上，而金融服務收益約占 3 成多。但實則金融服務乃與網路服務密切連動，例如樂天電子書、電子影音服務的每個月或每年訂閱費，在轉帳交易過程中的手續費，便是樂天銀行的重要收益來源之一。至於會員在交易過程中若有資金融通需求，如電子商務上的中小型商家有短期資金融通需求，或消費者有小額信貸需求，就可以透過樂天銀行取得即時彈性的融資服務。

表：Bank 1.0～Bank 4.0 的商模差異

	Bank 1.0	Bank 2.0	Bank 3.0	Bank 4.0
創價	金流驅動	金流驅動	金流驅動	物流與資訊流驅動資金流通
傳價	實體分行通路	實體分行為主，網路與 ATM 等為輔	多元金融服務通路，虛實整合	無所不在的通路，場景金融為主
取價	**銀行服務**：利差、匯差、手續費 **保險服務**：保險費 **證券服務**：交易手續費等	同 Bank 1.0，且銀行跨行轉帳還有交易手續費	同 Bank 1.0，且主要交易平台仍有手續費	以各項數位服務之交易手續費為主，傳統金融服務之收益為輔

二、樂天個案

創立於 1997 年的 MDM 其實是樂天的前身，在 1999 年更名為樂天。樂天命名源自日本戰國時代大名，織田信長（1534 ～ 1582）的經濟政策，任誰都可以在市場交易以活化經濟的「樂市、樂座」理念。而樂天（Rakuten 在日文是樂觀主義的意思）創辦人三木谷浩史，曾在日本興業銀行工作，之後進入美國哈佛商學院。1995 年的阪神大地震，帶走他的叔叔、叔母，家鄉到處斷垣殘壁，成為他創業的動力。1997 年創辦樂天株式會社。以電商平台起家的樂天，創辦初始只有 5 名（另一說是 6 名）員工；現在員工數則有 1 萬 5 千名，且市值上看 3,000 億台幣。

2000 年在 JASDAQ（東京證券交易所，主要以新興企業為對象）上市取得資金後，樂天開始積極透過併購（M&A）擴大事業，第一筆收購案是美系網路服務公司；2003 年收購原屬於日立造船經營的旅遊事業（現樂天旅遊）和三井銀行系列的證券公司（樂天證券）。

2004 年參與日本職業棒球隊，是日本職棒隊睽違 50 年的新進入者，在當時幾乎所有球團經營管理都面臨虧損之際，樂天卻在第一年就取得年獲利 1,500 萬日圓的好成績，而成為傳奇。

2005 年收購信用卡相關公司，2009 年將深陷次級房貸風暴的 eBank 子公司（當時帳面價值蒸發 234 億日圓）轉化爲現在的樂天銀行，2010 年收購電子支付 Edy（現樂天 Edy）。

在短短 25 年間，樂天集團提供超過 70 種類型服務，並擁有 1 億名日本會員，年收益超過一兆日幣。樂天銀行並榮獲多項獎項。2012、2013、2014 年連續三年 Global Finance 評選爲「日本最佳電子銀行」；2015、2016 年連續兩年 Global Finance 評選爲「全球最佳數位銀行」；2011、2015 年兩年 The Asian Banker 評選爲「最佳銀行」；2017 年 The Asian Banker 評選爲「最佳行動銀行」。日本樂天商業銀行總經理佐伯和彥表示，日本樂天銀行有三個「第一」表現：獲利第一、內控第一、與服務第一。樂天在日本已經有數年爲獲利第一的純網銀；創下銀行成立後未被金融廳裁罰之佳績；客戶滿意度高，連續數年獲得最佳銀行等國際大獎。2017 年全國刷卡總額 52 兆日圓，樂天信用卡的刷卡總額爲 6 兆，位居第一。第二名的三菱則是 5.6 兆日圓。

從網路銷售平台起家，樂天朝旅行住宿等日常生活事業布局，背後都有金融機構的影子。而由電子商務到數位內容經營，從實體產品服務到虛擬產品服務的經營邏輯，則爲樂天創造不同類型的商業模式。以下將介紹樂天集團在電子商務、金融服務與數位內容等三項核心事業的商業模式，並進一步分析樂天特殊的併購策略與背後對會員經營的邏輯思維。

（一）樂天的電子商務

一般電子商務強調效率、方便、便宜與規模經濟，需要大量天使創投投資以建構基礎建設。但樂天在創辦初始就以自由的交易市集爲核心理念（true bazaar），並讓人們有發覺市集好物的樂趣（discovery shopping）。

樂天以「B2B2C」（平台對商家對消費者）爲平台設計基礎，驅動電子市集裡的商家提供人性化的服務給消費者（humanizing e-commerce）。

創辦初始只有 6 位工程師，與 13 個中小型的在地商家，但樂天卻決定由系統（system）、流量（traffic）、與專業（expertise）出發，以樂天展示會（Rakuten Expos）的型態，教導中小型企業有效策展，以吸客、留客。

例如有一位商家在樂天市集裡賣雞蛋。一般來說，雞蛋是傳統雜貨店的主要物品，走幾步路就可以買到。但這家名為 Mikitani 商家卻宣稱，傳統雜貨店裡的雞蛋不夠新鮮，常常放了 1～2 週（這中間還有中間商的轉手運送）；但是 Mikitani 的雞蛋卻是「雞場直送」，透過電商平台訂購，一天就可送達。在樂天協助下，Mikitani 開始撰寫「雞蛋日記」（chick diary），記錄雞蛋的孵化過程與有趣故事，這種「有雞故事」富含故事性與人情味，確實相當吸引消費者。

樂天平台吸引日本在地的小型商家進駐，產品品質好，但卻缺乏國際認證標準。2010 年，樂天開始啟動「英文化」，希望藉此推升日本傳統好物到國際標準，並行銷全世界。一開始，員工深受文化衝擊且相當無所適從，但在樂天支持下，員工們開始重拾信心。迄今，樂天有超過一萬名員工，樂天以「雙軌制」作為全球化基石，一方面僱用年輕人力，一方面透過併購吸收高優質專業人才。在 2010 年當年，樂天就聘僱超過 600 位社會新鮮人加入。

樂天積極經營優質商家的同時，也透過「超級點數」計畫，有效經營會員。根據報導，樂天店家每年要讓出營業額的 1% 給消費者，透過「讓利」行動讓會員有感。

（二）樂天的金融服務

在樂天有效建立電子商城服務之際，樂天同步發展金融服務，可以想見，在線上交易過程中，樂天對一般消費者或稱會員（B2C）與商家（B2B）的金融服務也在逐漸擴增。

以會員服務來說，樂天銀行提供線上開戶、付款、結帳等基本線上電商商品交易所需之金流服務；然後再發展儲蓄、投資、借款、娛樂、證券

等服務內容。樂天銀行以一個手機 APP 就能提供多元金融服務內容，包括：存款服務、外匯交易、投資信託、樂天證券帳戶交割、信用卡、海外匯款、信用卡貸款、房屋貸款、彩券銷售服務等項目。尤其，有競爭力的存貸款利率優惠，加上樂天生活圈裡的點數兌換優惠，讓整體金融服務更超值有感。另外如 Rakuten Edy 的電子錢包以預付、可充值、無接觸的行動支付服務提供日本消費者在 7-11、麥當勞等行動支付，去除中間商的服務費用。

表：樂天手機 APP 的服務功能

類別	功能
開戶	申請新的銀行帳戶
付款／結算	轉帳（包括透過電子郵件／SNS） 交易／消費明細查詢 國外匯款
儲蓄／投資	活期存款／定期存款／結構性商品 外幣存款 外匯交易 財富管理
借款	申請無擔保貸款 申請房屋貸款
娛樂	購買彩券 註冊獎勵點數活勤
證券	Money Bridge

從金融服務內容來看，樂天對個人用戶的服務內容已涵蓋銀行、信用卡、支付、證券、及保險。其中日本樂天銀行是全日本第一名的網路銀行；信用卡與行動支付也取得第一名佳績，網路證券服務位居第二名（截至 2020 年統計）。至於保險則有樂天生命、樂天損保、與網路保險經銷。

至於樂天對網路商家的企業用戶服務則以存貸款和結算為主，店家的資金取得成本約在 3.24% 以下（截至 2020 年統計），並提供即時方便的 mPOS 支付網路。在保險服務上則有實體保險經銷服務。

表：日本樂天的金融服務內容

	個人用戶		企業用戶
銀行	網路銀行	・存款 ・貸款 ・結算	・存款 ・貸款 ・結算
信用卡及支付	信用卡、電子票據、QR 行動支付		mPOS 支付網路
證券	網路證券		
保險	人壽保險、一般保險、網路保險經銷		實體保險經銷

（三）樂天的數位內容服務

在前 16 年的開拓期中，樂天已有效經營「一站購足」的服務體驗，包括電子商務（如電子市集、電子產品、媒體服務）、金融服務（如電子錢包、信用卡、銀行、保險等）、營運服務（如電信、保全等）、專業運動服務等。樂天最早也最資深的活動──電子市集與顧問服務，Rakuten Ichiba，也已被美、英、德、法、台灣等多國採用。

樂天並持續擴張商業版圖，如線上拍賣（Rakuten Auction）、線上高爾夫課程預約（Rakuten GORA）、線上旅遊服務（Rakuten Travel）、線上行銷服務（LinkShare）、第三方營運（Rakuten Logistics）、數位內容（Rakuten Logistics）、數位閱讀影音等（Rakuten Books）。

在多種服務介面下，樂天成立 Rakuten Broadband 以有效連結不同服務內容，另有 Rakuten Mobile 與樂天搜尋引擎 Rakuten Infoseek。另外還有整合性行銷服務 Rakuten Research、學生聘用的社群服務（Minnano-Shushoku）、與商業配對連結服務（Rakuten Business）等。樂天並在 2004 年成立樂天職棒隊（Tohoku Rakuten Golden Eagles）。

（四）收入來源與成長歷程

1. 收入來源

在多角化的經營基礎上，樂天的主要營收來源有以下數者。首先，

60%收益來源是網路服務，包括電子商務平台、網路入口、線上旅遊預約、線上搜尋、線上閱讀服務等。其次，網路金融服務也是大宗，在 2012 年全年約占 31%。2012 年，樂天的整體營收超過 39 億歐元，淨收入是 1.74 億歐元。由此，樂天也開始扮演驅動區域經濟發展的重要角色。

樂天的主要收益來源中，商家每個月的開店費（或稱「上架費」）與銷售抽成，是主要營收來源。不過在 2008 ～ 2009 年的資本支出後，樂天 2010 年又有所成長。2012 年，樂天又投入 7,500 億歐元在資本投資上，並在 2017 年再度取得獲利成長。

在 2012 年樂天的年報中說明樂天有 16.7% 的年成長率，主要來自於以下三方面。一是日本電子商務市場的持續增長；二是樂天商業模式推廣到其他國家；三是數位金融服務的持續增長。

若進一步分析樂天三個主要事業內容 —— 電子商務、金融服務與數位內容服務的取價機制，可以發現樂天有特殊的定期收益與非定期收益機制的交互應用。定期收益主要包括電子商務中的商家上架費用、數位內容的訂閱費用等。非定期收益則有電子商務的顧問服務、科技導入與手續費等；金融服務的存放利差、匯差、手續費等。這也足以說明樂天集團如何跳脫傳統金融服務的商業模式，而能由生態系經營過程，創造全新商業模式。

表：樂天三項核心服務之取價機制

取價機制	電子商務	金融服務	數位內容
定期收益	上架費	帳管費	訂閱制月費或年費
非定期收益	顧問服務費、技術導入費等	**銀行服務**：利差、匯差、手續費 **保險服務**：保險費、交易手續費 **證券服務**：交易手續費	交易服務費、購票手續費等

2. 樂天的成長：以會員之 LTV（Life Time Value）為核心

樂天的電子商務在短短兩年內就成為獲利引擎，並達到百萬美元

規模。在當時，近 17% 獲利成長率已相當亮眼。初始，樂天與軟銀、Culture Convenience Club 合作；而 2000 年的股票掛牌上市則是一個全新里程碑，樂天開始多角化經營並透過併購持續成長。在之後十年，樂天展開 20 起策略併購案。一則可快速擴張資本額，在 2004 ～ 2010 年間，樂天資本成長達 73 億歐元；一則核心本業的現金收益。

樂天對併購事業不僅注入資金，也注入無形資產如經營知識、關係網路與品牌價值。這可視為是美國天使投資與日本經團聯（keiretsu）的混血模式。樂天特殊的注資模式有以下理由。一是避免惡意併購。過去企業併購的分拆與擴充資本模式並非樂天所樂見，反而是成為樂天集團成員的有機成長，才是關鍵。二是持續成長的動力來源，尤其當日本線上市場逐漸飽和，成長趨緩，透過併購可有效成長。三是有限的員工認股選擇權，以避免過度認股造成員工獲利了結後自立門戶，樂天因此建立了「金融與管理的員工生態系」並強化整個集團發展。

由此，樂天展開十年的高速成長，並擴展營運到全球超過 27 個國家。到 2013 年底，樂天已有 50 個企業體並在七大事業部門發展。樂天員工有高達 14,845 人（2017 年底統計），公司市值則高達 1.6 兆日元（約 144 億美元）。

不過若仔細分析樂天的成長策略，可以發現其在國內與國外併購或策略聯盟實務，乃是以所謂會員生活價值（life time value）為基礎，並展現在以下特色。

一是生活展延強化：由點到線到面。樂天從電子商務市集出發，主要著重在會員對日常生活購物的高頻多次需求；而由線上交易過程中，自然會發展出即時支付需求。不過樂天並不以此為滿足，他們從會員的購物行為中，發現另一個重大商機是旅遊。不論在日本或台灣等已開發國家，都會族群的定期旅遊需求，已是日常生活的一部分。這是樂天在 2003 年收購原屬於日立造船經營的旅遊事業（現樂天旅遊）的原因。接著，樂天發

現會員在旅遊途中需要閱讀，但隨身帶著書本卻會增加重量，反而讓旅遊體驗不佳。因此推出 Kobo 電子書與其他影音串流服務，也就水到渠成。之後，樂天更從消費者的購物行為延伸出二手商品拍賣利基，讓會員能轉化商品的剩餘價值為實質獲益。

從電子商城的購物支付、金融服務、旅遊、電子書到二手拍賣等，樂天聚焦在會員的生活需求，一步一步由點而線而面，逐步建構以會員生活為中心的服務連結，且不同連結間還會相互增益。例如電商購物支付、旅遊、電子書與二手拍賣都涉及金融服務；而旅遊途中的購物生活也會提高二手拍賣商品來源，成為與電子商城購物的互補機制。

二是因地制宜深化：由分眾到大眾族群經營。樂天集團自 2008 年開始展開全球化布局，而台灣更是日本樂天拓展海外市場的第一站，之後則拓展到東歐與東南亞等各國。樂天在進入各國市場時，依據當地客群特色，而有不同的進入策略與夥伴關係連結。

例如在台灣，樂天是以電子商務作為進入台灣市場的開路先鋒，樂天主管說明，台灣在 2008 年間的購物環境已相當成熟，尤其通路經營發達，包括 7-11、全家便利商店等到處林立。因此當時樂天特別與 7-11 建立夥伴關係，進入台灣市場。

至於東南亞或東歐市場，樂天則是由 2014 年併購的即時通訊軟體 Viber 找到非常特殊的經營利基。成立於 2010 年的 Viber，在 2014 年 2 月被日本樂天集團併購後，陸續又推出轉帳、刪除訊息、編輯訊息、企業版等功能，全球使用人數已突破 10 億人。

Viber 執行長 Djamel Agaoua 接受媒體訪問時就表示，目前 Viber 在全球不同市場的市占率，以東歐為最多，滲透率約為 70%，特別受到俄語系國家歡迎。在烏克蘭則有 90% 市占率。此外，東南亞市場，Viber 也有 50% 的市占率，包括菲律賓、越南、柬埔寨等國。

Viber 在東南亞與東歐等新興國家廣受歡迎的原因，應和其深耕年輕

分眾族群有關。例如透過聊天室的延伸，可以整合並連接到更多不同的網站，如 Spotify、YouTube、Booking.com 等。年輕分眾族群的有效經營則進一步爲其帶來可觀獲利。例如電信服務就高達 Viber 營收 35%；其次則是行銷服務，包括應用程式內的廣告置入，例如撥完電話後或是桌機版上呈現的廣告，以及企業專用的簡訊服務、企業的贊助與置入等。另外 Viber 在 2018 年也推出「Communities」的新功能，讓會員針對個人不同的興趣與話題，開設無人數上限的聊天群組，以強化 Viber 會員忠誠度。

由此可知，樂天集團在進軍海外市場的過程中，有其因地制宜的進入策略，「靠岸定錨」設計各有不同。在台灣以電子商務爲主，在東南亞與東歐等新興國家則以社群媒體爲主，並逐步拓展到會員的其他生活面向，與更多不同類型族群的生活型態經營。而這也能說明樂天積極併購其他類型服務的原因。

三是關係連結變化：由交易型到關係型的連結設計。樂天原本就以經營會員聞名，不過近年來，樂天在會員經營上，開始由交易型的會員優惠，轉化爲關係型的粉絲情感連結，而關鍵就在於提高會員忠誠度與黏著度。

樂天最爲人所知的快樂會員制度（Happy Program），讓客戶在一開戶就自動享有會員優惠；樂天並依據客戶交易數據與存款等，區分五種會員等級，由低而高分別爲「基礎、進階、尊榮、VIP 及 Super VIP」，客戶依據不同會員等級可享有專屬生態圈優惠與金融手續費減免等。台灣樂天市場執行長羅雅薰曾接受媒體訪問時提出，對樂天會員而言，「固定 1% 的回饋優惠」已成常態；估計有 65% 以上會員都習慣使用會員點數，且會員點數的應用仍會持續累積點數。羅雅薰稱其爲「聚寶盆」的會員經營。

不過近年來，樂天在會員經營上，已開始由過去「聚寶盆優惠」轉爲「粉絲群熱情」，例如樂天積極經營樂天棒球隊等。主要目的在與會員建

立更深的情感連結，由買賣關係、使用關係，到情感連結關係。近年樂天更開始進入醫療服務產業，希望與會員建立更深刻的生理與心理關懷照顧關係。

（五）商業策略：「款待文化」下的互賴夥伴關係

分析樂天生態系的建構過程，可以發現在商家社群經營（community）、會員體驗綁定（re-bundling experience）與互賴關係（interdependency）建構上，都有其獨特之處。

首先在中小型商家的「社群」經營上，樂天積極與商家建立「款待文化」的夥伴關係。過去學者研究指出，樂天成功的祕密，在於其對電子市集的獨到見解，「它並不是讓網路專家來經營市集，而是讓一般人都可以在專業的輔導下開設自己的網路商店。」（樂天公司 2012 公開說明書）。高獲利的商業模式聚焦在「以商家為中心」（shop-centric）而非「以產品為中心」，樂天同時滿足商家與消費者的需求。

樂天提供定期的專業諮詢服務，讓商家能在推介商品的過程中，能更熟悉如何善用線上推薦設計與創新服務來與消費者互動。賦予商家電子商務的能力，稱為「omotenashi」（款待之意，omote 指面對公眾時的樣貌，nashi 指毫無保留之意）。

例如台灣樂天市場執行長羅雅薰在 2019 年就曾分享，在台灣樂天市場中有 60% 是食品，且以中小型商家為主。台灣樂天積極協助中小型商家學習 pick-up 這類線上服務，鼓勵會員透過「大量優惠採購與分批取用」機制，提高到店取用商品頻率，以提高會員發現商家特色商品的機率。有一家麵包店就發現，過去以起司條主打的店面服務，在導入 pick-up 後確實有效拓展客群，並由此推出「麵包任選優惠」，豐富會員的購物體驗。

其次在會員的體驗綁定上，樂天嘗試導入「**發現型購物樂趣**」（discovery shopping），積極營造一個在網路世界中可以發現好物、和商家互動的「虛擬實境體驗」，讓消費者在逛電子市集就好像在逛傳統市集

一般，享受發現好物的購物樂趣。「線上的交易是讓消費者樂在其中的、是有現實感的、是有充分資訊的，更是個人化的。」（樂天公司 2012 公開說明書）。樂天由持續增加使用者體驗與強化商家與消費者的互動關係中，優化電子商務平台。

第三在相互依賴的關係建構上，樂天發展出一套「信任」建構機制，讓商家與會員兩端逐步強化對樂天的依賴關係。主要有以下作法。

作法一是導入嚴謹的審查流程與監控交易。整合性的調查方案讓消費者可以給予樂天適度的交易回饋。商家若被貼上負評，就會被樂天列管，甚至踢出平台。若產品未順利抵達消費者端，樂天則會退款。

作法二是提供優質的商家服務。樂天與商家密切互動，以提供最新平台服務與科技解決方案。

作法三是建立研究團隊以持續優化最新技術與服務知識，包括東京、紐約與巴黎，都設有研究機構。樂天科技機構（The Rakuten Institute of Technology）鼓勵研發人員能有好奇心，發展興趣，並面對挑戰，以積極整合新興科技與創新服務。創新機制不僅局限於樂天自創研發機構，還有來自於策略併購。例如 2011 年推出的 Shop Together，一開始是由美國公司 Buy.com 所有，後來在成為樂天夥伴後，就被樂天採用，這項科技讓消費者可以和其他人一起討論線上產品等，就像是在和好友逛街購物閒話家常的感覺。此外，樂天也整合社群網路以強化社群互動，讓所謂的「發現型購物」更具社會價值。此外，樂天也併購 Pinterest 以奠定線下採購基礎。

（六）樂天的文化基因

樂天「賦權商家」的服務，乃是內含在組織文化中。所謂組織文化乃是組織的價值體系與組織目標，會表現為組織成員的態度與價值、管理型態、問題解決行為等。在樂天，每個人的行為模式都遵循所謂的「樂天文化」（Rakuten Shugi），並且由五項組織原則所構成。

原則一，**持續優化，持續進步**（always improve, always advance）。最有名的持續優化作為就是豐田的「持續改善」（Kaizen），他們聚焦在汽車生產過程的持續優化上；而樂天則是聚焦在人身上，也因此，樂天持續強化員工的服務動機，以鼓勵他們持續優化服務。

原則二，**專業而熱情**（be passionately professional）。樂天深知只有熱情的員工才能取得最好的成果，就像創辦人三木谷浩史（Mikitani）所言，只有在工作中找到樂趣與挑戰的人，才能走得長遠。

原則三，**假設、實務、真確、系統**（hypothesize, practice, validate, system）。熱情需要明確的概念，並由一系列的假設與實踐過程，落實創意構想，進而形成一套樂天的經營系統。如此才能避免陷入混亂，並有助於最佳解決方案的提出。

原則四，**最大化客戶滿意度**（maximize customer satisfaction）。好好照顧生態系裡的所有客戶，而不僅是聚焦在終端使用者身上，包括商家、消費者、其他賣家等。

原則五，**速度、速度、速度**（speed, speed, speed!）。當企業成長時，最怕失去彈性與速度。小公司有敏捷回應變化的優勢，但樂天在長大的過程中，也一再以速度自居，不容創新速度變慢。

這五項原則正是樂天成功的祕方，即使在對外併購擴充時，樂天也會考慮被併購方在組織文化上的配適度。這也是樂天在全球電子商務的利基，當其他人多講求效率與方便時，樂天更在意的是組織員工的熱情投入、消費者的滿意、與快速的持續優化。複合人性化管理與科技化服務，讓零售商也能聚焦在核心業務上，而非在服務場景背後的演算法與科技。

（七）樂天在台灣

樂天自 2008 年開始以電子商務進入台灣市場，近十年來則不斷引進創新服務，並致力於提供台灣中小企業與消費者更便利的網路服務應用。

樂天在台灣的信用卡發行至今已有 60 萬張；2014 年成立樂天旅遊；2016 年成立樂天電子書 Kobo，在 2019 年，Kobo（樂天電子書）已成為台灣銷售第一的電子書品牌。

樂天國際商業銀行股份有限公司在 2019 年 7 月 30 日獲金管會許可，並在 2020 年 12 月 18 日拿到經營執照，2021 年 1 月 19 日正式營業，成為國內三家純網銀中最早開業者。由於純網銀無實體分行，省下人力成本與通路經營成本，因此可以將節省成本直接轉為優惠或回饋。樂天銀行就提供金融卡樂天點數最高三倍回饋（1 點等於 1 元），可用於樂天市場網購折抵消費或兌換商品，深獲精打細算的小資族青睞。

另外在 2019 年，樂天與台灣最大電商平台 PChome 簽訂合作協議，初期以串聯點數、會員、商品為目標，長期將規劃全通路服務項目。2021 年 5 月，樂天宣布與 Pi 錢包合作，樂天國際銀行將 Pi 錢包行動支付功能整合在自家行動銀行，目的在連結 Pi 錢包原有生態體系。客戶打開樂天銀行 APP，即可在超商超市、百貨購物、美妝藥品、交通運輸、線上購物等指定合作商店以手機行動支付，即時從銀行帳戶扣款消費，並獲得優惠。樂天商銀的開戶數已 8 萬戶（截至 2021 年 5 月 20 日統計）。

由以上說明可知，樂天在台灣仍以布建服務生態系為基礎，在供需兩端各有特殊生態系建構策略。在供給端的服務提供上，樂天同步經營線上與線下通路。線上通路主要與 PChome 電商平台合作，連結上萬家電商網購服務；在線下則與 Pi 錢包合作，經營百貨、超商、交通等多元實體通路服務。

樂天在需求端則以三倍點數回饋積極連結會員，鼓勵會員在樂天生態系中持續消費，享受更多折價優惠。至於在免費跨轉、跨提的服務上，樂天先提供跨轉、跨提最高各 10 次免手續費；較之 Line Bank 的跨轉 60 次免手續費略有不足。不過樂天以三倍點數回饋的有感折扣，就較 LINE Bank 金融卡最高 30% LINE POINTS 回饋（限額 200 點 / 月）優惠（2021 年 5 月統計）。

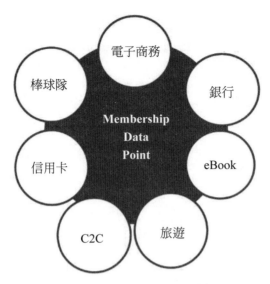

台灣樂天生態系統的演變
樂天自 2008 年進入台灣市場，近十年來不斷引進創新服務，深耕台灣市場，
致力提供台灣中小型企業與消費者更便利的網路服務與應用。

三、支付寶個案

支付寶創辦於 2003 年 10 月，原是一個第三方支付平台，但之後卻發展餘額寶、小額信貸等創新金融服務。2014 年，阿里巴巴集團分拆旗下金融業務，成立浙江螞蟻小微金融服務集團股份有限公司（簡稱螞蟻金服）；2020 年 6 月變更爲螞蟻科技集團股份有限公司（英語：Ant Group），簡稱螞蟻集團。截至 2018 年，螞蟻金服的估值達到 1,600 億美元，是全球最大的獨角獸公司。根據報導（2021.9.13）螞蟻集團旗下支付寶將分拆爲獨立的貸款與金融服務，這對於螞蟻集團的生態系經營將帶來全新變局。

根據螞蟻金服在 2020 年揭露的財報顯示，集團獲利模式主要有四者，一是支付，占比達 35.9%，代表產品是支付寶，以向消費者和商家收取手續費爲主。二是微型貸款，占比達 39.4%，代表產品是花唄、借唄、微商貸；螞蟻金服向消費者提供信貸，並將信貸證券化發行籌資，賺取

利差，是最主要的獲利引擎。三是理財，占比達 15.6%，代表產品是餘額寶，提供智慧理財服務，賺取手續費。四是保險，占比達 8.4%，代表產品是全民寶、相互寶，透過平台促成保險合作，賺取手續費。以下說明支付寶的重要發展階段。

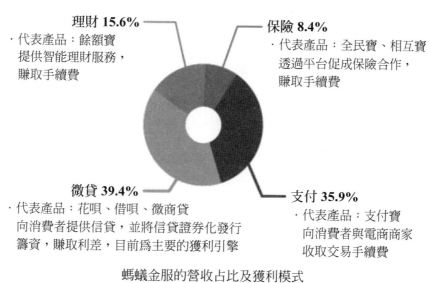

理財 15.6%
・代表產品：餘額寶
　提供智能理財服務，
　賺取手續費

保險 8.4%
・代表產品：全民寶、相互寶
　透過平台促成保險合作，
　賺取手續費

微貸 39.4%
・代表產品：花唄、借唄、微商貸
　向消費者提供信貸，並將信貸證券化發行
　籌資，賺取利差，目前為主要的獲利引擎

支付 35.9%
・代表產品：支付寶
　向消費者與電商商家
　收取交易手續費

螞蟻金服的營收占比及獲利模式
資料來源：螞蟻集團招股書

（一）階段一：與商城的共生關係

2003 年，淘寶網成立之際，全球電子商務市場早已發展了將近十年，全球各大電子商務企業如 Yahoo、eBay 等，都顯示電子商務產業在當時的爆炸性成長。在當時經濟正起飛的中國，卻因為在地的商業環境，使得電子商務發展較全球晚了幾年。分析中國在 2003 年的網路交易主要有以下問題。

問題一，交易不安全，買方位處相對弱勢地位。傳統的電子商務交易市場是一個買方極度弱勢的市場，在網路交易裡，雖然有時允許買賣雙方溝通殺價，但卻無法事先看見商品實體。不知道付了錢是否能夠得到自己想要的商品，也不知道賣家商品是真是假。賣方通常為保證貨款取得，採

用「先付款、後出貨」方式交易。

問題二，對線上支付安全疑慮深。資訊安全，是電子商務發展的另一項挑戰。線上購物的支付方式雖然也包含信用卡線上刷卡，但在中國網路環境才剛成形之際，大多數人對資訊安全不信任，且信用卡支付工具在中國大陸也不夠普及，無法形成支援系統。

問題三，貨到付款通路不健全。網路購物講究方便與快速，在台灣甚至已發展出「24 小時內貨到付款」服務。遍布全台 2,000 家以上的便利商店，提供即時方便的取貨付款服務；而銀行與農漁會的密集度高，更滿足民眾隨時付款繳費的便利性。但中國大陸幅員廣大，貧富差距亦大，便利商店或銀行並不像在台灣到處都是，時間與空間上的阻礙，使得「即時交易，貨到付款」不易推動。

（二）回應：第三方支付功能

為了解決線上交易安全問題，淘寶網在一開始先提出「你敢用，我敢賠」的口號，保證若消費者不幸被詐騙，願意全額賠償。但是這個作法仍不足以有效保障雙方交易安全，淘寶網必須因此付出高額賠償費用，甚至淪為被詐騙對象。因此在 2004 年，淘寶網立即推出第三方支付平台「支付寶」，來配合淘寶的使用，讓買方先把錢存入支付寶，等買方收到貨物確認無誤後，再撥款給賣家，降低買賣雙方的交易風險，有效解決中國電子商務環境中的信任問題。

2004 年淘寶推出支付寶後，支付寶開始與各大商城合作。支付寶是中國第一個提供第三方支付交易的平台，提供各商城與消費者在電子商務交易上的安全保障。合作對象擴及 46 萬家商城，除了阿里巴巴集團旗下的商城如淘寶、天貓等，也包括國際商城亞馬遜。支付寶提供各商城訂單管理、紅包功能與集分寶等服務，有效將原本與阿里巴巴是競爭關係的網路商家，轉化為合作夥伴。以下說明重要的合作互賴機制。

1. 作法一，與銀行合作：「實名制」提高網路交易安全

在網路購物流程中，第三方支付平台會在買方將商品拍下後，先將該筆款項從買方的虛擬帳戶中保留扣押，而不直接付給賣方，直到買方收到並確認賣方發出的商品無問題後，再將款項歸入賣方的虛擬帳戶中。也就是說，買方提前將一筆款項匯入支付寶帳戶中，之後只要在淘寶網上拍下物品，立即就能付款並等待商品出貨。2010 年 7 月，中國國家工商行政管理總局發布實施《網路商品交易及有關服務行為管理暫行辦法》。該辦法分為 6 章 44 條，主要規定網路商品交易及相關行為規範、網路交易平台服務的義務與責任，與相關的監督管理職責，同時中國也特別將「實名制」導入網路交易中。

「實名制」乃指在網路上以真實身分活動，2007 年左右，中國政府曾計畫要求中國部落客公布其真實姓名，以防匿名網友透過部落格散布不當內容，但在經歷反彈聲浪後，中國政府起草了部落客自律公約，改採自律形式。2010 年 7 月，中國政府為了推動網路交易，特別在網路交易辦法中加入了「實名制」。

中國當局指出，網路商品交易是在雙方不了解且未見面的期間完成，為了保護消費者的合法權益，必須確保虛擬主體還原成真實主體，以確認網路交易主體的真實身分，才能進一步界定雙方責任與義務。

因此，新上路的辦法規定，從事網路交易的業者必須在網站首頁或醒目位置公開其營利事業登記證的相關訊息或連結；而從事網路交易的個人則必須以真實身分向交易平台業者提出申請，再由業者核發證實個人身分真實性的合法標誌，並張貼在使用者從事交易的頁面上。該辦法另外制定了消費者隱私保護規則，要求業者必須安全保管、合理使用，以及限期持有消費者的個人資訊，不得公開、出租或出售個人資訊。

消費者除了可以利用銀行臨櫃與線上匯款、信用卡支付等方式，將款項匯入支付寶的個人虛擬帳戶外，也能透過與各銀行合作，將帳戶內的款

項「提現」，這個功能也並不只局限在買方或賣方，而是同時提供給買賣雙方，虛擬帳戶之間的帳款也能夠互相轉帳。由此可見，在帳戶內的虛擬貨幣並非是一個「購物金」的概念，而是一種具有現金價值的貨幣。後來，支付寶更和銀行聯合推出「帳戶通」業務，綁定金融卡與支付寶帳號，而不需要多透過一層轉帳手續來為虛擬帳戶儲值。

從付款、提現、匯款到線上轉帳，支付寶雖然身為第三方支付，但卻開始扮演金融中介角色，確認買賣雙方交易身分，提供類似銀行的機構保證。尤其，與銀行聯合推出的「帳戶通」業務，有效綁定金融卡與支付寶帳號，更提供明確的金融機構保證機制，強化買賣雙方交易安全，大幅降低虛實帳戶間的轉帳手續費用。透過與銀行的合作，達成支付寶與其他商城合作的第一個條件：取得消費者信任。

2. 作法二，與商家合作：紅利、紅包、線上客服，提高交易黏著度

支付寶除積極與銀行合作，確保線上交易安全外，更有計畫地提供各種優惠服務，提高消費者與網路商家的黏著度。

首先是「紅包」折價優惠。支付寶在 2005 年開始提供具備折價券功能的「紅包」優惠折扣，主要針對特定節慶推出的限時促銷方案。例如「雙十一」（「1111 光棍節」）、「十一假期」（10 月 1 日中國大陸的國慶假期）等。這類活動有幾項特色。一是限時抽紅包。支付寶以倒數計時方式，鼓勵會員以手機登入，參與抽獎活動。金額在 500 元人民幣到 100 元、20 元、10 元人民幣不等。二是紅包轉讓。賣家可以透過支付寶來創建紅包（折價券），並將領取紅包的按鈕貼到各網站、論壇或信件中，也能夠透過即時聊天軟體發送給顧客。在消費者得到紅包後，持有者更能將紅包贈送或轉讓，不限本人使用。

對賣家來說，透過紅包發送，相當於替自己商城宣傳，達到行銷與推廣作用。對買家來說，淘寶商城的最大利基就是物美價廉，紅包折扣更大幅提高買氣。一位網購女大學生就直言，淘寶網的單件 T-Shirt 只要 20 ～

30 元人民幣，相較之下，直接到北京大型商城「挑貨」，至少要 100 元人民幣起跳，兩者差距不小。因此，最高 500 元人民幣的紅包折讓，「非常具有吸引力！」

其次是推出「集分寶」的紅利回饋服務。支付寶特別運用信用卡紅利積點與現金回饋概念，推出「集分寶」的積分服務。消費者可以透過繳費積分、消費回饋、加值或任務賺取等方式獲得「集分」，具有現金價值。100 個集分寶可以抵 1 元，在支付寶支援的網站購物、繳水電費、返還信用卡貸款等。

第三項是線上客服。支付寶為商城與商家提供在線客服「阿里旺旺」服務，讓賣家能夠在商城與店鋪安裝後，隨時透過阿里旺旺來與消費者溝通。過去的阿里旺旺在 2014 年 1 月停止更新，全面升級為店鋪管理工具「千牛」，包含經營資訊消息與商業夥伴關係，協助提升賣家的經營效率。並推出智慧商家機器人與分流管理功能，滿足客服的不同需求，隨時調整客服人員的接待量。另外也增加展示買方訊息的新元件，賣方可透過元件，看出每個買方過去的評論與信用，淘汰素質參差不齊的買方。

而在電子商務由網路購物逐漸走入行動購物之際，千牛也在行動裝置上提供即時成交額、訂單與庫存等資訊，從交易、商品到計算數據都可以由行動裝置版本的千牛查看，提升店鋪管理的即時性。

總結來說，「紅包」折讓優惠可以讓商家藉由特定節日的議題行銷，大幅提高買氣；而紅利「集分」交換，則建立商家間的點數交易機制，以細水長流方式，提高消費者持續性的回饋優惠。至於阿里旺旺的線上客服（後改為「千牛」服務），則提供消費者交易不中斷的即時服務，適時解決各項疑難雜症。紅包折扣、紅利回饋，與即時客服，不但有效提高消費者的黏著度，提高回購率，更因此提高網路商家黏著度，持續推出貨真價實的優惠服務方案。

3. 作法三，與物流公司合作：「免運費」服務，降低交易成本

大陸網路交易的另一大問題是「貨到付款」的通路不健全。相較於台灣已建置完善的便利商店通路，提供消費者「貨到付款」的便利安全服務，大陸地區幅員廣大，便利商店設置不若台灣普及方便；大城市如上海、北京也經常出現塞車困擾，對於小型商家來說，自行建構物流通路不但成本高，而且效益低。

支付寶特別以自行推薦的合作物流公司，提高商家進駐意願。對於許多中小型的網路商家而言，可以省掉與物流廠商的溝通時間與交易成本；物流廠商也並不會只將資源放在中大型的網路商家上，而對中小型商家不予理會。廠商更是在支付寶的監督之下運作，對買賣雙方來說都可減少前置作業與交易成本，並有效降低風險。對於消費者來說，確保貨物能即時、完整地安全送達，是最重要的線上購物指標。當商家能由支付寶的物流體系獲益，也就較能反饋給消費者「包郵」（免運費）優惠方案，提高消費購買意願，適時活絡商城市集交易，三方受益。

（三）階段二：與銀行的共生關係

支付寶成功打造網路交易安全，將原本處於競爭關係的網路商城轉化為合作夥伴關係；隨著小額支付與微型貸款業務發展，支付寶逐漸將經營觸角延伸到金融交易體系，開始與銀行競逐借貸放款市場。然而，支付寶卻能巧妙轉化與銀行的競爭關係，雙方逐步建構起一定的臍帶關係。究竟支付寶是如何與銀行化敵為友？仍必須先由網路族的交易痛點談起。

挑戰一，網購族交易不便。電子商務產業興起，凸顯銀行作業流程不夠即時。電子商務發展的訴求之一是即時性，當消費者透過網路商城購物時，會希望自己能夠盡快收到所購買的商品。然而在過去的交易流程中，在下標過後，總得利用銀行轉帳、回報、賣家確認後才能出貨。但中國幅員廣大，銀行或 ATM 的密度不高，使得交易流程更加冗長，需額外付出時間轉帳交易。雖然網路購物通常支援信用卡支付，但許多年輕消費族群

並沒有信用卡，且信用卡支付還涉及還款機制與循環利率，對網購族而言相當不便。

挑戰二，小型賣家的信用基礎薄弱。信用是銀行核貸基礎，傳統銀行偏好有穩定收入或職業者，例如軍公教或國營事業人員、醫師等職業，對收入也有一定的標準要求；但在電子商城上的許多店鋪，皆為小型賣家，在創業開始有現金周轉需求，卻因為尚無穩定現金流或缺乏資產，難以取得銀行貸款。淪為弱勢電商賣家。

挑戰三，網購族對簡易金融商品之需求。投資金融商品在大陸是一項高門檻的商品交易，誠如一位熟悉大陸金融體系的學者所言：

「大陸的理財投資有極大的知識不對稱。這是一門專業學問，而且進入門檻高。一般都要 10 萬至 50 萬人民幣投資額度。像我熟悉金融商品操作，可以有 15%～ 30% 的獲利率。但是一般人未必能享受金融投資理財優勢。更何況是毫無理財概念的大學生！他們是金融體系中的弱勢族群！」換句話說，新興的網購族群幾乎不在銀行金融商品服務網路裡。

（四）回應：加入金融功能

支付寶觀察到網購族的線上交易不便、部分賣家的信用弱勢、以及網購族隱性的理財需求，這些未能被有效解決的使用者需求提供支付寶一個切入金融服務體系的重要機會。在有效建立第三方支付的保證體系後，支付寶開始由網購交易，切入網購族的其他日常生活開支。由消費支出到理財投資，支付寶逐步扮演網購族的「帳房」角色，這對於懶得理財，不懂投資的網購族來說，尤其是大學生，支付寶成為網購族與金融體系交易往來的重要起點。

首先是從網路消費跨足一般帳款支付，包括日常生活中必須繳納的水電、電話費，到娛樂性質高的遊戲點數、微博虛擬金幣儲值等，都能夠透過與支付寶虛擬帳戶的「服務綁定」，也就是自動扣款的帳款服務機制，

即時完成付款。雖然在 2013 年底，支付寶已由完全免費轉為收取小額手續費，但所收取費用仍比銀行轉帳便宜許多。

支付寶另外也協助推廣保險、貸款給賣家，甚至推出餘額寶等功能，正式跨足原本屬於金融機構的業務範圍。對銀行來說，支付寶是一個「意外」的競爭者，但所擁有的年輕客戶卻又是傳統銀行業所難以觸及的。以下將說明支付寶如何透過與公營機構、基金公司合作，以及增設貸款功能，因此得以與原本為競爭關係的銀行維持互相合作的共生關係。

1. 作法一，與公營機構合作：小額繳費，提高資金流動

支付寶在 2007 年開始推出繳費專用頁面，並與公營事業達成大範圍合作。服務範圍由上海地區的水電費與電話費開始，逐漸拓展至包含天津、北京等各大地區，並與各大銀行共同開發網路繳費服務。服務範圍更由水電話費、網路費擴展至有線電視服務費甚至交通罰款，所有生活必需開銷都能夠透過支付寶完成。除此之外，支付寶與公營事業達成大範圍合作，更擴展到國家考試的繳費服務上，例如報考司法考試可以一邊線上報名，一邊透過支付寶平台完成繳費。

除繳費外，支付寶也推出點數加值與捐款等小額支付服務。在點數加值方面，支付寶與電信公司合作，使用者可以透過支付寶直接替手機加值。另外，支付寶也在 2007 年開始為中國最大的網路遊戲營運商《第九城市》提供點數加值服務，《第九城市》旗下遊戲也包括這幾年來最火紅的遊戲「魔獸世界」。

小額支付除加值繳費與各種電信帳單等小額付款外，也在慈善事業上有出乎意料的效果。根據中國大陸 2013 年發布的消息顯示，2012 年的捐贈總額和大額捐贈都呈下降趨勢，但 2012 年的民間網路「微捐贈」卻逆勢成長。例如：在盧山地震發生後，兩天內通過支付寶捐款就已累計 45 萬筆網友捐贈，總額超過 2,100 萬元人民幣，網路捐贈中有近三成的網友選擇手機捐款。

　　透過支付寶所服務的小額捐款不限慈善事業，還擴及到民眾日常生活中。例如免費午餐的捐贈，就讓一般民眾可以透過線上小額捐款達到「指定用途捐贈」的重要目的。民眾的愛心因為這個線上支付平台，有了更明確的保障。

　　「免費午餐項目從 2011 年 5 月開始入駐淘寶市集，截至 2013 年 8 月，得到 15 萬筆捐贈共計 1,364 萬元。免費午餐的籌款模式就是立足於網路捐贈平台。項目透明化的網路公示，既增加網友信任度，也大大降低籌款成本。」免費午餐發起人鄧飛說明。

　　無論是點數加值或小額慈善捐款，對使用者來說，支付寶的使用方便性，大幅提高加值捐款的意願與執行力。對企業來說，透過與支付寶合作，可以增加原來沒有的支付通路，吸引更多使用者加入，提高收入財源。對支付寶來說，增加點數加值與捐贈功能，有效拓展服務範圍，由營利服務走向非營利服務。

2. 作法二，增設貸款服務：穩定商城經營

　　除線上繳費服務外，支付寶也提供貸款服務，補足網路商家的資金缺口，提高商家債務清償能力，進而有效穩定網路商城經營。一位大陸學者指出，網路商家原本就不屬於銀行的核心客層，甚至他們是一群邊緣客戶，金額小，債信低，更缺乏信用擔保。這群網路上的創業者，其實很難在銀行借到錢，反而在支付寶上取得可營運資金。

　　在買賣交易上，買賣雙方的立場其實是不固定的，賣家也可能成為買家。支付寶的基礎功能除提供買家付款與賣家收款的便利性之外，在賣家成為買家的時候，支付寶也另外提供賣家「小額信貸服務」。尤其，支付寶採「實名認證制」，並可設計綁定許多銀行帳戶，因此可透過合作銀行取得用戶個人資料，並提供賣家貸款金額最高至 100 萬人民幣的一般訂單貸款，以及貸款金額最高至 1,000 萬人民幣之供應鏈貸款。這讓賣家的現金周轉更加順暢，可加強營運效率。

　　除在商城內提供給賣家的小額信貸外，支付寶也與國家開發銀行合作，打造全新的助學貸款通路。過去，國家開發銀行所提供的助學貸款都透過各大商業銀行辦理，進行發放與還款。學生或家長除了需要到銀行現場辦理，更要通過層層審查。而支付寶的加入，卻可提供簡易的商業銀行服務，為學生開立帳戶，使學生可以設定支付寶為代理結算機構。透過支付寶進行貸款與還款，學生不再受限於商業銀行的時間與空間限制，而能夠透過支付寶取得更加便捷的助學貸款服務，對中國成千上萬的貧困學生極有助益。

　　對淘寶來說，由支付寶提供貸款給店鋪，可以使店鋪營運更加順暢，甚至可幫助部分店鋪度過難關，進而提高淘寶營收。對支付寶來說，提供貸款功能給店鋪，讓支付寶由「支付」工具，跨足金融機構的業務範圍。尤其，支付寶與國家開發銀行合作，正式進入金融機構體系，也代表業務內容與交易定位已與傳統商業銀行相去不遠。對銀行來說，支付寶跨入貸款與代理角色，看似瓜分掉一般商業銀行的部分業務，但因為支付寶所觸及的電商與年輕族群，原屬於銀行的「邊緣客戶」，非主力客群；且支付寶的普及與方便使用，又能加快許多交易融資往來、降低交易成本。對使用者來說，支付寶是本來就習慣上手的交易軟體，增加金融服務功能後，可以簡化貸款流程，降低傳統金融服務的交易成本。

3. 作法三，與基金公司合作：餘額寶，跨基金買賣

　　除繳費付款、貸款分期外，支付寶更開始扮演網友的理財諮詢角色，跨足金融投資服務。支付寶推出多項理財商品供消費者挑選購買。其中最受歡迎者，就是支付寶在 2013 年最火紅的服務項目之一：與旗下天弘基金合作的小額投資服務「餘額寶」。

　　當使用者將資金轉入餘額寶，即等於向基金公司購買相對應的理財商品。支付寶先與天弘基金的「增利寶」貨幣基金合作，主要用於投資國債、銀行存單等商品，風險相對較低。「餘額寶」的特色在自由進出，可用於

消費支付與轉出，並不收取任何手續費。上線之初，就以七天年收益率高達 6% 以上作為號召，短短 18 天就達到 66 億元人民幣規模。2013 年底，規模為 1,853 億的餘額寶，在 2014 年年初僅花費 15 天的時間，規模超越人民幣 2,500 億元，用戶數新增 600 萬戶，淨成長 35%，天弘基金也一舉躍升為行業龍頭。

「餘額寶」的運作原理雖然與一般基金投資相同，但就方便性而言，餘額寶沒有任何投資限制，網友要從支付寶帳戶裡轉進多少錢到餘額寶投資，未有最低額度限制；同時網友還可以隨時轉出「餘額寶」帳戶，或是利用「餘額寶」內的金額購物。

高收益，高便利性，讓餘額寶成為網友投資理財首選。尤其低成本的服務收費，相當契合年輕網友需求。餘額寶僅收取 0.3% 基金管理費、0.25% 銷售服務費和 0.08% 託管費。對使用者來說，一般銀行帳戶上的貨幣基金，需要特別等待錢從貨幣基金轉回銀行帳戶的時間；相對起來，餘額寶內的金額可以直接用於支付寶所配合的所有消費方式。

但餘額寶也出現極大變動，宣布在 2014 年 4 月底取消無限制當天贖回（T+0 贖回）。超出 5 萬元人民幣者，至少要隔天（T+1）才能夠入帳，淨申購比率也降低。餘額寶的迅速擴張，確實開始受到政府與其他金融同業關注。甚至銀行還開始施壓，限制餘額寶的成長空間。同時，餘額寶本身也開始注意到自己規模過大、操作過於方便以致於資金流動過快的潛在風險，而對操作進行限制。

支付寶由「加速電子商務交易」，變成「加速金融運作」，但身為一個民營企業，其實並沒有能力處理龐大的暫存現金。雖然取得消費者的使用習慣與資金，但仍然需要交由銀行管理，增加銀行現金存量。因此，支付寶在跨足銀行業務的同時，銀行雖感到緊張，但因為支付寶仍需仰賴銀行，也因此成為銀行亟欲合作對象。對消費者來說，支付寶只需要一個綁定銀行的平台帳戶，即可享受許多原本難以跨越的投資障礙與服務門檻。

它逐漸成為年輕網購族群的「帳房」，所有日常生活的資金往來，都可以在支付寶上完成。

（五）階段三：與實體通路的共生關係

支付寶以電子商務為主，建置在網路虛擬交易平台上，原本與實體交易環境存有明確區隔。但隨著電子商務進入日常生活消費市場，實體交易環境也開始受到衝擊。另一方面，網路交易也必須佐以實體交易通路才能更為健全。因此，隨著支付寶由「網路」走下「馬路」，開始處於競爭關係的實體交易網路如何與支付寶展開既競爭又合作的關係，亦是要點。先談談電子商務的挑戰。

挑戰一，網路服務方便性不足。電子商務的交易流程多是透過網路溝通、再透過實體物流，將商品由賣家送到買家手上，但是服務的提供就不如商品提供這麼簡單。例如消費者若想要吃一頓大餐，就必須踏入餐廳，向服務生詢問套餐的類型與種類。服務提供不如商品提供，無法在 A 地買、在 B 地使用，形成電子商務交易盲點。

挑戰二，交易確認不夠即時。線上訂票服務也存在盲點，商家經常需要消費者付款後，才會替消費者保留消費權力。例如消費者在電影院網站進行訂票，但消費者卻必須在電影開場前半小時前往現場取票付款，否則即不算完成交易。當消費者沒有在規定時間內取票，電影院就會取消訂位記錄。

面對網路交易的新挑戰，支付寶開始朝「虛實整合」（Online to Offline）發展。廣泛的 O2O 模式，是指在線上購買商品和服務所帶動的線下消費行為，常常透過在線上提供打折促銷、即時消費訊息、預訂服務等方式，帶動線下實體消費服務。支付寶透過與企業、商家與消費者間的方式合作，建構虛實整合的共生關係。

1. 作法一，與企業合作：購票系統

2008 年開始，支付寶陸續與深圳航空、春秋航空與聯合航空等公司達成協議，除在支付寶購買機票，還能在線上劃位、自助辦理登機手續，支付寶並完成機票直銷。跨入機票支付服務，即是支付寶跨出「訂位系統」的第一步。在完成線上機票付款與劃位服務後，支付寶也陸續跨足酒店訂位與消費支付、電影票購買與支付。

支付寶的購票服務，被廣爲應用的就屬火車票，尤其以中國春節假期最能體現支付寶的重要性。2014 年 1 月初，光是廣東就有近 9.5 萬人次乘客使用支付寶購買車票，並在半小時內將票券搶購一空。由此可見，支付寶已成爲中國網友的主要消費平台。除火車票外，支付寶的機票購買功能也相當受到歡迎，提供國內外不同地點機票讓使用者自行訂位，並有機票推薦。

支付寶即時線上支付對消費者提出多項保障，一則大幅降低傳統訂位系統的不確定性，讓消費者的實體消費能有效確保，例如電影院的票款支付和取票問題。二則縮短實體交易與服務流程，讓過去許多需要實體確認的工作，提早到線上交易環境完成。例如登機劃位、電影劃位等，進一步優化消費者的實體服務體驗。

2. 作法二，與商家合作：虛實整合模式

2014 年初，支付寶正式對外發動虛實整合服務模式（O2O, Online to Offline），將手機的行動支付服務拓展到便利商店小額付款上，特別是實體通路的小額支付應用。支付寶在 2011 年即推出手機版的支付寶錢包，利用條碼支付，這也是支付寶第一次將線上支付技術帶進線下市場。

支付寶表示，推出這類行動支付服務，除了大幅提高消費方便性外，也爲眾多小型商家提供支付服務。使用手機支付寶錢包條碼，商家不需要額外投資設備、系統或相關成本，簡化作業流程，快速完成取款交易。

支付寶也與中國大陸 4.6 萬家 7-11 達成合作協議，在 2014 年正式提

供條碼支付服務。另外，中國美宜佳在全國的 5,600 家便利商店、喜士多與紅旗連鎖等便利商店，也都支援使用支付寶錢包。顧客只要在結帳時，向店員出示支付寶錢包的條碼支付功能，顧客即可透過直接掃描完成付款。

　　類似的使用方式也體現在中國的「搭計程車軟體」上。乘客若是透過叫車軟體以支付寶付現，司機就能得到特定金額的現金返還而增加收入，有些司機甚至透過與固定乘客分享現金方式與乘客互惠。

　　中國的計程車呼叫系統與台灣不同，因為中國幅員廣大特性，計程車若前往特定地點接送顧客，可能需要跨越極長的距離，而使得中國的叫車軟體形成了一種特殊的競價方式。

　　「我今天在家裡要叫輛車，我只要用微信呼叫，我只要說我在哪裡、來接我，但是你可能離我比較遠，我可能就說我多付 2 塊錢你來接我。但是可能不只有我一個人叫你，這樣我們三個就在競價了，誰出資高，計程車司機就去接誰。」

　　支付寶抓準這類特殊叫車需求，收購許多手機搭乘計程車軟體，並透過對計程車司機與顧客的資助，吸引司機與顧客使用支付寶的小額付款功能。有趣的是，最常使用支付寶搭計程車的並非年輕人，而是 40 多歲的大叔，經常使用比例高達 44.5%。

　　「他們（指支付寶）就說，如果用這個軟體，你只要拉一個顧客，我就補貼你 15 塊錢。顧客來講的話，你只要用這個軟體，你的打 D（搭乘計程車）費直接減少 8 塊錢，最終目的，就是希望你要用我的支付工具。」

　　在網路電子商城的「線上支付」後，「行動支付」已成為新興付款機制。為了爭奪行動支付大餅，支付寶與騰訊旗下的微信支付相繼推出「打 D」（搭計程車服務）服務，以實際補貼提高使用量。例如：只要使用支付寶或微信支付的「打 D」軟體叫車，就可以享有 8 ～ 15 元（人民幣）

的折扣優惠。兩家行動支付大廠至今（媒體截至 2014 年 3 月統計）已補貼消費者 20 億人民幣，但這項投資，目的乃是在爭奪行動支付商機，提高消費者的行動黏著度。

支付寶積極由網路支付走向馬路行動支付，透過在各種場合吸引消費者的使用，從食衣住行育樂各方面，積極建立起不同族群消費者的使用習慣。無論是企業機構的小額付款、便利商店的小額付款，或是收購打 D 公司，都是提高支付寶黏著度與擴展使用場域的重要機制。

3. 作法三，與消費者合作：AA 付款，方便金流移轉

AA 付款是支付寶推出的一項特別服務，瞄準社交支付用戶。這個功能讓用戶能夠在支付寶上建立「事件」，然後邀請自己的好友們加入事件，再透過支付寶平分款項。2009 年推出，初期僅提供電腦版頁面，大大降低使用方便性。在行動裝置普及後，用戶只要開啓功能並尋找附近的人，找到後輸入金額，便可以平均支付或向每一個人收取。

化解分帳的尷尬，並降低帳款交易的不便，讓 AA 付款成爲大陸年輕人最愛服務之一。支付寶錢包產品經理也說明，AA 付款背後的行動支付概念，正是奠定在大陸已發展相當健全的行動網路環境，以及年輕人早已是行動族的交易商機。

「這個功能實際上更適合行動互聯網用戶使用，吃完飯大家分帳付款，直接掏出手機來就行了。所以我們把這個功能進行了重新設計，在支付寶錢包 8.0 版上重新推出。結果立刻就產生了爆點。」支付寶錢包產品經理伍封表示。

相較於線上交易滿足網購族「不安全」的需求；小額信貸與基金購買解除網購族「不用懂」金融理財商品的困擾；AA 付款等行動支付功能，則在滿足年輕族群「不用找」的支付需求，這包括分攤消費與解決手頭上現金不足的支付困境。

支付寶推出 AA 付款功能，不但在年輕人間廣爲流行，也慢慢拓展到

上班族與外食族群。根據支付寶調查，AA 付款的交易高峰多出現在午晚餐後的下午 1 點和晚上 8 點，正好覆蓋支付寶所瞄準的聚餐消費族群。對使用者來說，這個功能可以避免傳統分款時的麻煩與尷尬；對支付寶來說，使用者可以透過該功能，拓展習慣的行動支付使用場域。而商家也因為 AA 付款的行動服務，縮短帳款收付時間，大幅降低交易成本，進而可提高翻桌率，讓客群流動更為有效有序。

另外，支付寶錢包的使用者可以享有每天每筆 5 萬元的免費轉帳額度。除了能夠在銀行與支付寶帳戶之間轉帳外，更提供「超級轉帳」服務，只要知道手機號碼便可以在支付寶帳戶之間完成匯款操作。

支付寶在 2014 年春節推出「紅包」的新功能，此處的「紅包」指的並不是商城或店家的折價券，而是每到春節、家家戶戶都會向親戚朋友發送的紅包。2014 年春節，數百萬個用戶使用支付寶錢包發送紅包，總計超過 2 億元人民幣。

使用者大部分是年輕族群，他們因為怕尷尬、想省事，而使用支付寶所提供的紅包功能。也有些人覺得，採用電子紅包送禮單純是因為無法到場的無奈，但也有人覺得，利用電子紅包就少了傳統紅包帶來的人情味。

支付寶的「紅包」功能不收取任何手續費，主要是交易過程並未脫離銀行存放體系。對於使用者來說，除了便利之外，交易成本也相當低。而支付寶則藉此提高使用意願，並提高使用者依賴度。

另一家競爭對手也在農曆年節期間發起「微信送紅包」，鼓勵年輕人利用手機註冊帳號，來參加抽紅包活動。這在農曆年間相當新鮮有趣，果然吸引近 1 億人口登錄註冊。微信支付的目的，就是要透過「送紅包」活動來提高行動支付的註冊會員人數，進而在以「打 D」軟體等折扣優惠綁住行動消費者。顯然，在虛實交易市場整合的趨勢下，行動支付已成為支付寶與其他競爭對手的下一個戰場。

支付寶更因為有效掌握上億使用者的信用卡還款生活繳費、教育繳

費、AA 收款、資金往來、優步用車、財富管理等數據，於 2015 年 1 月推出芝麻信用評分，主要評分依據有以下五大類型積分：一是身分資訊、學歷資訊與消費記錄；二是還款記錄與信用歷史；三是購物繳費、轉帳理財與偏好穩定性；四是好友身分特質與互動程度；五是信貸服務，是否有即時履約等。

由芝麻信用進一步發展出「網商貸款」（2015 年 4 月）與「借唄貸款」（2015 年 5 月）。網商貸款是信用分達 550 分以上者，針對小微企業和個人創業的經營性貸款，產品種類主要有信用貸款、訂單貸款、提前收款等多種服務。至於「借唄貸款」則是信用分達 600 分以上者，產品定位是個人消費貸款，按照分數的不同，用戶可以申請最高 5 萬元的貸款，最長還款期限是 12 個月，貸款日利率是 0.045%，可隨借隨還。

四、街口支付

創立於 2015 年的街口網路（以下稱「街口支付」），在短短二年時間，就以 15 萬會員數、16,000 個據點（2016 年底統計）迅速崛起。在市場通路端與消費者端都創下口碑。創辦人胡亦嘉雖是前中華開發總經理胡定吾之子，但卻由街頭出發，準備顛覆傳統金融業的經營邏輯。街口支付的發展主要有以下階段。

（一）階段一：作廣。經營線下通路，結盟信用卡

「量體要大」是街口支付經營行動商機的基本邏輯。為了迅速擴大行動支付的市場占有率，街口支付迄今已「燒掉」2.5 億台幣以經營通路與用戶，預計未來幾年還要繼續砸錢。

「對許多網路新創公司來說，我們不是走傳統創業融資的路，而是國際性的資本融資。我預計在 2018 年爭取 2,000 萬美元；2019 ～ 2020 年爭取 1 億美元，預計 5 年內損益兩平。」執行長胡亦嘉說明街口支付的經營邏輯。

　　街口支付在創辦初期，主要鎖定 20 ～ 45 歲銀行信用卡客戶，包括台新銀行、花旗銀行、玉山銀行、富邦、王道、兆豐、遠東、安泰等國內主要信用卡發卡行，都與街口支付合作。而街口支付分析，銀行信用卡客戶的主要消費年齡層在 20 ～ 45 歲間，經常性消費型態以超商、搭車、美食等為主。因此，街口支付特別鎖定這群年輕客群需求，規劃週一到週五「會員日」，強力黏著客戶。週一是「超商日」，消費滿 70 元，可折現 35 元，下次消費使用，一週僅限一次。週二是「賣場日」，包括頂好（家樂福體系）、美廉社、Jasons 等，消費享八折優惠，最高達 150 元。週三是「叫車日」，搭乘台灣大車隊，單筆折抵 40 元優惠。週四「外送日」，可享七折優惠。週五「美食日」可享八折，最高 200 元優惠。

　　「讓消費者有感」，是街口支付攻占街頭的核心邏輯。而服務有感的核心作法主要有以下實務。一是即時消費回饋。街口支付的所有優惠服務，都以「街口幣」的現金回饋為主，讓消費者在「下次」購物時即可立即享受，不必等到下個月，是街口支付迅速崛起的關鍵。二是使用介面簡單方便，也是街口支付的優勢。消費者在第一次以六個步驟連結信用卡帳戶，下載 APP 之後，就可以直接以行動條碼掃碼消費，不需要再登錄帳戶密碼，免除繁瑣的消費結帳程序。三是多元方便。街口支付同時接受不同發卡銀行的信用卡，不以「獨家」優惠綁定信用卡，反而讓消費者有更多選擇，擴大市場占有率。

　　即時回饋、操作簡單、選擇性高，成為街口支付異軍突起的關鍵。這個階段的核心收益主要是「手續費」，也就是和商家與銀行端洽議服務手續費。但因許多優惠方案多由街口支付吸收，因此尚不容易達到損益兩平點。但透過高額優惠，街口支付迅速連結供需兩端介面，相當於以「手續費」支付「廣告費」，大幅提高市場能見度與會員黏著度。

　　把銀行信用卡的會員轉換為街口會員，是街口支付的基本客群；但是在第二階段，街口支付將由廣而深，優化現有商戶的線上服務，並尋求各種創新突破的可能性，以提高商戶的黏著度。

（二）階段二：作深。經營線上服務，流程優化

　　街口支付執行長胡亦嘉說明，在第一階段初步打響市場知名度，提高行動支付 APP 下載量之後，第二階段就是把服務作扎實，把商家的關係作深，讓使用者與通路商更離不開街口支付。換句話說，就是要以優質的服務綁住供需兩端，「即使在未來沒有經常性的優惠，消費者也會繼續留在街口支付。」

　　這個階段的目標族群是 20 ～ 45 歲愛買族。優化服務流程，是深化三方關係的基礎，而核心就是讓消費者更方便，商家更省事。舉例來說，一般消費者到全聯或 7-11 消費，在櫃檯上至少要完成三道手續，一是繳費結帳，二是收取發票。三是優惠集點。這三個動作不論是對超商店員或者是對消費者來說，都是繁瑣的。對消費者來說，不同商家有不同集點活動與商品兌換優惠，「集點多、種類繁」讓許多消費者開始放棄集點優惠；還有部分消費者甚至不願意索取發票。對店員來說，除了要細心找零，怕有假鈔外，還要額外留心點數兌換是否正確。這些耗費心神的工作，在排隊人龍出現後，更顯得左支右絀。

　　因此，街口支付擬進一步優化這類結帳流程，希望能一次解決結帳、集點、發票等技術問題。如此一來，消費者不但能提高結帳速度，商家也因雙方技術合作而有更深厚的連結關係。更重要的是，消費者的消費行為資訊將更有機會留存在街口支付的後台裡，有助於未來大數據科學的多元應用。

　　優化支付流程的概念不但出現在實體交易層面，也需積極推廣到線上服務。例如搭乘計程車付款與收取發票，或是看電影在線上訂票後的取票與取餐行為等，都需要有更方便的支付流程，以降低使用者負擔。舉例來說，不少電影院已開始推廣線上訂位點餐服務，但消費者仍需要到線下取票，才能入場，相當不方便。未來街口支付希望能簡化流程，讓消費者可直接在線上訂位後，憑「行動電影票」入場，省卻麻煩與成本；甚至電影

院還可以與附近商家推出合作優惠，憑「行動電影票」可有商品折價優惠等。

但胡亦嘉也不諱言，推動商品優化過程中勢必遭遇的挑戰，就是商家各自為政，不願意開放行動電影票服務，許多電影院甚至推出自己的APP。「如果一個商家的服務不是消費者需要每天去，或至少一週去 4 ～ 5 次，像星巴克咖啡這樣，其實推出自己的 APP，效益並不大。」

面對商家的「築牆」作法，街口支付也提出「翻牆」回應之道，那就是以「團購」電影票方式，經營自己的行動電影服務。例如街口支付可以針對優質檔期電影，以團購電影票方式，先取得大量優惠票價；然後再轉手賣給會員客戶，除賺取中間價差外，也開始經營自己的行動服務。但能否突破「行動電影票」這道關卡，仍須進一步與電影公司洽議。

這個階段的商業模式，主要是服務費與顧問收費。優化線上服務的技術能耐是街口支付的核心優勢之一，未來街口支付有機會從協助商家推出優化服務的過程中，收取中長期服務收費，或者轉化為與商家洽議優惠合作方案的整合性套裝服務設計。另外，對於較缺乏技術開發能力的中小型店家，如早餐店、夜市店面或未來的外送服務，街口支付也可以扮演技術服務供應商角色，提供顧問服務。

總結來說，先以優惠折讓提高知名度，再以優化服務提高黏著度，是街口支付經營商家與消費者的核心策略。在有效連結供需兩端後，街口支付的下一步就是突破銀行的信用卡支付體系，直接連結銀行帳戶，讓消費者在未來可以直接進行點對點的跨行交易服務。

（三）階段三：作網路。經營跨行服務，進入直接金融

這個階段的目標族群是 20 歲以下「小白族」。對許多熟悉金融體系的專家來說，信用卡的支付方式雖然相當成熟，但卻未必合理。在國際信用卡組織的運作下，現行信用卡的支付體系主要由國際信用卡發卡組織、發卡行、收單行、清算單位所構築而成。從發卡、墊款、收單、清算結

帳，每一個環節都要收取手續費，例如單筆消費金額中，1.5% 給發卡行、0.45% 給收單行、0.2% 給清算機構，0.6% 現金回饋給消費者。

「但如果我們能打破這個支付體系，讓消費可以直接由銀行帳戶扣款，其實就可以省卻中間層層剝削，把更多紅利回饋直接給消費者。例如我們可以提高紅利回饋由 0.6% 提高到 1%。」

此外，信用卡發卡對象嚴格限制在 20 歲以上，也限縮小額消費的大宗市場—大學生與高中生族群的發展可能性。因此，建立銀行帳戶連結（Account Link）是街口支付打破信用卡經營邏輯，同時也是經營 20 歲以下年輕客群的重要策略。街口支付在 2018 年 1 月取得電子支付執照，2 月開始經營電子支付業務，以直接連結銀行帳戶，並連結更多年輕客群。

銀行帳戶連結的市場延展性相當豐厚。在未來可能有以下作法。一是點對點的轉帳。例如現行直播平台上的「打賞」直播主，在 100 元的打賞金中，其中直播平台收取約 30%，支付單位如 Apple Pay 收取 30%，直播主真正能收到的金額只剩下不到 40%。

「但如果在銀行帳戶直接連結後，直播主就可以直接收到消費者的打賞金，頂多要支付 5 元或 10 元的轉帳費用。兩者的概念極為不同，落差很大。」

直播打賞、發紅包、AA 付款（朋友間各自消費付款）等大陸目前相當流行的支付方式，都有機會透過銀行帳戶連結有效實現。

二是更有效的理財工具。在街口支付可以直接對接各個銀行帳戶後，就有機會發展自己的投資理財商品，類似大陸「餘額寶」的概念。街口支付執行長胡亦嘉說明：「其實多數消費者要的就是穩定回報的理財工具，而且要能『隨進隨出』，可以不受投資期間綁定，自由進出理財帳戶。」未來還有機會發展簡易型保險商品等服務，但這些「類金融商品」規劃，都有待主管機關進一步的核准與規範。

　　這個階段的商業模式是精準行銷與直接金融服務。對街口支付來說，如何完成金融機構帳號間的交易連結，正是發展行動支付最重要的環節，也是街口支付的「最後一哩路」，只有進入電子支付市場，才能進入直接金融市場。這對街口支付來說深具戰略意義，一是可以迴避信用卡對年齡的限制，街口支付可以將目標族群進一步往下拓展到20歲以下的年輕人。二是可以發展小額多樣的線上金融商品，類似支付寶推出「餘額寶」的概念，讓年輕族群可以自由運用資金，隨時將餘額轉進理財帳戶進行投資，或是轉出理財帳戶資金投入一般消費交易等。如此一來，街口支付就有更多資金進行投資理財，賺取理財收益。三是由銀行的金融商品擴及保險或其他更多投資理財商品與金融服務。

　　當街口支付越能掌握年輕族群的消費與理財行為後，也就越能幫企業商家進行精準行銷。這亦是大陸支付寶在發展行動支付的核心關鍵。當消費者一天有九成以上活動都在行動手機完成後，街口支付就有機會從早到晚提供精準行銷服務，包括消費者早上最愛的早餐服務、最常接觸的新聞媒體、幾點有搭乘需求、何時會投資理財、午餐與下午茶吃什麼、晚上到哪類餐廳打牙祭等。這一連串奠定在使用者行為的服務設計上，不但精準有效，也更能滿足使用者的真正需求。

五、生態系比較：體驗綁定邏輯差異（Re-bundling Experience）

　　日本的樂天、中國大陸的支付寶與台灣的街口支付，在經營規模上略有差異，但他們在形塑生態系的邏輯上更各有特色，尤其反映在一系列體驗綁定的發展歷程上，更賦予「場景金融」多元詮釋價值。

　　首先是核心基模差異。樂天的生態系以B2B2C為主，以賦權商家在電子市集的有效經營為核心，積極打造所謂「樂市」環境。相較之下，大陸支付寶則由C2C出發，以滿足網路族群的購物支付安全需求為主，進而發展出消費者理財與微型貸款等金融服務，相當呼應「螞蟻雄兵」的精神。至於台灣的街口支付也奠定在B2B2的基礎上，不過卻是奠定在實體

中小型店家的服務脈絡，從街口實體走向虛擬世界，是街口支付的核心概念。三者出身背景不同，核心經營邏輯也有差別。

其次是**體驗綁定歷程差異**。日本樂天以線上尋寶的商家體驗爲主，因此它不斷透過併購，經營消費者的多元體驗，從電子商務（購物、旅遊等）、金融服務（銀行、證券、保險等）到數位服務內容（電子書、影音、棒球賽事等）。至於支付寶則以豐富消費者個人與社群互動體驗爲主，從淘寶商城發展出支付寶、餘額寶的理財服務，到借唄等微型貸款，乃是奠定在個人的數位生活軌跡上，尤其是社群互動連結上，也因此支付寶能發展出「芝麻信用」，具體描繪使用者的數位信用。而台灣街口支付則以滿足都會刷卡族或學生族群的生活小確幸爲主，週一到週五的「會員日」活動，具體描繪街口支付核心族群的生活體驗情境。

總結來說，**日本樂天以線上商家尋寶體驗爲主，支付寶以數位社群生活體驗爲主，而街口支付則以實體生活體驗爲主**，在體驗服務綁定歷程顯有差異。但共同之處是，三者都以非金融服務的生活體驗，逐步連結到金融相關服務，具體實踐所謂場景金融的價值內涵。

最後是收益來源，或謂取價設計差異。日本樂天的收費機制乃是由電子商城的上架服務收費、產品分潤收費，到金融服務手續費、利差、匯差等收益，以及數位內容的訂閱制收費；逐漸由相對非定期收益發展爲定期收益內容。尤其數位內容的訂閱制，更被視爲是細水長流的穩定收益，是「類水電瓦斯費」的長期收益。至於支付寶則以支付交易、資產管理與借貸、保險爲主，奠定在「消費金融」的經常性費用，只要使用者的黏著度夠高，一樣是相對穩定的收益來源。而街口支付以服務中小型商家爲主，雖尚未能穩定獲利，但可視爲尚處於行動支付的拓展客源階段，未來有機會發展出台灣版的特色商模。

表：日本樂天、中國支付寶、台灣街口支付之商模特色

	日本樂天	中國支付寶	台灣街口支付
商模特色	B2B2C 模式 線上起家	C2C2B 模式 線上起家	B2B2C 模式 線下起家
核心客群	都會族	網路世代	信用卡族
體驗服務連結	**數位商家尋寶體驗（尋寶樂）**：電子商城、金融服務、數位內容	**社群互動體驗（黏社群）**：淘寶商城、餘額寶、花唄	**實體庶民服務體驗（小確幸）**：超商、賣場、叫車外送、美食
收益來源	**電子商務**：上架費，獲利抽成 **金融服務**：手續費、利差、匯差、保險費 **數位內容**：訂閱制	**支付寶（淘寶商城）**：上架費獲利抽成，占 35.9% **餘額寶（理財）**：資金拆借，約占 15.6% **花唄、借唄、微商貸（微貸）**：利差、手續費 39.4%	**小型商家服務**：上架費、技術服務顧問、廣告費金融服務：投信基金
網路效益形成	**線上為主，線下為輔**：70 多種服務的「樂天生態圈」	**線上為主，線下為輔**： 生活：淘寶商城、淘票票、滴滴出行 投資：餘額寶 融資：融資借貸	**線下為主，線上為輔**：由消費服務、商家服務到線上直接金融服務如直播打賞、發紅包、AA 付款等服務

六、名詞解釋

　　本章最後要談談生態系建構中常見的幾個專有名詞，一般人較熟悉的「網路效應」，主要由使用者端的價值創造為主；「飛輪效應」則是強調供給者端與使用者端相互增強的平台創價機制；至於「梅迪奇效應」則是異領域的創價特色，它更是 15 世紀梅迪奇家族創造文藝復興傳奇的最佳詮釋，背後則有當代銀行體系的起源。

　　具體來說，樂天、支付寶與街口支付都在形塑一定程度的網路效益，尤其是以社群互動體驗為主的支付寶。飛輪效應則非常適合用來描述樂天與支付寶的平台建構歷程。至於梅迪奇效應的異場域碰撞，也許更能描繪樂天所嘗試建構的網路世界。

（一）網路效應

所謂網路效應乃指當消費同種商品或服務的消費者越多時，這些商品或服務越有價值；且這些商品需要和其他商品同時使用，當它們單獨使用時，只有很多或幾乎沒有價值。

使用具有這類性質的產品或服務的消費者形成一個網路，當其他消費者購買這樣的產品或服務，加入這個網路時，就會獲得額外的價值。經濟學家將擁有這種特性的產品稱為網路產品，把稱為擁有這種特性的市場為網路市場，把這種因為消費行為產生的價值溢出效應稱為「網路外部性」，或需求方規模經濟等。例如通訊軟體服務 Line 就是深具網路效應特色，使用的人越多，越能從相互連結中獲益。

網路效應一詞由以色列經濟學家奧茲·夏伊（Oz Shy）在「網路產業經濟學」（The Economics of Network Industries）所提出，在具有網路效應的產業中，「首動者優勢」（first-mover advantage）和「贏者通吃」（winner-takes-all）是市場競爭的重要特徵。本專書在第一部分之全聯個案中，特別闡述網路效應（或網路效益）形成機制，包括主流設計、專屬設計、與全聯的時空關係連結設計等，可參考之。

（二）飛輪效應

「飛輪效應」的代表性個案是亞馬遜（Amazon），在《顛覆致勝》一書中，作者以飛輪效應的形塑過程，來分析亞馬遜的商模演化歷程。

所謂「飛輪效應」乃指：當顧客越多，賣家越多，選擇越多，服務越好，成本越低，價格越低，體驗越好，顧客越多。如此不斷循環向前，不斷自我強化。

2003 年，貝佐斯提出「零售平台」的概念，強調亞馬遜是間科技公司，他積極引進第三方賣家，並對外開放顧客資源、物流等各項核心能力給賣家；並幫助客戶做出最好的購物選擇。亞馬遜強調與顧客建立長期信任關

係，而非短期收入與利潤最大化。

他賦權給成千上萬的三方賣家，建構多元選擇平台，從而讓消費者有更好的體驗。這個作法和樂天電商相當近似。當平台規模逐漸成長，成本結構會不斷優化，價格也隨之下降，這樣顧客的體驗更佳，進而能提升留存率，促進顧客消費，還能吸引更多新顧客。

由此可知，相較於「網路效應」較偏向需求方，「飛輪效應」更偏向供需雙方的互動機制與正向循環的自我強化關係。

（三）梅迪奇效應（Medici Effect）：異場域碰撞

為了探索何謂「梅迪奇效應」（Medici Effect），我除了看中譯本外，也到 Netflix 平台看了一季《梅迪奇家族》故事。梅迪奇家族是義大利佛羅倫斯 15 ～ 18 世紀最有勢力的家族，出了兩位教宗、一位法國皇后，更一手打造當代銀行原型，現有分行經營與複式記帳法（同時記錄借方和貸方），都和這個家族有關。

梅迪奇家族積極經營銀行事業，主力客戶（超級 VIP）有教宗和市政府，因此掌握重要金錢來源與流向。但令人稱道的是，他們善用金錢長期支助藝術家、科學家、建築創作，包括米開朗基羅、達文西、伽利略等天才創作家，背後都有梅迪奇家族的身影。這些驚人成就使得梅迪奇家族被譽為「文藝復興教父」（The Godfathers of the Renaissance）。

法蘭斯·約翰森（Frans Johansson）撰寫《梅迪奇效應》一書，目的就在掌握異領域交會（intersection）以激盪創意之突破性創新實務。我從樂天個案中反思「梅迪奇效應」原則運用，提出以下觀點。

一是多元，刻意創造異場域激盪。多元與異質，原是健康生態系的基礎，但挑戰在於如何刻意營造多元而異質的環境。15 世紀的梅迪奇家族可以容忍並欣賞當時被視為異端的達文西（他解剖屍體，探究人體構造），並提供藝術家們安心創作場域。科學與藝術的交會，傳統教宗與新

興思維的激盪，是文藝復興的基礎。同樣的，樂天透過持續併購經營 70 個以上事業體，某種程度上也在創造跨領域激盪；尤其電子商城扶持中小型商家作法，讓買家充滿尋寶樂趣，「異質」本身就是商機。

　　二是孵育，長時間孕育供需雙方。創新構想往往需要一段時間的孕育，樂天以相對優惠的金融服務滿足電商融資需求，並提供消費者信貸分期等，目的乃在「留住」供需雙方，以持續孕育創新平台。尤其樂天還會積極輔導商家開店與經營電子商務，成為線上商家的戰略夥伴。

　　三是應變，預留退路與嘗試錯誤。這亦彰顯樂天金融服務的重要性，就在有效提供可運用資金以回應市場的可能變化。尤其重要創新構想往往非一蹴可幾，需要持續優化與資源重組，才能有突破式創新可能。

　　《梅迪奇效應》一書中有個故事特別引人入勝。1990 年代一位法國電訊公司研發工程師伯納波（Eric Bonabeau）和研究社會性昆蟲的生態學家特勞拉斯（Guy Theraulaz）見面，他們談到螞蟻如何找到食物。結果發現螞蟻能夠找到最快的路走到目的地，人卻經常走比較遠的路。螞蟻是怎麼辦到的？

　　原來很多種類的螞蟻都會派出特殊的覓食螞蟻，沿著大致隨機的路線去找食物；每一隻覓食螞蟻努力尋找食物時，都會釋放一種費洛蒙，費洛蒙具有吸引其他螞蟻特性，味道越強，吸引的螞蟻越多。在蟻窩和食物之間找到最短捷徑的螞蟻會留下味道最強烈的路線，因為這隻螞蟻較快回到蟻窩。較濃的味道促成其他螞蟻選擇這條路徑，久而久之，就成為主要的費洛蒙路線。

　　伯納波回到法國電訊後，將「**虛擬費洛蒙**」概念應用在路由器上，因網路上要讓一部電腦通往另一部電腦，需要「路由」這個機制來描述；而覓食螞蟻的概念啟發路由的最佳化路徑。不過伯納波的研究並非法國電訊主流，他決定離開法國電訊，並前往聖塔菲研究所進行長達三年以上研究。後來伯納波開啟「群體智慧」（swam intelligence）新學門研究，並

廣泛應用在工廠排程、無人機路徑搜索、控制系統之上。

　　從「梅迪奇效應」所要闡釋的核心論述來看，重大突破創新，有時需要長時間的孕育與異領域的交會，甚至要離開原有的舒適圈，脫離依賴鎖鏈，才能開花結果。這也許能說明為何許多新興金融科技公司並非誕生於傳統金融機構，而是另闢科技戰場，終能打造全新生態系。另一個啟蒙則是，多元、孵育與應變，往往需要持續的金援，這也是梅迪奇家族能開創文藝復興的關鍵：**文藝啟蒙背後，是銀行的復興。**

本章參考文獻

瑞姆·夏蘭、楊懿梅，2021。《顛覆致勝》，遠流出版。

歐素華、葉毓君，2018。《服務創新：跨域複合的商業模式變革》，華泰文化。

陳虹宇、吳聰敏、李怡庭、陳旭昇，2021。《致富的特權》，春山出版。

法蘭斯·約翰森（Frans Johansson）著，劉真如譯，2018。《梅迪奇效應》（2018 年經典修訂版），商周出版。

國家圖書館出版品預行編目資料

商業模式演化論／歐素華著. -- 初版.
-- 臺北市：五南圖書出版股份有限公司，
2021.10
　面；　公分
ISBN 978-626-317-138-1 (平裝)

1.商業管理　2.企業經營

494.1　　　　　　　　　　110014167

1F2B

商業模式演化論

作　　者 ― 歐素華

責任編輯 ― 唐　筠

文字校對 ― 許馨尹、黃志誠

封面設計 ― 俞筱華

發 行 人 ― 楊榮川

總 經 理 ― 楊士清

總 編 輯 ― 楊秀麗

副總編輯 ― 張毓芬

出 版 者 ― 五南圖書出版股份有限公司

地　　址：106台北市大安區和平東路二段339號4樓

電　　話：(02)2705-5066　　傳　　真：(02)2706-6100

網　　址：https://www.wunan.com.tw

電子郵件：wunan@wunan.com.tw

劃撥帳號：01068953

戶　　名：五南圖書出版股份有限公司

法律顧問　林勝安律師事務所　林勝安律師

出版日期　2021年10月初版一刷

定　　價　新臺幣560元

※版權所有‧欲利用本書內容，必須徵求本公司同意※

五南
WU-NAN

全新官方臉書

五南讀書趣

WUNAN
Books
since 1966

Facebook 按讚

1 秒變文青

★ 專業實用有趣
★ 搶先書籍開箱
★ 獨家優惠好康

不定期舉辦抽獎
贈書活動喔！！！

 五南讀書趣 Wunan Books

經典永恆・名著常在

五十週年的獻禮——經典名著文庫

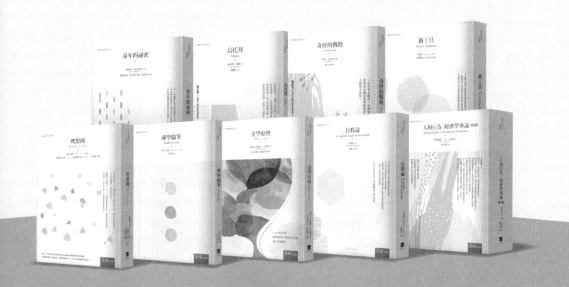

五南，五十年了，半個世紀，人生旅程的一大半，走過來了。

思索著，邁向百年的未來歷程，能為知識界、文化學術界作些什麼？

在速食文化的生態下，有什麼值得讓人雋永品味的？

歷代經典・當今名著，經過時間的洗禮，千錘百鍊，流傳至今，光芒耀人；

不僅使我們能領悟前人的智慧，同時也增深加廣我們思考的深度與視野。

我們決心投入巨資，有計畫的系統梳選，成立「經典名著文庫」，

希望收入古今中外思想性的、充滿睿智與獨見的經典、名著。

這是一項理想性的、永續性的巨大出版工程。

不在意讀者的眾寡，只考慮它的學術價值，力求完整展現先哲思想的軌跡；

為知識界開啟一片智慧之窗，營造一座百花綻放的世界文明公園，

任君遨遊、取菁吸蜜、嘉惠學子！